JN176492

初心者のための

メタセコイア4 クイック リファレンス

METASEQUOIA 4 QUICK REFERENCE

大河原浩一 著

まえがき

私たちが日頃目にする3DCGの画像や映像は、モデリング、マテリアル設定、アニメーション制作、レンダリング等多くの工程を経て制作されています。本書が扱うメタセコイア（Metasequoia）は3DCGの制作工程のうち、モデリングとマテリアル設定を専門に行うモデリングツールです。

昨今では、Unreal EngineやUnityといったゲームエンジンを使ったゲーム制作やMikuMikuDanceを使ったアニメーション制作など、プロ、アマチュアを問わず幅広いユーザー層が3DCG制作に携わるようになりました。これらの創作活動の中でなくてはならないデータが3Dモデルのデータです。ステージやそこで動かすキャラクターのデータがなくては、何も始まりません。また、昨今普及し始めた3Dプリンターでは、3Dのモデルデータの制作が必須となります。

このような場面で使用するためのモデリングツールは、国内外で多数リリースされていますが、価格が高いため趣味の創作活動に使うには、ハードルが高いものも多いのが現状です。そのような中でメタセコイアは比較的安価でありながら、様々な制作ツールで3Dモデルを作成することができる、とても使い勝手のよいモデリングツールです。またメタセコイアは、国内の開発会社である株式会社テトラフェイスが開発しているため、MMDへの対応など日本国内の需要に合わせた機能が搭載されています。

本書は、メタセコイアのEX版を基準に、モデリングの作業においてよく使用するであろう機能を目的に合わせて逆引きできるように、作業の項目ごとに解説を試みています。作業に詰まった時に、初心者のユーザーでもすぐに機能にたどり着ける項目になるように努力しました。本書がメタセコイアを使う多くのモデラーの傍らに置いてもらえたら幸いです。

2015年5月

大河原浩一

CONTENTS

CHAPTER 01 基本操作 編

001 画面構成を理解する 008
002 初心者モードから通常モードに切り替える 010
003 3D画面のレイアウトを切り替える 014
004 カスタムのレイアウトを保存する 016
005 画面全体のレイアウトや表示を変更する 018
006 ビューの背景の色を変更する 022
007 表示される頂点や辺の幅を変更する 023
008 ビューを回転、移動、拡大する 024
009 オブジェクトの表示内容を変える 027
010 平面を作成する 028
011 立方体を作成する 033
012 球を作成する 035
013 リング形状を作成する 038
014 オブジェクトの選択 040
015 オブジェクトを移動する 042
016 オブジェクトを回転させる 045
017 オブジェクトの大きさを変更する 048
018 スナップを切り替える 051
019 オブジェクトを別に作成する 053
020 オブジェクトを複製する 054
021 オブジェクトを削除する 056
022 オブジェクトを階層化する 057

CHAPTER 02 オブジェクト編集 編

023 オブジェクトの構成を理解する 062
024 頂点、辺、面を選択する 063
025 複数の頂点、辺、面を選択する 064
026 一度に複数の頂点、辺、面を選択する 065
027 不定形な領域の頂点、辺、面を選択する 066
028 隠れた部分の頂点や辺を選択する 067
029 選択した状態を保存する 068
030 選択した要素を移動する 070
031 選択した要素を拡大する 072
032 選択した要素を回転する 074
033 任意の場所に辺を作成する 076

034 不要な辺を削除する 079
035 面を削除して穴をあける 080
036 つながっている面をすべて選択する 082
037 帯状に面を選択する 083
038 つながった辺を一度に選択する 085
039 選択した面や頂点、辺の周辺を選択する 087
040 選択した面を別オブジェクトにする 089
041 マウスの動きに沿って要素を選択する 091
042 ブラシで頂点を選択する 093
043 自由な形に面を作成する 095
044 基本形状を加工して人型を作る 098
045 形状に丸みを付ける 102
046 頂点の位置を揃える 104
047 左右対称の形を作る 106
048 左右対称に編集する 108
049 角を丸める 109
050 粘土のように部分的に変形する 112
051 ねじってドリルのような形状を作る 115
052 立体的な文字を作成したい 117
053 オブジェクトを曲げる 120
054 ボトルや皿のような回転体を作成する 123
055 パイプ形状を作成する 127
056 形状をくり抜く 131
057 辺から面を作成する 134
058 離れた頂点を結合する 136
059 重なっている頂点を結合する 137
060 オブジェクトの情報を調べる 139
061 面数を減らしたい 140
062 穴のあいた面を塞ぐ 143
063 離れた辺をブリッジさせる 145
064 辺の方向を揃える 148
065 格子を使って変形させる 150
066 オブジェクトに厚みを付ける 155
067 彫刻で細かいシワを作成する 157
068 流体(水しぶきなど)を作成する 161
069 オブジェクトを計測する 167
070 別オブジェクトを挿入する 171
071 画面に下絵を表示させる 173
072 キャラクターにポーズをとらせる 176
073 アーマチャーでモデリングする 184
074 テクスチャから立体を作成する 188

075 地形を作成する 191
076 プラグインを使用する 194

CHAPTER 03
材質設定 編

077 オブジェクトの色を変更する 198
078 質感をシェーダで設定する 200
079 オブジェクトにハイライトを設定する 202
080 ガラスのような材質を設定する 203
081 レンダリングして材質を確認する 205
082 鏡のようなオブジェクトにする 208
083 オブジェクトに絵を貼りつける 210
084 オブジェクトに細かい凹凸をつける 215
085 編み目のように部分的に透明にする 217
086 セルアニメ調のレンダリングをする 220
087 オブジェクトに2つの材質を使う 221
088 不定形な形状にマッピングする 223
089 オブジェクトにペイントする 230

CHAPTER 04
仕上げ 編

090 光の方向を変えたい 236
091 光の色を変える 238
092 光の強さを変える 239
093 光を追加する 241
094 光の設定を保存する 243
095 視点を調整する 245
096 画像として保存する 247
097 3ds MaxやMAYAでデータを使う 249
098 MikuMikuDanceでモデルを使う 251
099 ZBrushでモデルを利用する 254
100 3Dプリンタ用に書き出す 255

[Appendix 01] ショートカットキー一覧 257
[Appendix 02] 本書で扱ったバージョンによる機能の違い 260

索引 261

CHAPTER 01

基本操作編

インターフェイスの基本的な役割から、オブジェクトの作成方法、移動や回転、拡大など、メタセコイアの基本的な操作を解説します。モデリング専門ソフトなので、モードの違いによる操作方法の変化などはあまりありませんが、メタセコイア特有の操作感に慣れましょう。

TECHNIQUE

001 画面構成を理解する

モデリングの作業の前に、メタセコイア4の画面構成を理解しましょう。自分に必要なツールがどの部分にあるのかをきちんと把握することで、モデリングのスピードも速くなります。ここでは編集モードを一般的によく使用する「モデリング（アイコン）」に設定した場合の画面構成を解説します。

方法 モデリング（アイコン）モード画面の構成要素を知る

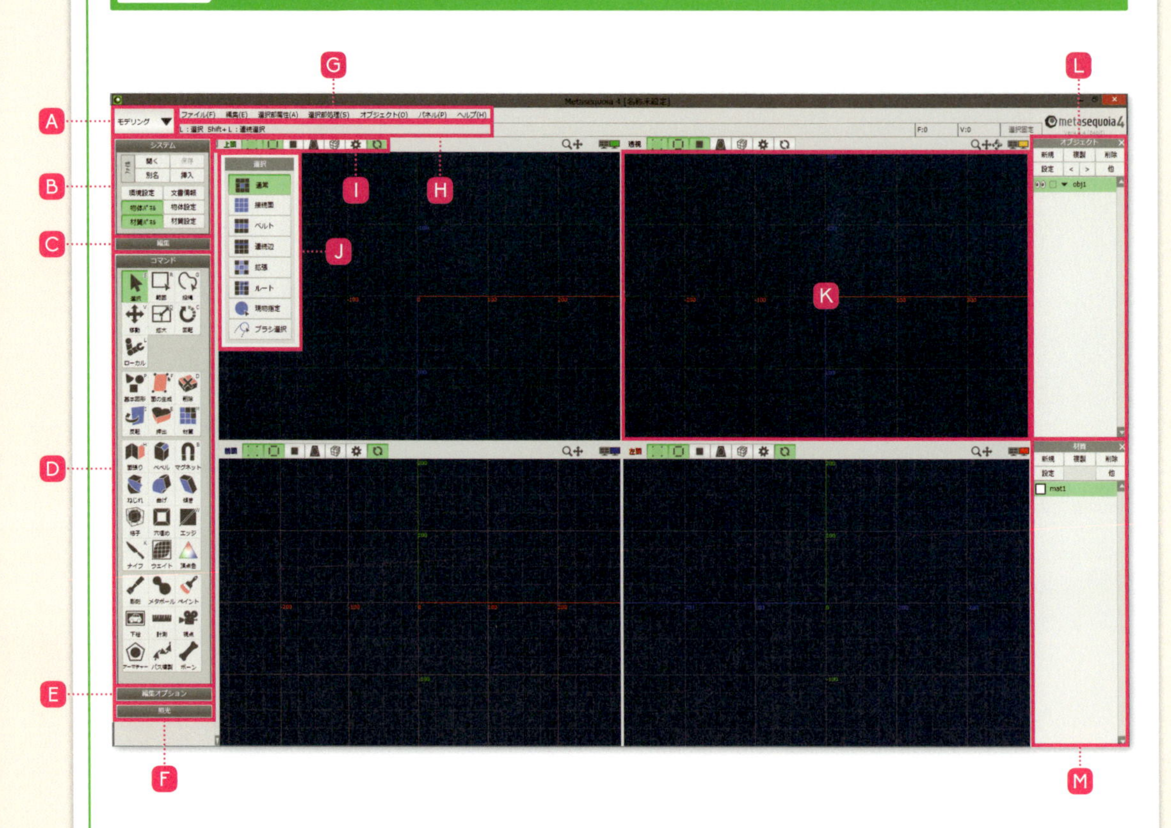

編集モード選択

メタセコイアの編集モードを選択します。モードには「初心者」「モデリング(文字)」「モデリング(アイコン)」「マッピング」「カスタマイズ」があります。「カスタマイズ」では、自分なりに使いやすいように画面の構成を変更して、いつでも呼び出すことができます。起動時はデフォルトで初心者モードに設定されています。

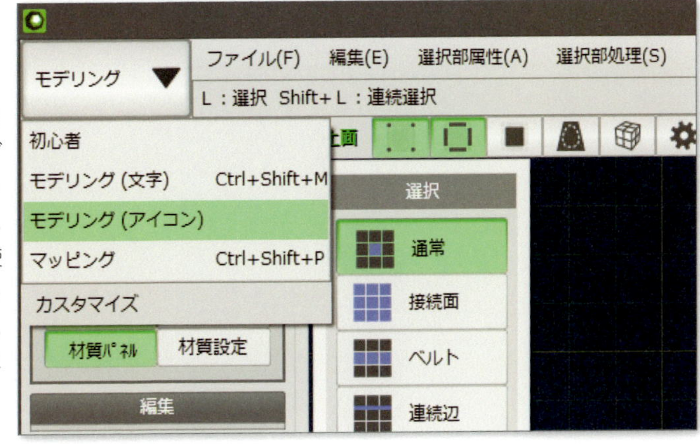

B

[システム]パネル

作成したデータを保存したり、保存されたデータを開くなどのファイル操作やメタセコイアの設定に関わるコマンドが集められています。

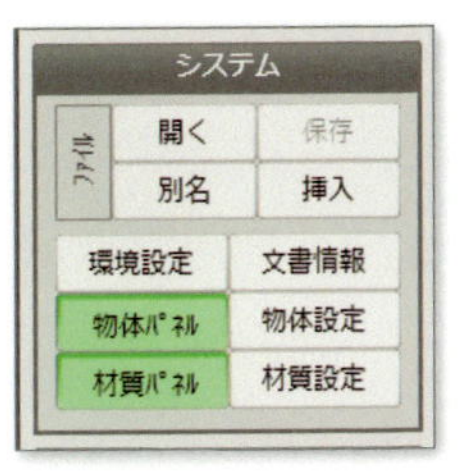

C

[編集]パネル

オブジェクトを選択したり、オブジェクトの表示を切り替えたりするような、オブジェクトの操作に関するコマンドが集められています。

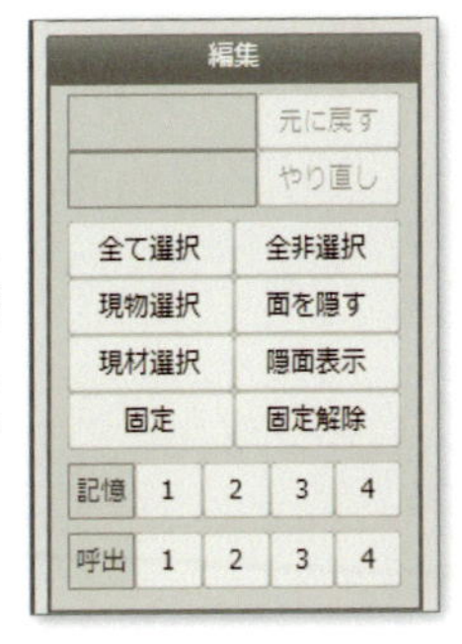

D

[コマンド]パネル

オブジェクトを加工するためのコマンドが集められ、[モデリング(アイコン)] モードの場合はアイコンで表示されています。

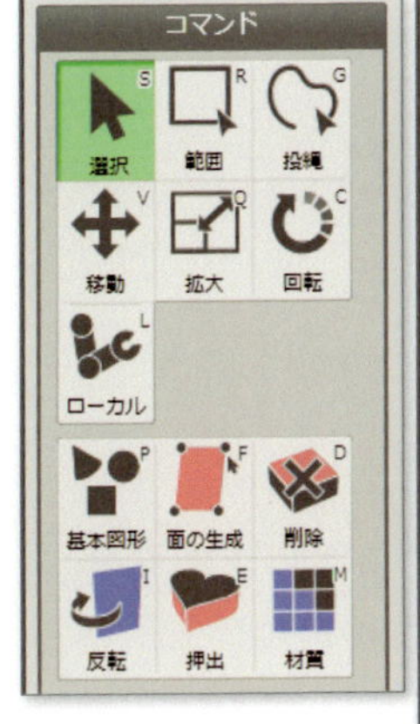

E

[編集オプション]パネル

編集する座標の設定や、使用する座標システムの切り替えなど、オブジェクトを編集するための設定を行うツールが集められています。

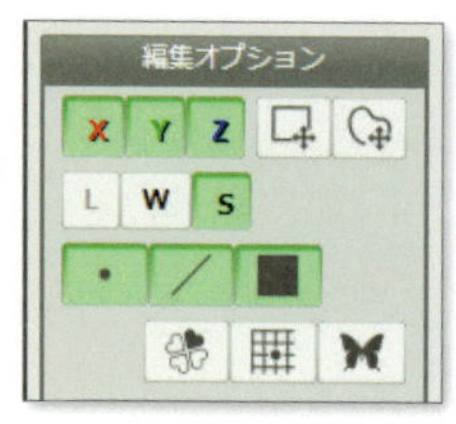

F

[照光]パネル

3D画面に表示されたオブジェクトにあたる照明の方向や、照明の色を設定します。

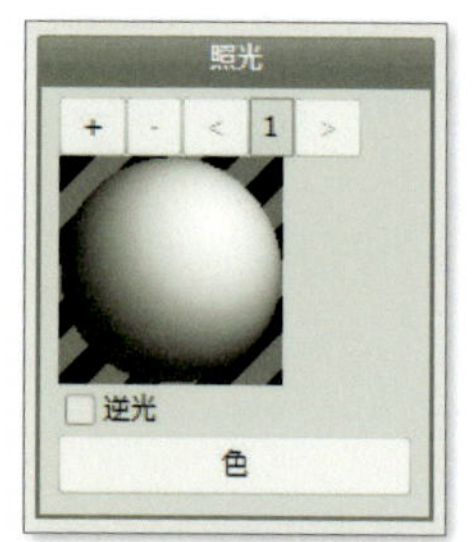

G

メニューバー

各パネルに集められたコマンドをメニュー形式から選択することができます。

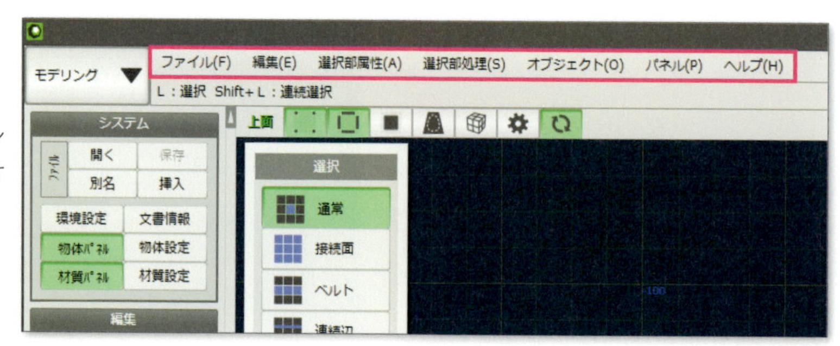

H

ステータスバー

選択されているコマンドやツールに応じて、操作の簡単なリファレンスが表示されます。ステータスバーの右端には、選択されている面や頂点の数も表示されます。

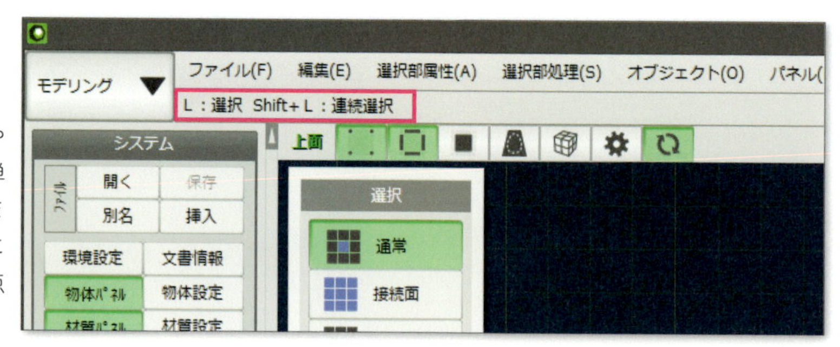

I

ビューヘッダ

3D画面で、オブジェクトをどのように表示するかを切り替えるボタンが用意されています。

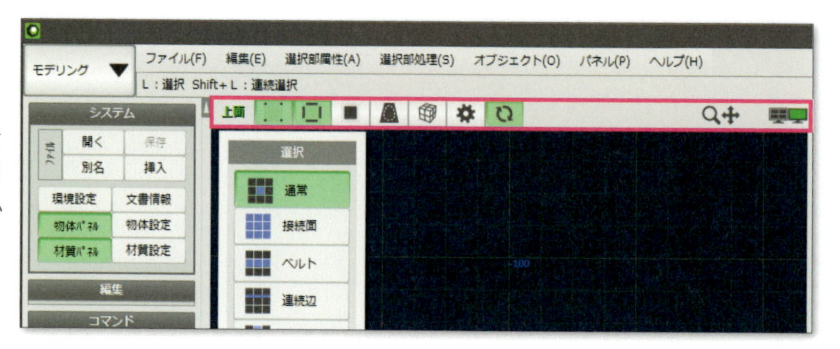

[選択]パネル

選択コマンドを選んでいる場合に、どのような選択方法にするかを設定するパネルです。「通常」はクリックした部分のみが選択されます。

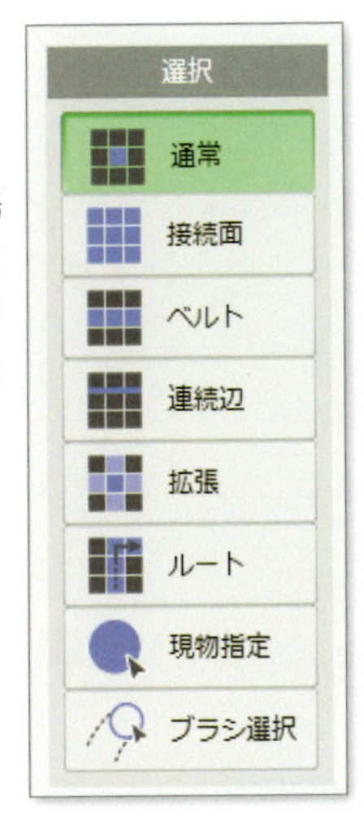

3D画面

モデリングの作業を行う領域です。デフォルトでは、[上面][前面][透視][左面] の4つの方向の画面が表示されています。

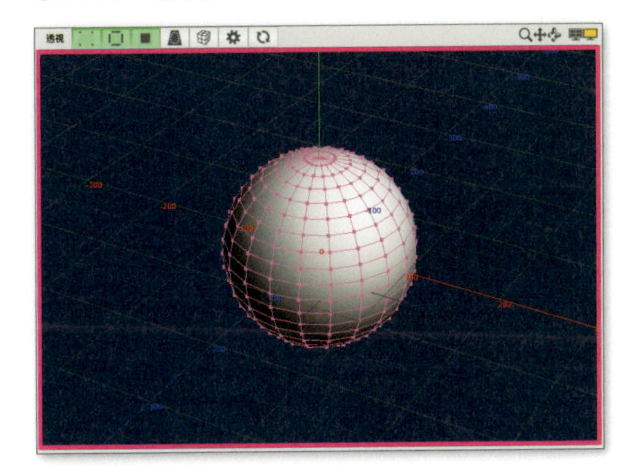

[オブジェクト]パネル

オブジェクトの複製や削除など、3D画面で作成しているオブジェクトの操作を行います。

[材質]パネル

オブジェクトに材質を設定したり、設定した材質を削除するなど、材質に関わる操作を行うことができます。

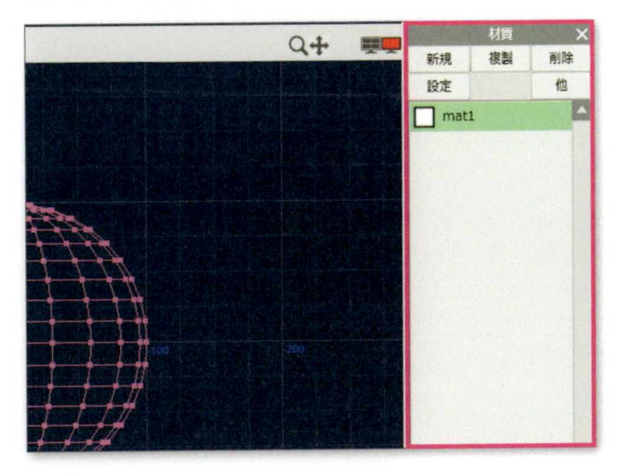

TECHNIQUE

002 初心者モードから通常モードに切り替える

「メタセコイア4」をインストールした直後は、代表的な機能以外が非表示になっている「初心者モード」で起動します。「初心者モード」から「通常モード」に表示を変更する方法を解説します。

方法 [編集モード]を切り替える

編集モードをクリック

初心者モードから通常モードに表示を変更する場合は、まず起動したメタセコイアの画面左上にある[編集モード]タブをクリックします。

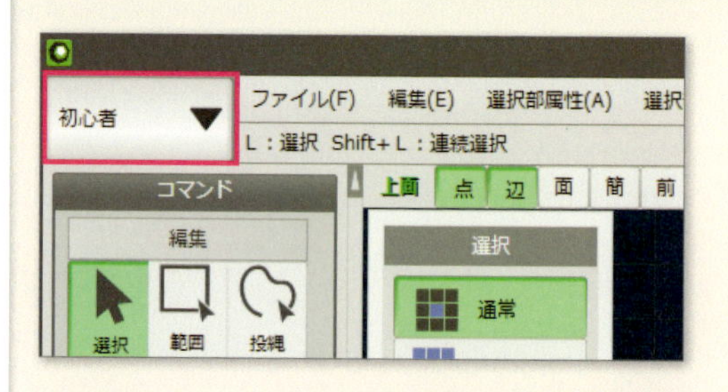

2

使用するレイアウトモードを選択

[編集モード]をクリックすると、編集モードのリストが表示されるので、作業の内容にあった編集モードを選択します。ここでは、[モデリング(アイコン)]を選択します。

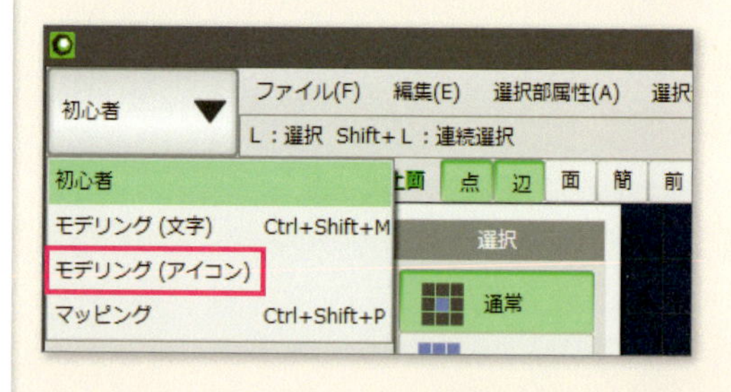

3

モードが変更された

編集モードが、[コマンド]パネルにアイコン付きのツール名が表示されたモードに切り替わります。[コマンド]パネルに表示される内容も、[システム]や[編集]などが追加され、初心者モードに比べてより詳細な操作ができるツールにアクセスすることが可能になっています。次からは各モードについて簡単に説明します。

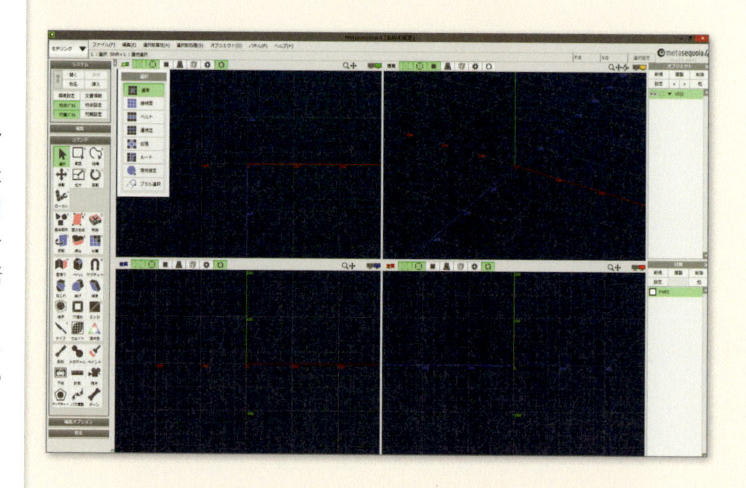

4

初心者モード

「初心者」モードの［コマンド］パネルには、選択や移動などのツールを集めた［編集］項目に加え、面や辺を編集するための最低限のツールが集められた状態です。

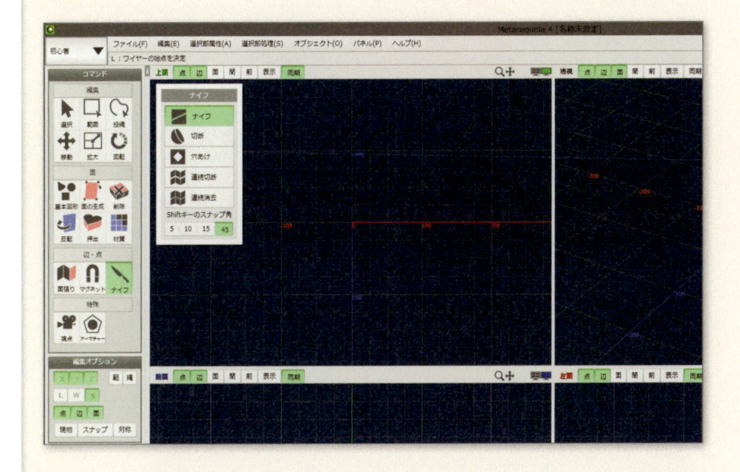

5

モデリング（テキスト）モード

「モデリング（テキスト）」モードの［コマンド］パネルには、モデリングに必要な主要ツール、コマンド名がテキストのみで表示されます。［コマンド］パネルの占める面積は小さくて済むので、操作に慣れた人はこのモードで利用するとよいでしょう。

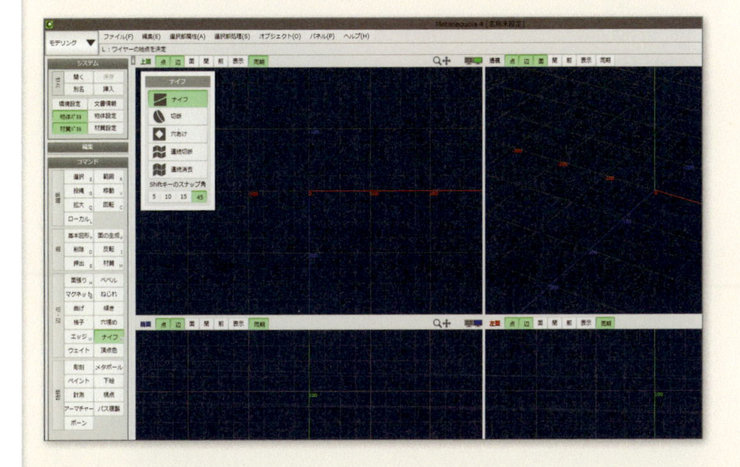

6

モデリング（アイコン）モード

「モデリング（アイコン）」モードの［コマンド］パネルには、ツール名やコマンド名に加えて、ツールの機能を表したアイコンが表示されます。本書では、このモードで解説をしていきます。

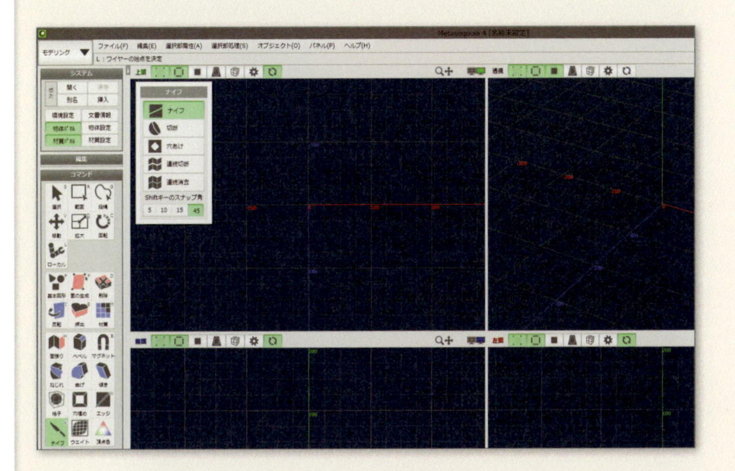

TECHNIQUE

003 3D画面のレイアウトを切り替える

3D画面のレイアウトは、デフォルトの状態は［上面］［前面］［左面］［透視］の4つの画面が表示された4ビューのレイアウトになっています。モデリングの作業によっては、1つだけ画面を表示させてモデリングした方が効率がいい場合もあります。ここでは、3D画面のレイアウトを変更する方法を解説します。

方法❶ 4つの画面から1つの画面に変更する

［レイアウト］ボタンをクリック

4画面表示を1画面表示に変更したい場合は、ビューヘッダにある［レイアウト］ボタンの右側のボタンをクリックします。

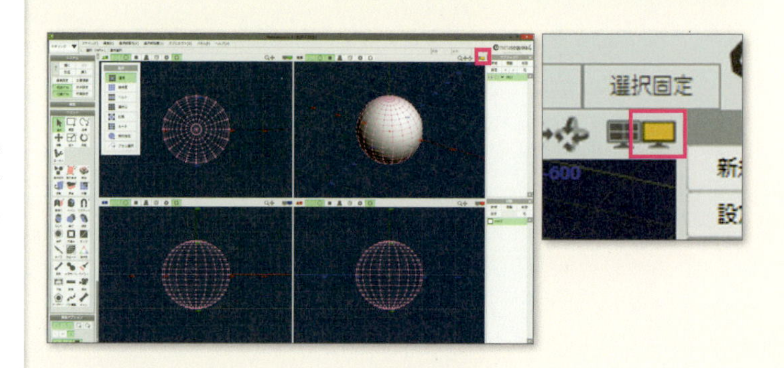

2 レイアウトが1画面になった

3Dビューの画面が1画面表示に切り替わります。

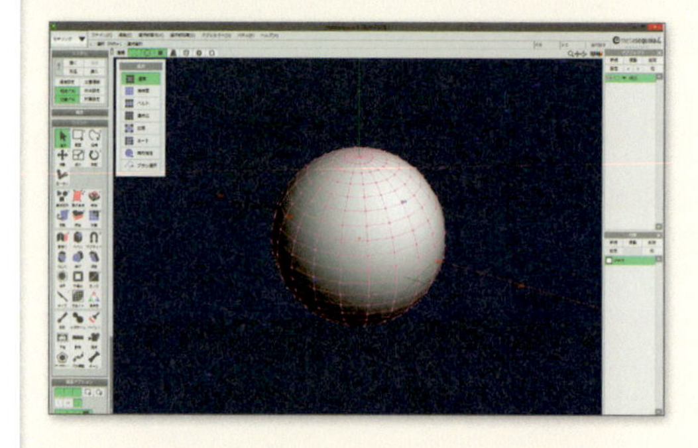

3 画面のレイアウトを元に戻す

1つにした画面のレイアウトを、再び元の4つの画面に戻したい場合は、もう一度［レイアウト］ボタンの右側のボタンをクリックします。

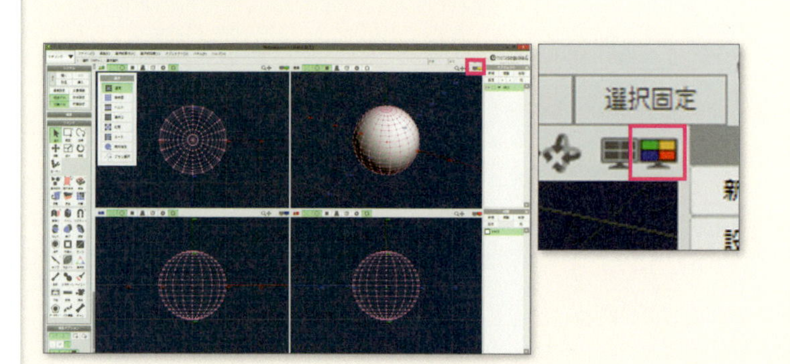

方法❷ 3D画面のレイアウトを変更する

1

[レイアウト]ボタンをクリック

3D画面を1画面もしくは4画面以外のレイアウトにしたい場合は、[レイアウト] ボタンをクリックして、画面レイアウトのリストを表示します。

2

変更したいレイアウトを選択

表示された画面レイアウトのリストの中から、変更したいレイアウトを選択します。ここでは、[透視＋前面＋左面]の3画面が表示されるレイアウトを選択しました。

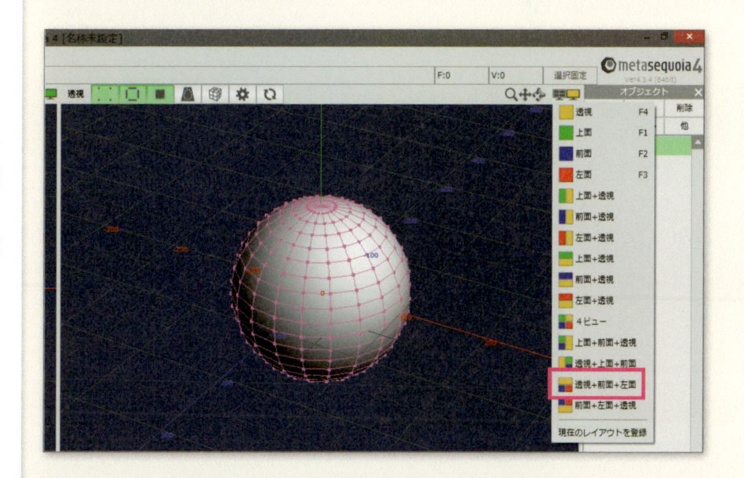

3

レイアウトが変更された

選択すると、3D画面のレイアウトが3画面構成に変更されます。レイアウトを元に戻したい場合は、先ほどと同様に [レイアウト] ボタンの右側のボタンをクリックします。

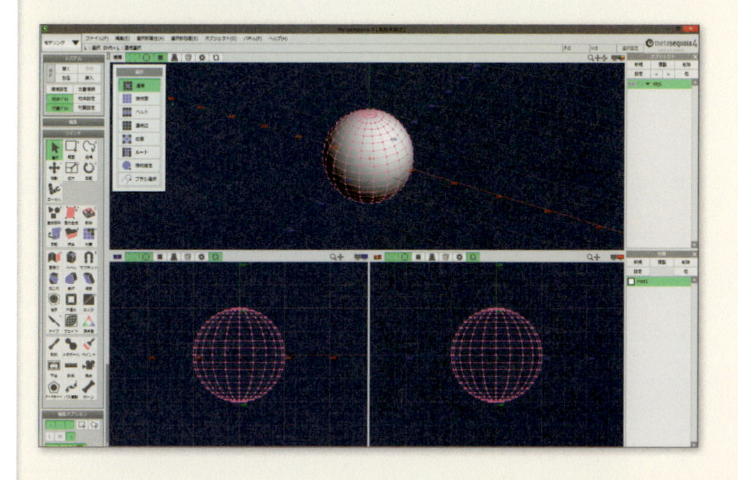

TECHNIQUE

004 カスタムのレイアウトを保存する

3D画面は、[レイアウト]ボタンから選択するレイアウトの他にも、作業の都合に合わせて新しいレイアウトを作成して保存し、設定をレイアウトのリストに追加することができます。

方法 [ビュー切り替え]で変更し、[レイアウト]で登録する

1 ベースとなるレイアウトを呼び出す

3D画面の［レイアウト］ボタンをクリックして、レイアウトのベースとなる画面レイアウトを呼び出します。

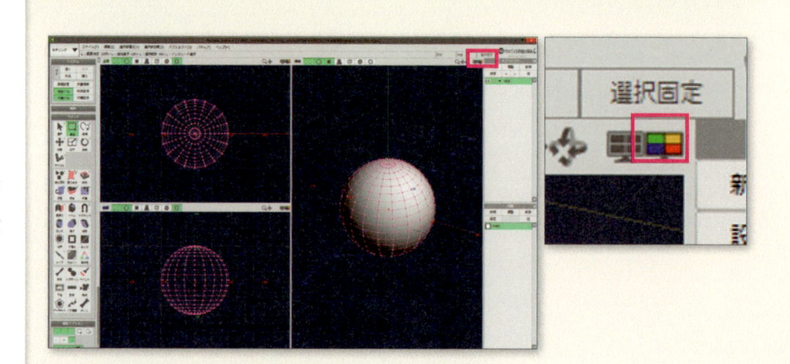

2 3Dビューの視点を変える

自分の作業に合うように、3Dビューの視点を変えましょう。ビューヘッダの左隅にある［ビュー切り替え］をクリックして切り替えます。ここでは、［上面］ビューが平行投影になるように［平行］を選択します。

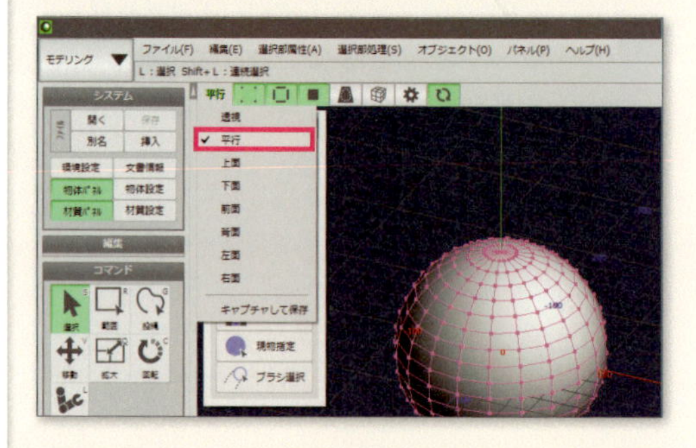

3 レイアウトの構成が変化した

左上のビューの視点を［平行］に切り替えたレイアウトに、3Dビューの構成が変化しました。次に、このレイアウトをいつでも呼び出せるように登録します。

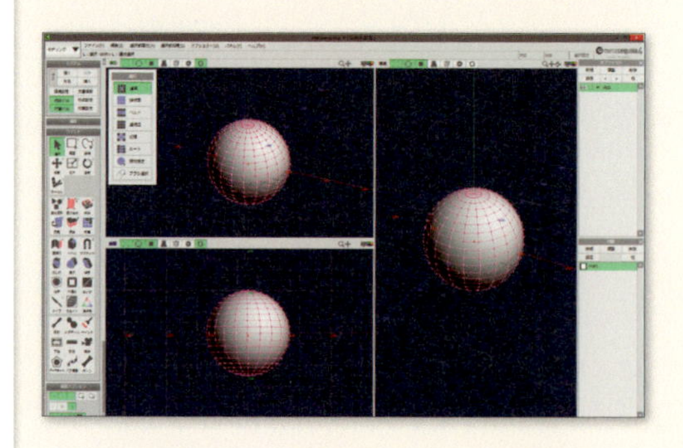

4

レイアウトを登録する

登録したいレイアウトができたら、3D画面の［レイアウト］ボタンをクリックして、表示されるメニューから一番下にある［現在のレイアウトを登録］を選択します。

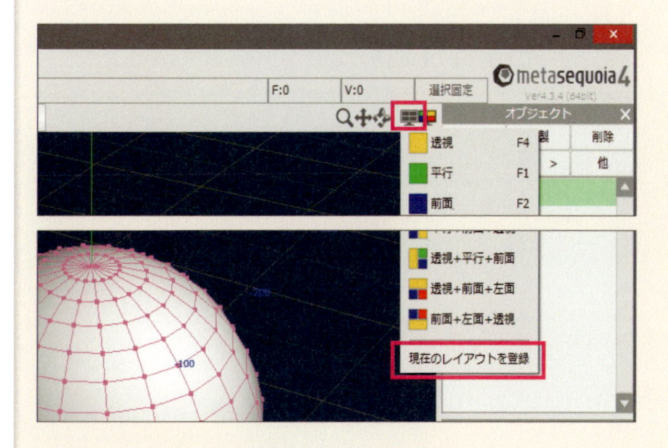

5

レイアウトの名前を登録する

［レイアウトの登録］ウインドウが表示されるので、［レイアウト］に登録する名前を入力します。ここでは「平行＋前面＋透視」という名前で登録します。名前の入力ができたらOKボタンをクリックします。

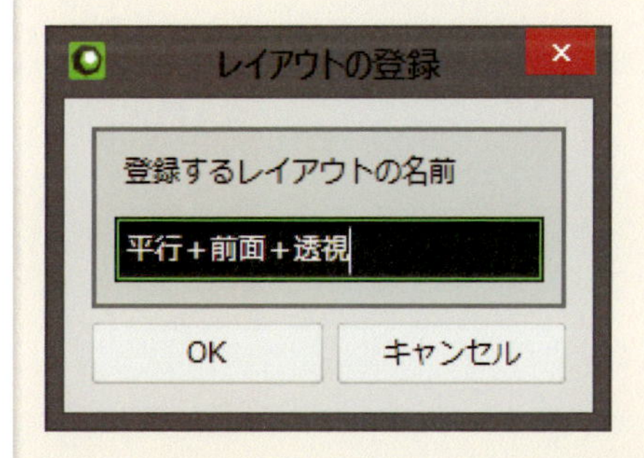

6

レイアウトに登録された

ビューヘッダの［レイアウト］ボタンをクリックすると、新しいレイアウトが登録されています。他のレイアウトに切り替えても、登録したレイアウト名をクリックすれば、いつでも自分で作成したレイアウトを呼び出して利用することができます。

［レイアウト］に登録したレイアウトを削除したい場合は、登録されたレイアウト名の右側に表示される「×」アイコンをクリックすると、削除することができます。

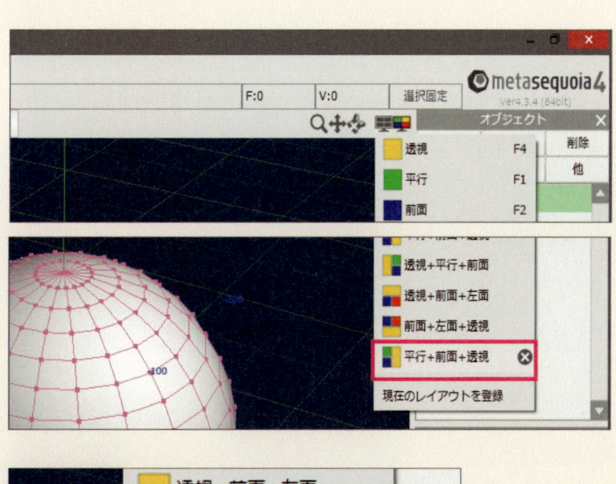

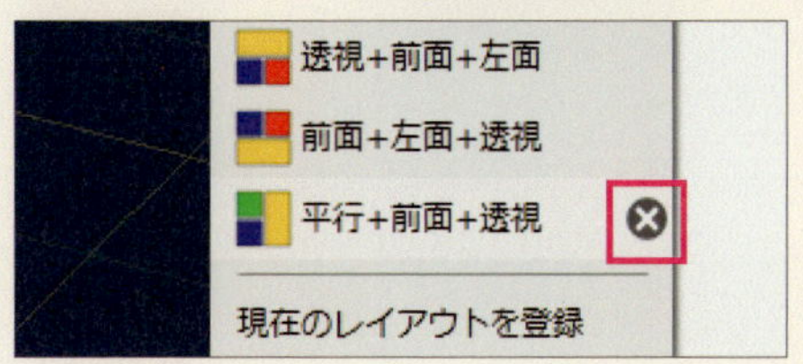

TECHNIQUE

005 画面全体のレイアウトや表示を変更する

3D画面のレイアウトは、ビューヘッダの[レイアウト]ボタンから変更しますが、[システム]パネルや[オブジェクト]パネルなどのレイアウトの変更は、[環境設定]の[画面]から行います。[コマンド]パネルやステータスバーの位置の変更から、メニューの言語設定まで行うことができます。

方法❶ [環境設定]の[画面]で変更する

[環境設定]を開く

画面のレイアウトを変更するには、[ファイル]メニューから[環境設定]を選択します。

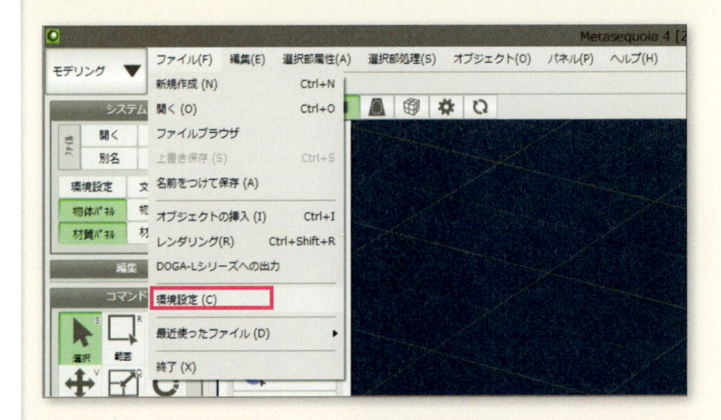

2

[環境設定]ウインドウが表示される

[環境設定]ウインドウが表示されます。画面のレイアウトの設定は、[画面]項目にあります。[環境設定]の[画面]には、レイアウトの表示に関する設定を行う[レイアウト]、コマンドパネルに関する設定を行う[コマンドパネル]、ステータスバーに関する設定を行う[ステータスバー]、メインウインドウに関する設定を行う[メインウインドウ]の設定項目が表示されます。

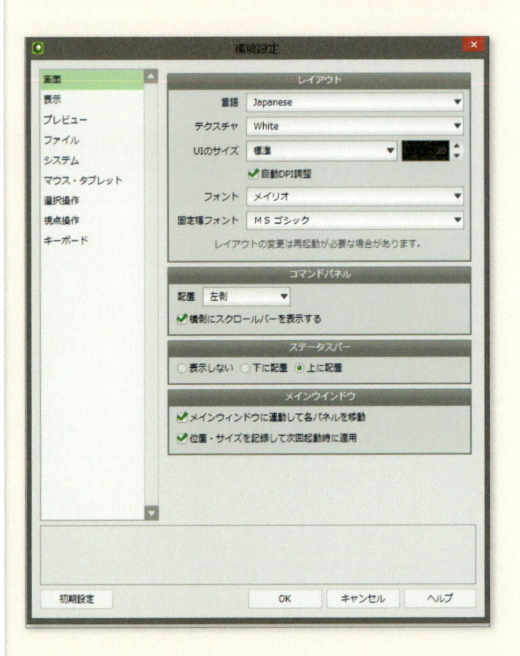

方法❷ 言語の設定を変える

1

メニューの言語を変更する

メタセコイアの標準言語は日本語ですが、ユーザーによっては英語の方が分かりやすいという人もいると思います。表示言語を変更したい場合は、[レイアウト]にある[言語]をクリックして、「English」を選択します。

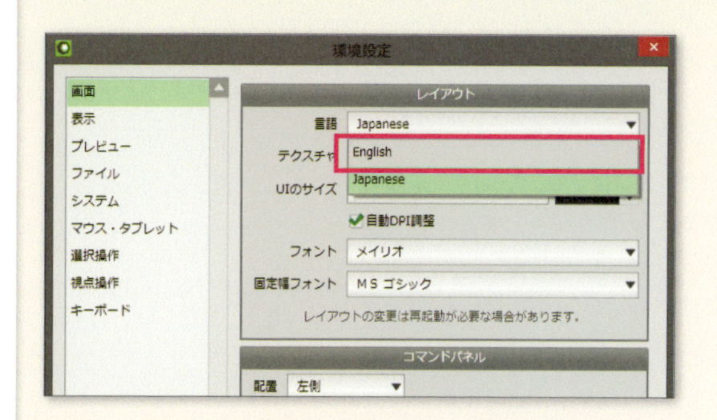

2

確認のダイアログが表示される

[言語]から「English」を選択すると、[質問] というタイトルが付いた言語変更の確認用のダイアログが表示されるので、「はい」をクリックします。

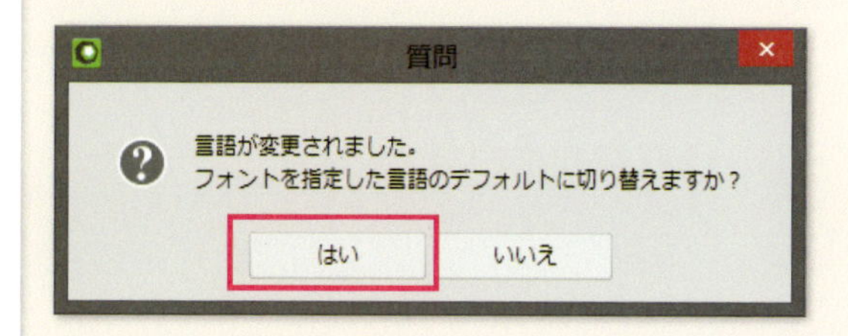

3

メタセコイアを再起動する

言語の変更を有効にするには、メタセコイアを起動し直す必要があります。再起動を促す[メッセージ]という名前がついたダイアログが表示されるので、OKボタンをクリックし、[環境設定] ウインドウのOKボタンをクリックしてウインドウを閉じ、[ファイル] メニューの [終了] を選択してメタセコイアを終了させます。

メタセコイアを再起動すると、英語モードで起動します。ヘルプ内の表記も英語に切り替わります。

この時メタセコイアのバージョンによってはメニューが文字化けするので、[終了] コマンドの位置が分からない場合は、アプリケーションウインドウの [×] ボタンをクリックしてメタセコイアを終了させましょう。

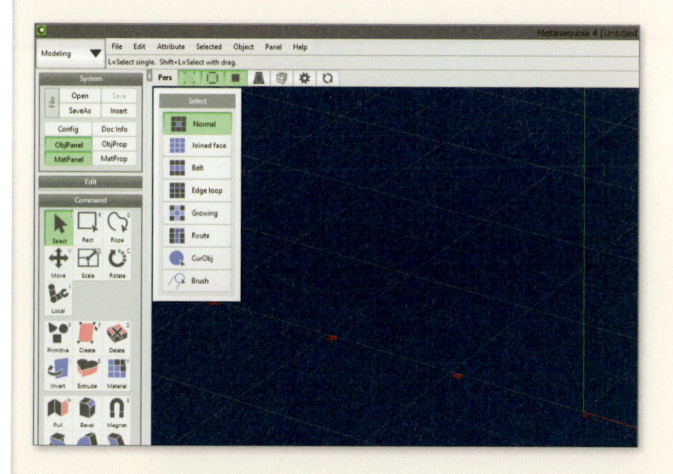

方法❸ 表示を変更する

1

アプリケーションウインドウの色を変える

アプリケーションウインドウのベースの色を変更するには、[環境設定]の[画面]にある[テクスチャ]で変更します。[テクスチャ]をクリックすると、色のバリエーションのリストが表示されるので、変更したい色を選択します。下は「Black」を選択したものです。

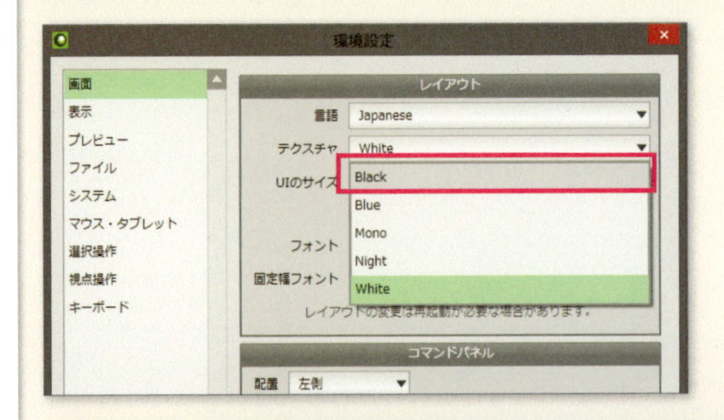

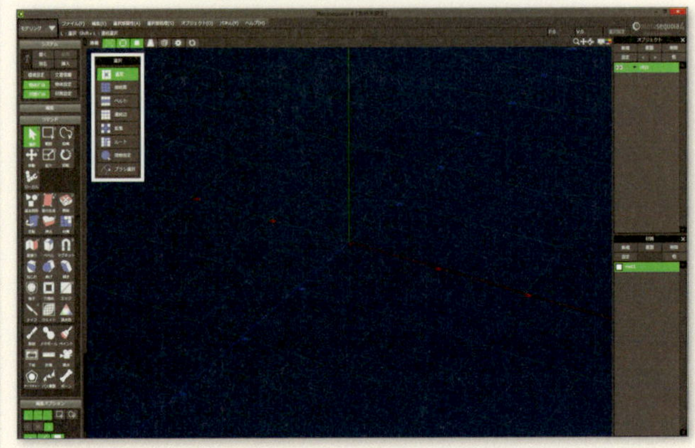

2

UI表示の大きさを変更する

使用しているモニターの大きさによっては、メタセコイアのUIの大きさが合わず、作業しにくかったりします。そのような場合は、[環境設定]の[画面]にある[UIのサイズ]で大きさを調整できます。[UIのサイズ]をクリックすると、5つのサイズが用意されているので、最適なものを選択します。5つのサイズで対応できない場合は、一番下の「カスタム」を選択し、右にある数値を上下させてサイズを設定します。

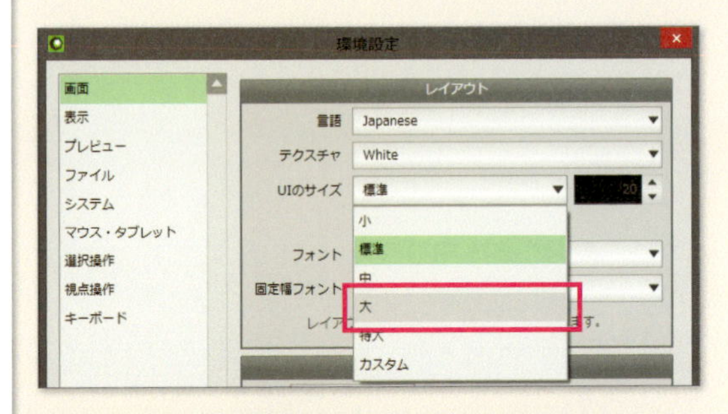

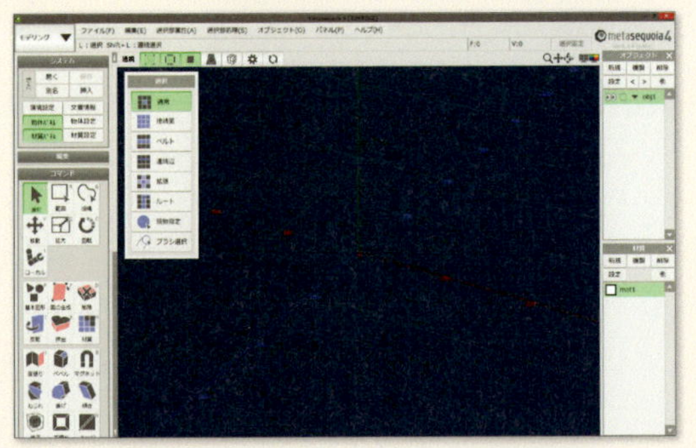

3

[コマンド]パネルの位置を変える

[コマンド] パネルは、通常画面の左側に固定されていますが、右側に固定することもできます。右側に移動するには、[環境設定] の [コマンド] パネルの [配置] をクリックして [右側] を選択します。

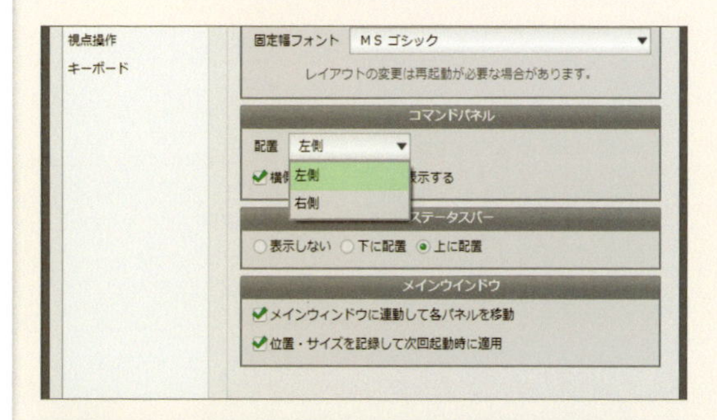

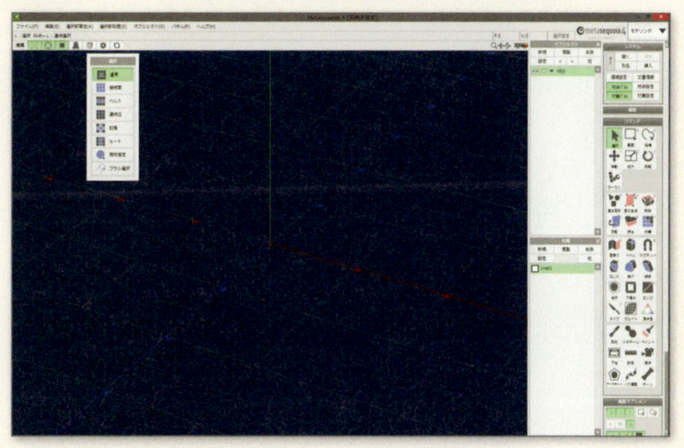

4

ステータスバーの位置を変える

選択しているツールの情報や、面や頂点数を表示するステータスバーも位置を下に移動したり、非表示にしたりすることができます。変更するには [画面] の [ステータスバー] から、変更したい状態にチェックを入れます。図は [下に配置] を選択したものです。

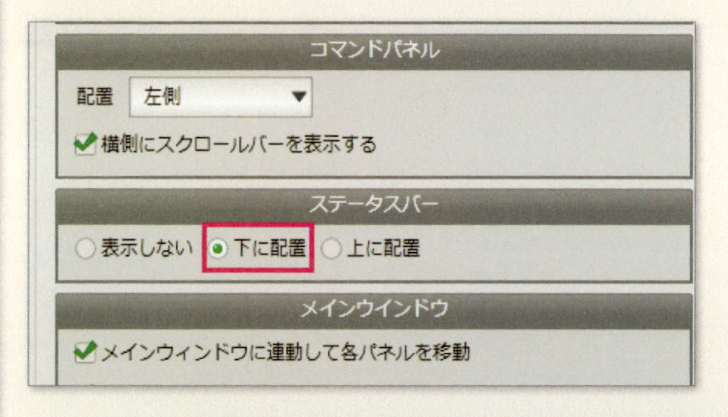

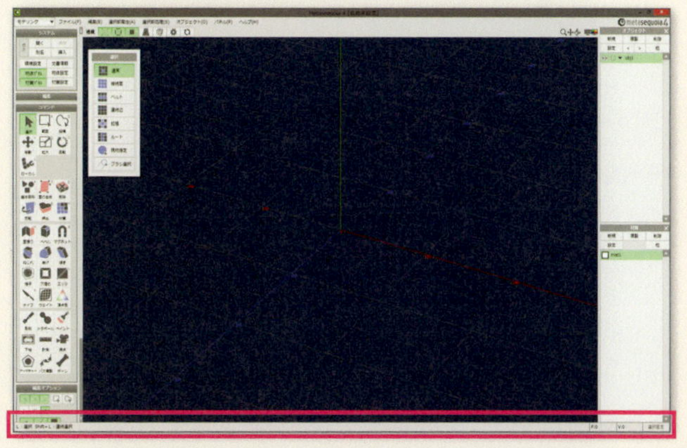

TECHNIQUE

006 ビューの背景の色を変更する

メタセコイアの3D画面の背景は、デフォルトでダークブルーになっていますが、頂点や辺の色の状態やモニターの状態によっては、見難い場合もあります。そのような場合は、背景の色を変更することができます。

方法 [環境設定]の[背景]で変更する

[環境設定]の[表示]を表示する

背景の色を変更するには、[環境設定]の[表示]にある[色]の項目で設定していきます。

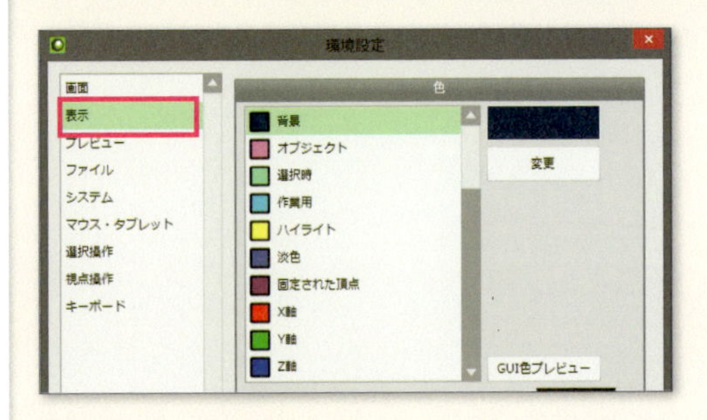

2 背景の色を変える

[色]の項目にある[背景]をクリックして選択すると、右のカラーサンプルに設定されている色が表示されるので、[変更]ボタンをクリックします。表示されるカラーピッカーから変更したい色を選択し、OKボタンをクリックします。

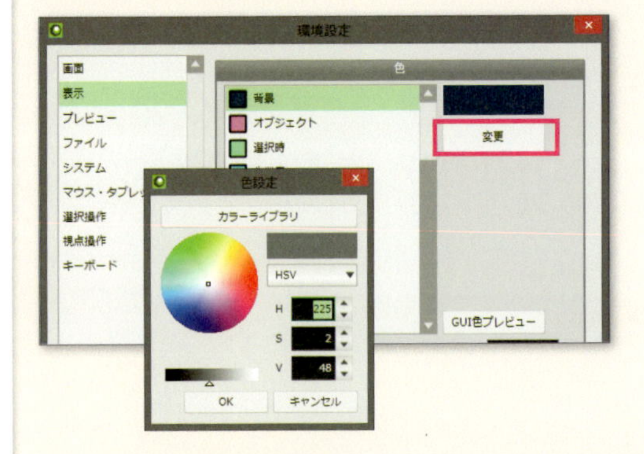

3 背景の色が変わる

[環境設定]のOKボタンをクリックして、[環境設定]を閉じると、3D画面の背景の色が変化します。

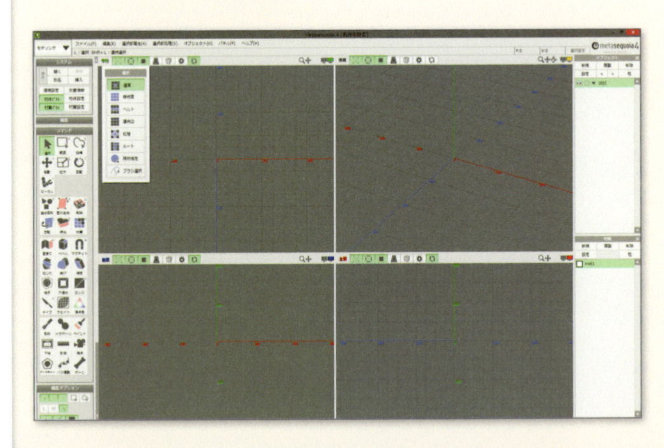

TECHNIQUE

007 表示される頂点や辺の幅を変更する

3D画面には、作成しているオブジェクトの辺や頂点が表示されます。モデリングの作業は、この辺や頂点を選択して移動したり、増やしながらオブジェクトの形状を整えていきます。そのため、画面での頂点や辺の視認性を調整することで、作業を効率よく進めていくことができます。

方法 サイズを変更する

[環境設定]でサイズを変更する

3D画面に作成したオブジェクトに表示されている、頂点や辺のサイズを変更するには、[環境設定] の [表示] にある[サイズ]の項目で変更します。

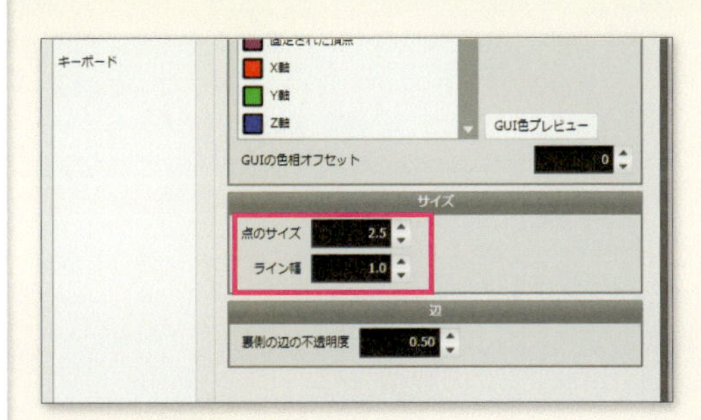

2

頂点のサイズを変える

頂点の表示サイズを変更するには、[サイズ] の [点のサイズ] の値を変更します。デフォルトは「2.5」ですが、数字を大きくすると、頂点の大きさが大きくなります。「1」から「6」の間で調整することができます。

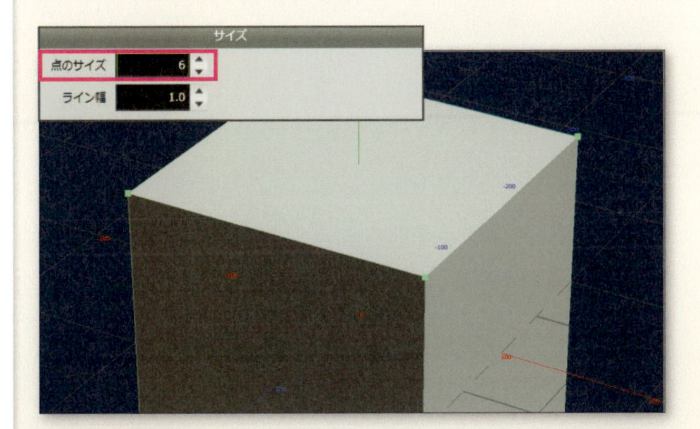

3

辺の太さを変更する

辺の太さを変更するには、[サイズ] の [ライン幅] の値を調整します。幅は「1」から「16」の間で調整することができます。[ライン幅] では、辺と同時に、グリッドの太さや座標軸の太さも変更されます。

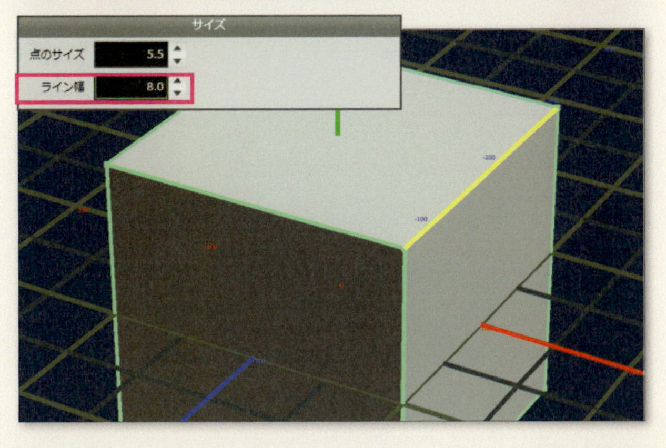

TECHNIQUE

008 ビューを回転、移動、拡大する

モデリングの作業では、3D画面を回転させたり、移動するといった操作が必須になります。特に透視ビューで作業する場合は、ビューの視点操作をスムーズに行うことで、モデリング作業の効率が上がります。視点操作には、3D画面のビューヘッダにあるアイコンを使用する方法と、マウス操作で行う方法の2種類あります。

方法❶ ビューヘッダのアイコンを使う

ビューを回転させる

ビューをアイコンを使って回転させるには、ビューヘッダの一番右側のアイコン上でマウスをドラッグします。上下左右にマウスをドラッグすることで、視点を自由に回転させることができます。

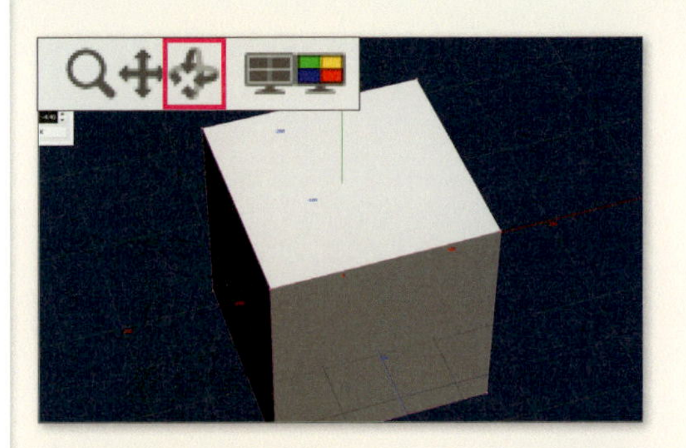

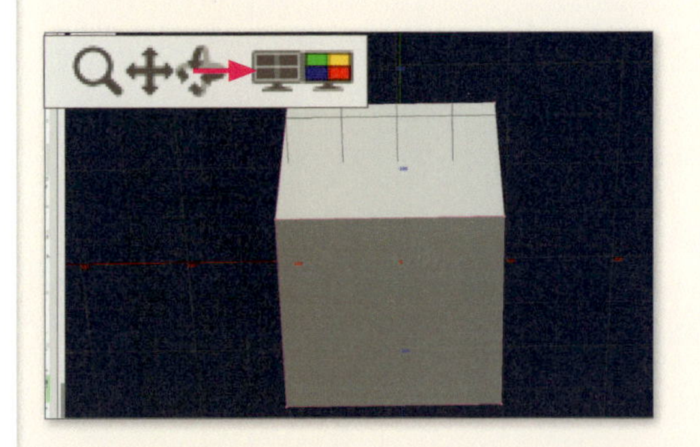

2 視点を水平／垂直方向に移動する

視点を水平／垂直移動するには、ビューヘッダの移動アイコンをマウスでドラッグして行います。マウスを移動アイコン上でドラッグすると、ドラッグした方向にビューも追従して移動します。

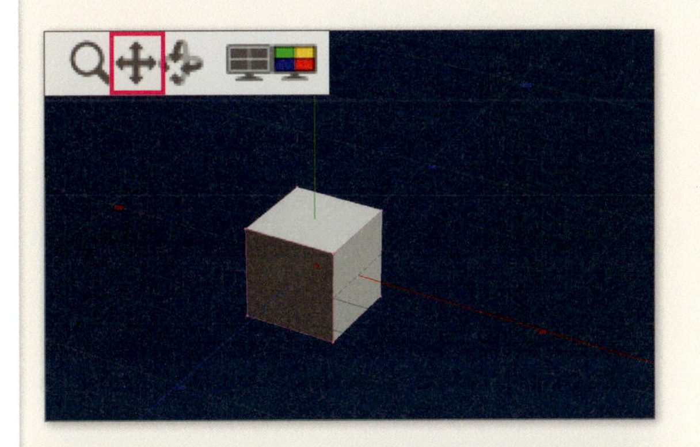

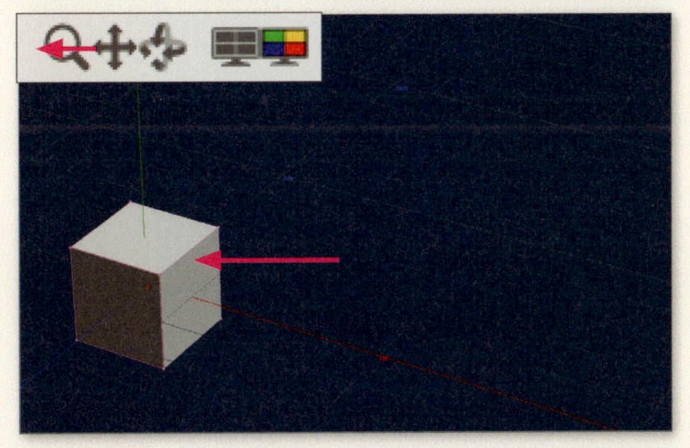

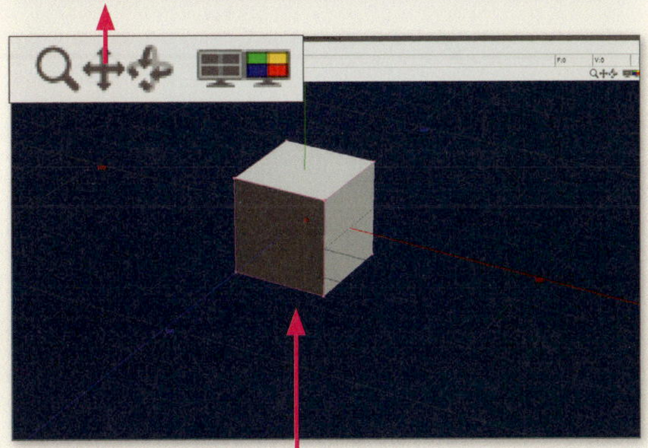

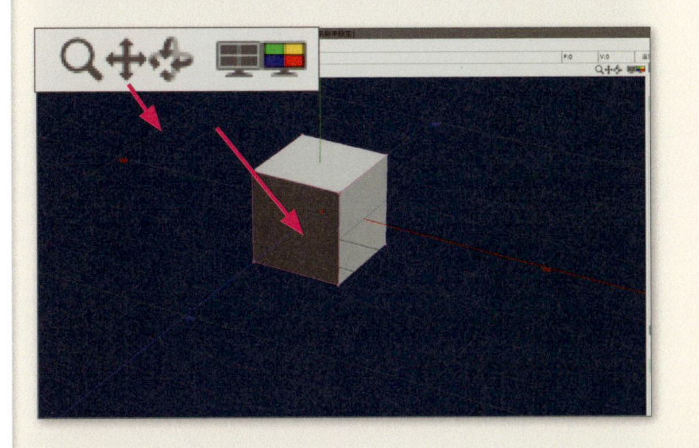

3 視点を拡大／縮小させる

視点を拡大したり、縮小したりしたい場合は、ビューヘッダのズームアイコン上でマウスをドラッグして操作します。上にドラッグすると拡大、下にドラッグすると縮小されます。

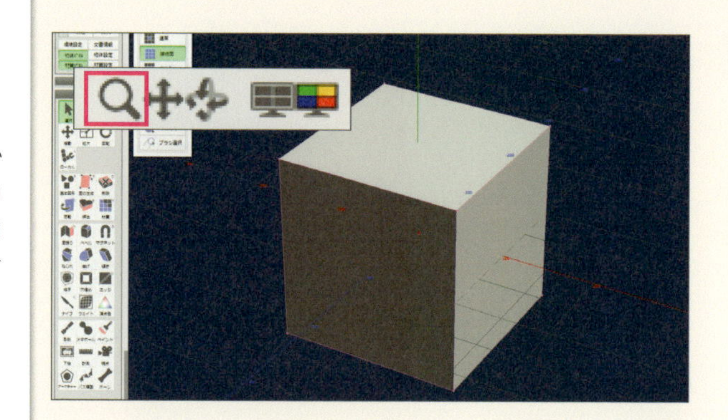

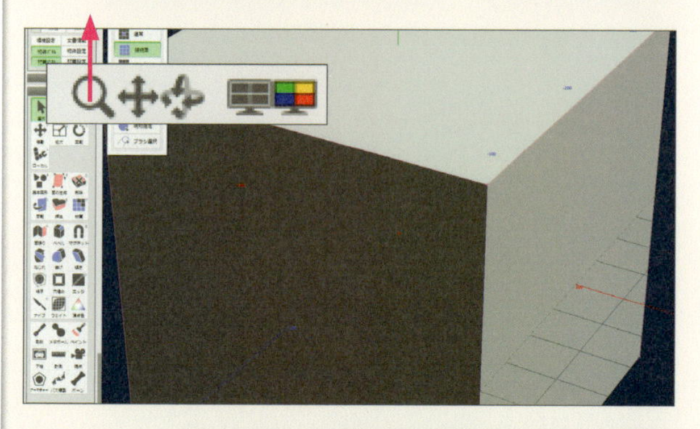

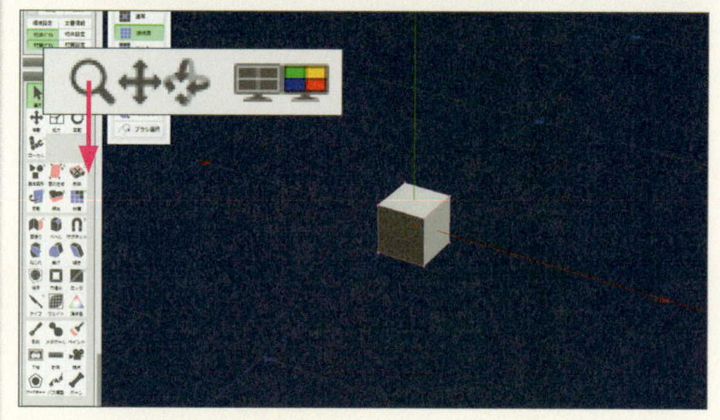

方法❷ マウス操作で視点を変更する

マウスによる視点操作

3D画面の視点操作は、マウスだけでも行うことができます。画面の移動は中ボタンを押しながらドラッグ、回転は右ボタンを押しながらドラッグ、拡大／縮小はホイールを回します。

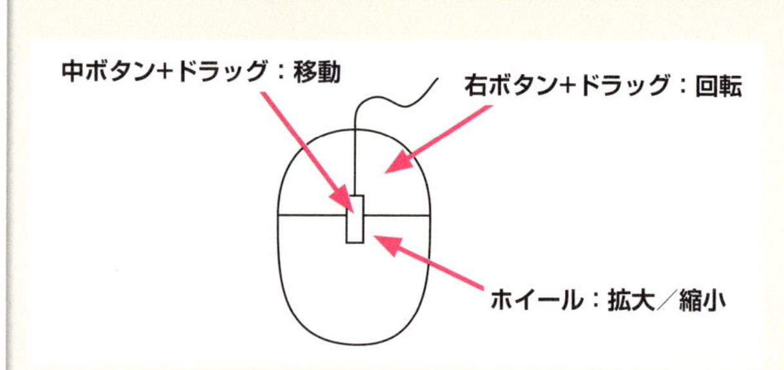

TECHNIQUE

009 オブジェクトの表示内容を変える

オブジェクトを編集する内容によっては、頂点や辺、もしくは面の表示が邪魔な時があります。そのような時は、それぞれの要素を非表示にすることができます。

方法 [ビューヘッダ]で表示を切り替える

面のみ表示する

オブジェクトの頂点、辺、面の表示切り替えは3D画面上部にあるビューヘッダで切り替えます。面だけ表示したい場合は、一番右側のアイコンだけをオンにします。

2 辺のみ表示する

辺だけを表示する場合は、ビューヘッダの真ん中のアイコンだけをオンにします。

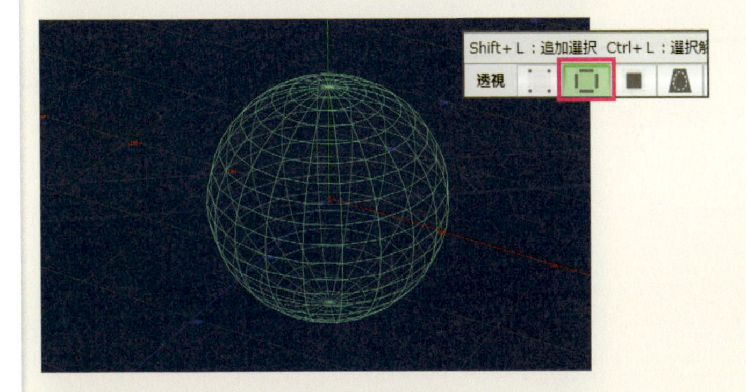

3 頂点だけを表示する

頂点だけを表示する場合には、ビューヘッダの一番左のアイコンだけをオンにします。

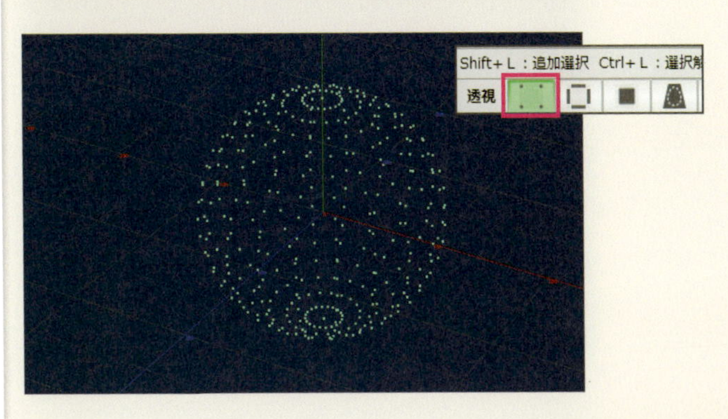

TECHNIQUE

010 平面を作成する

メタセコイアでは、オブジェクトを作成することができなければ、何も始まりません。ここでは、簡単なオブジェクト［基本図形］を作成する方法を解説します。まずは、地面や壁などいろいろな用途がある平面オブジェクトの作成方法から紹介します。

方法❶ ［基本図形］の［平面］を使う

コマンドを選択する

平面オブジェクトを作成するには、［コマンド］パネルの［基本図形］のアイコンをクリックします。

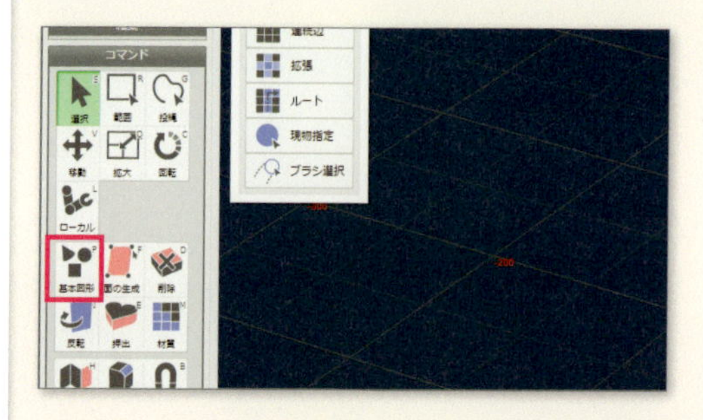

2

［基本図形］のサブパネルが開く

［基本図形］のアイコンをクリックすると、デフォルトの状態では、［選択］だったサブパネルが［基本図形］に切り替わります。

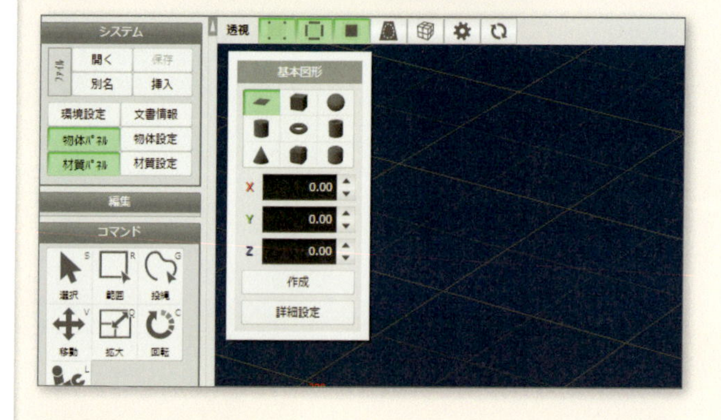

3

平面オブジェクトを選択

平面を作成するために、表示された［基本図形］サブパネルの［平面］のアイコンをクリックして選択します。

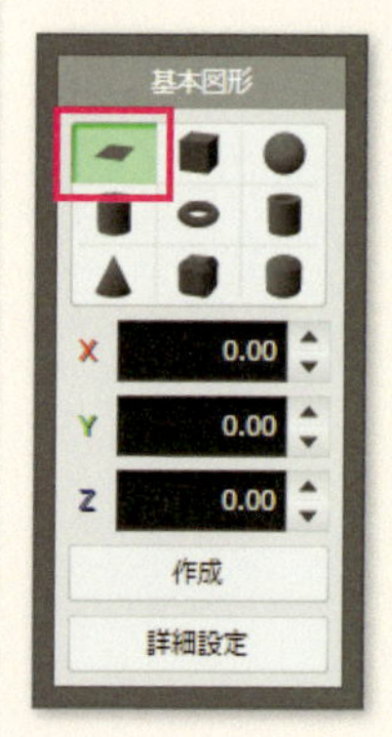

4

平面を作成する位置を決める

平面が作成される位置は、［基本図形］サブパネルに表示されているX、Y、Zの座標値で設定することができます。デフォルトでは、X=0、Y=0、Z=0に設定されているので、3D画面の中央に作成されることになります。座標の値は、3D画面の座標軸に表示されているので、その値を参考に位置を設定していきます。

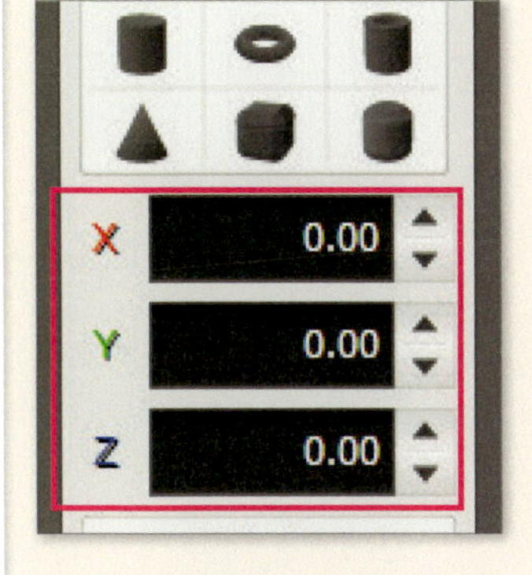

5

平面を作成する

位置を決めたら、平面オブジェクトを3D画面に作成するために、［基本図形］サブパネルの［作成］ボタンをクリックします。

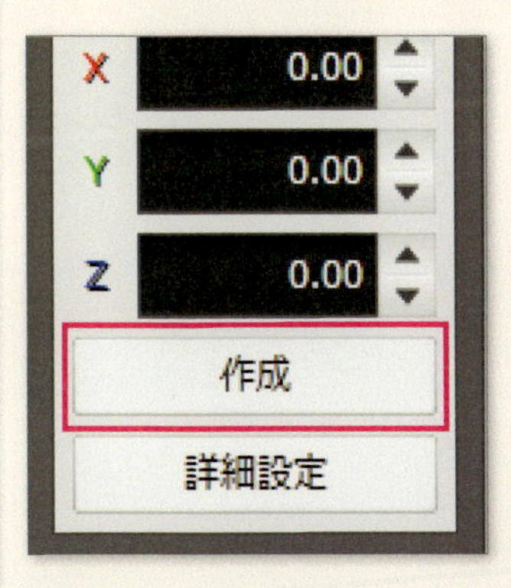

6

平面が作成された

［作成］ボタンをクリックすると、3D画面に平面が作成されます。

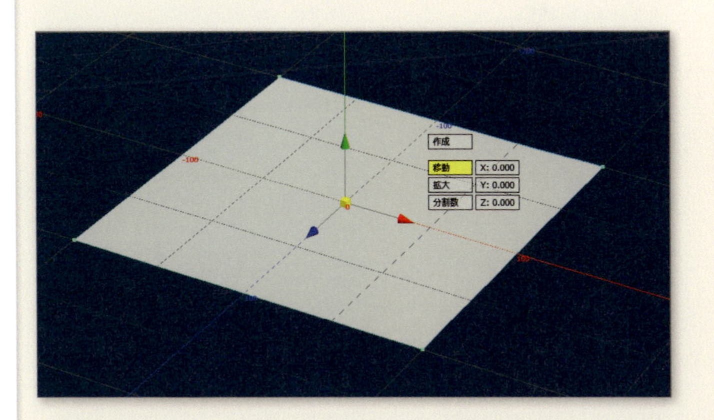

方法❷ 平面の大きさや分割数を変える

1

［詳細設定］を開く

デフォルトの状態で平面を作成すると、面が１つの正方形が作成されます。このまま加工していくことも可能ですが、作成時に、大きさや作成される位置、面の分割数を設定した状態で作成したほうが、効率よくモデリングすることができます。作成するオブジェクトの詳細を設定するには、［基本図形］サブパネルの［詳細設定］ボタンをクリックします。

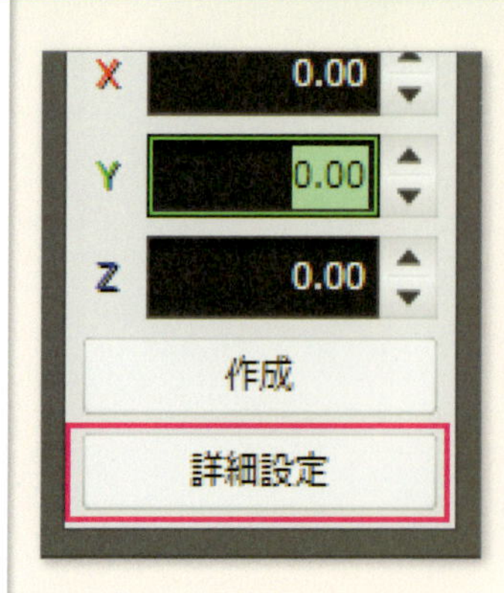

2

［詳細設定］が表示される

［詳細設定］ボタンをクリックすると、サブパネルの右側に設定画面が展開されます。

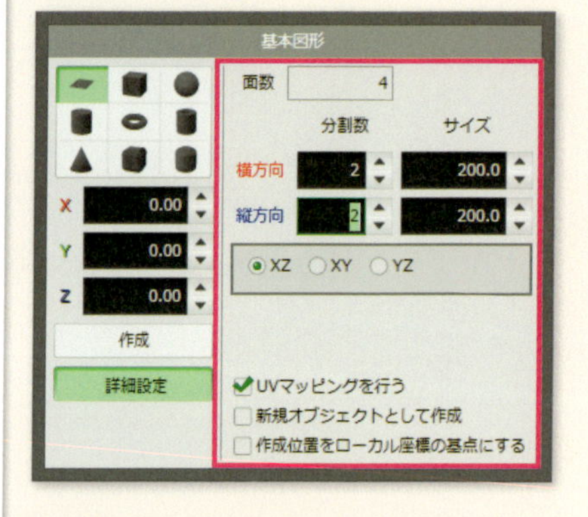

3

分割数を変更する

［分割数］にある［横方向］［縦方向］の値を調整することで、平面の分割数を変更することができます。例えば［横方向］＝「2」、［縦方向］＝「2」とすると、4つの面で構成された平面を作成することができます。

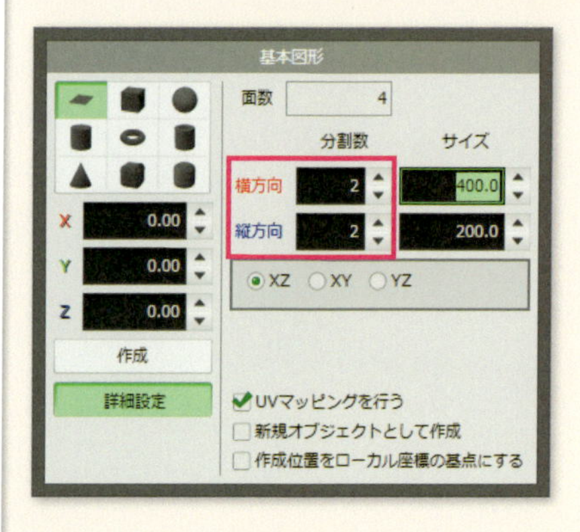

4

大きさを変更する

作成される平面は、デフォルトでは200×200のサイズの正方形になっています。作成する平面のサイズや縦横の比率を変えたい場合は、［サイズ］の項目の値を変更します。右図の設定では、［横方向］＝「400」、［縦方向］＝「200」にしています。

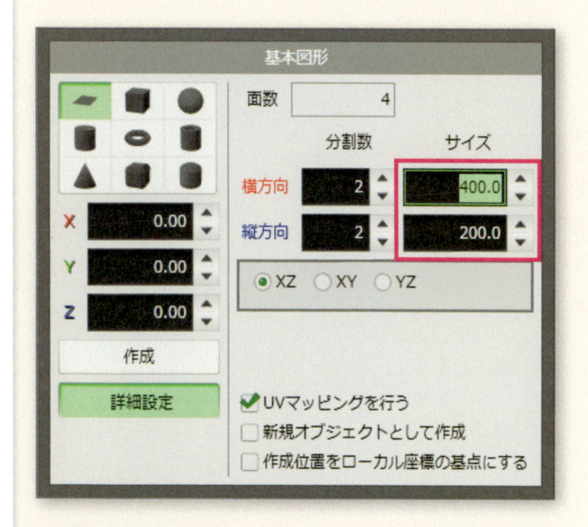

5

作成される座標平面を設定する

［詳細設定］では、平面が作成される座標面も設定することができます。デフォルトではXZ平面に設定されているので、床に配置されているように作成されますが、XYやYZを選択すると、XZ平面に対して壁のように垂直に立った状態で平面を作成することができます。ちなみに、3D画面に表示されている緑のラインがY軸、赤がX軸、青がZ軸です。ここでは、「XY」を選択しています。

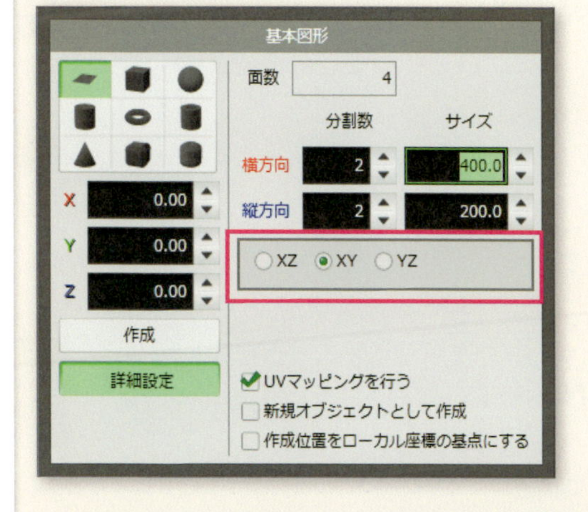

6

設定は3D画面を見ながら行う

［詳細設定］で設定している内容は、リアルタイムで3D画面に作成された図形のワイヤーフレーム表示に反映されます。分割数や大きさ、配置など数値を調整する度に変化するので、自分が作成したい設定を確認しながら数値を設定していきましょう。

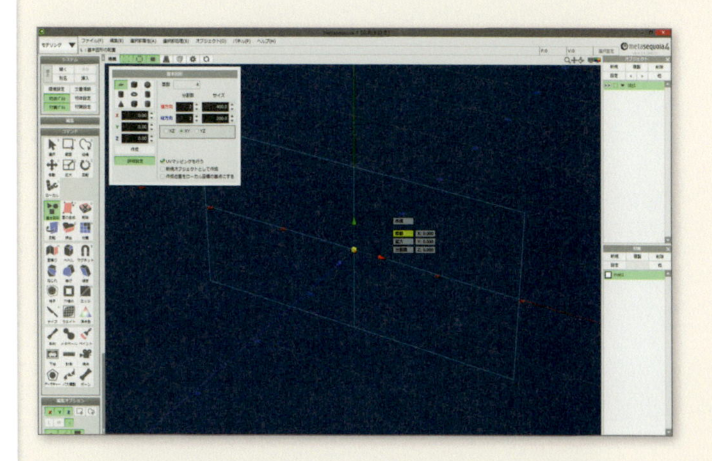

7 オブジェクトを作成する

設定ができたところで［作成］ボタンをクリックすると、3D画面に平面のオブジェクトが作成されます。

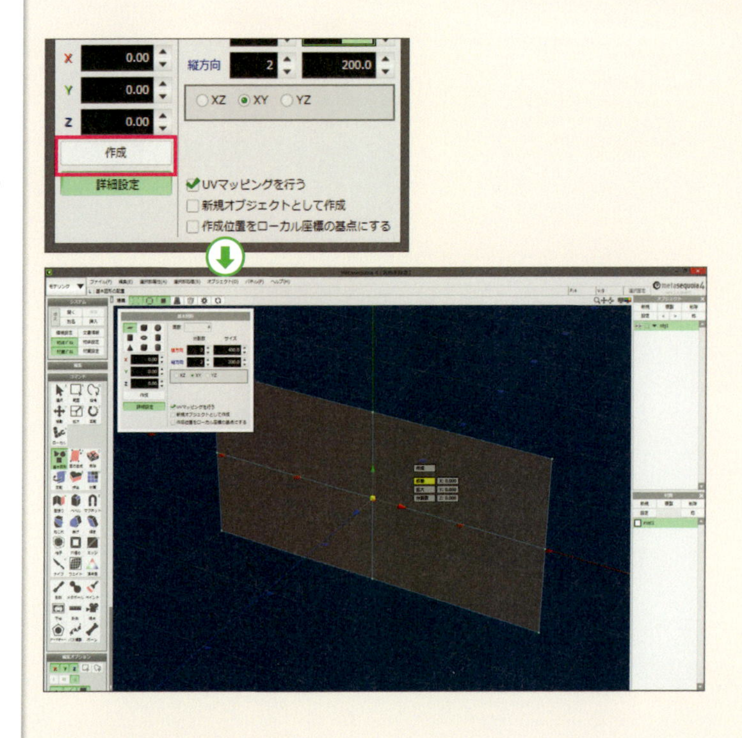

MEMO

［作成］で詳細を設定する

［基本図形］の作成は、［基本図形］サブパネルで作成したい［基本図形］を選択した時に3D画面に表示される、［作成］［移動］［拡大］［分割数］でも、図形の詳細を設定することができます。数値を入力したら［作成］をクリックすると、設定がオブジェクトに反映されます。同一オブジェクト内に複数のオブジェクトを作成したい場合などに便利です。

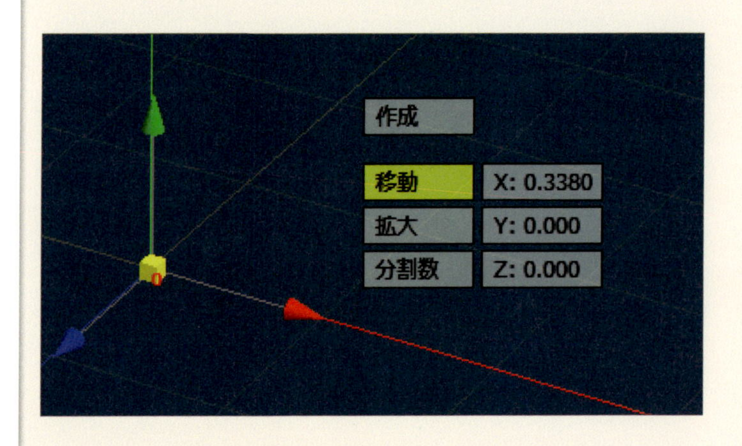

TECHNIQUE

011 立方体を作成する

立方体のオブジェクトは、様々な形状のオブジェクトを作成するための最も基本的なオブジェクトです。立方体を加工しながら、複雑な形状へと変形させていくことがモデリングの基本となります。

方法 [基本図形]の[立方体]を使う

立方体を選択する

立方体を作成するには、[基本図形] サブパネルの [立方体] をクリックします。

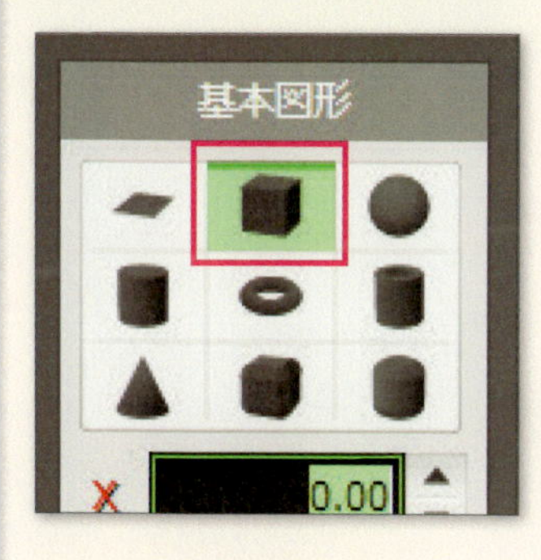

2

[詳細設定]を表示する

[基本図形] サブパネルの [詳細設定] ボタンをクリックして [詳細設定] の項目を表示します。

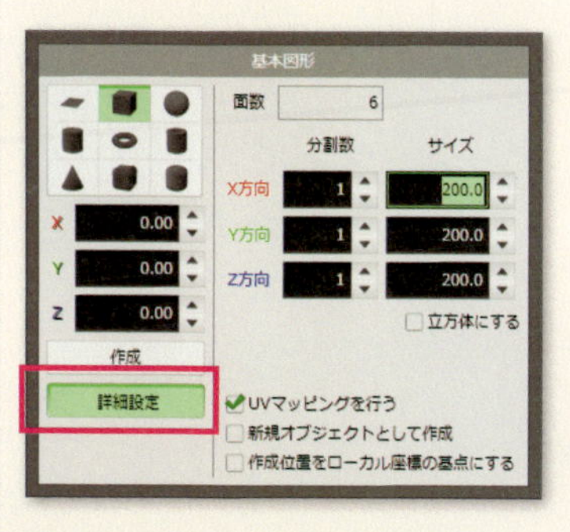

3

分割数を設定する

立方体を構成する1つの面を、いくつに分割するかを設定します。分割を設定するには、[分割数]の[X方向]、[Y方向]、[Z方向] に値を入力します。ここでは各項目に「2」を入力して各側面が2分割されている立方体を作成します。

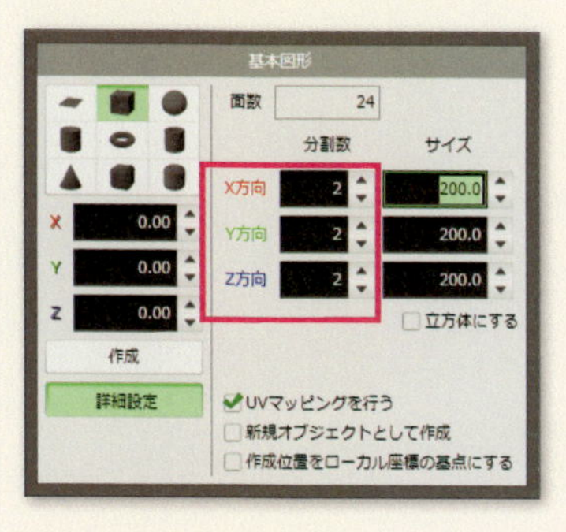

4 サイズを変更する

サイズを変更するには、[サイズ]の[X方向]、[Y方向]、[Z方向] に値を入力します。各方向に違う値を入力すれば直方体を作成することができます。[サイズ] の項目の下にある [立方体にする] の項目をクリックしてチェックを入れると、すべての方向に自動的に同じ値が入力され立方体を作成することができます。

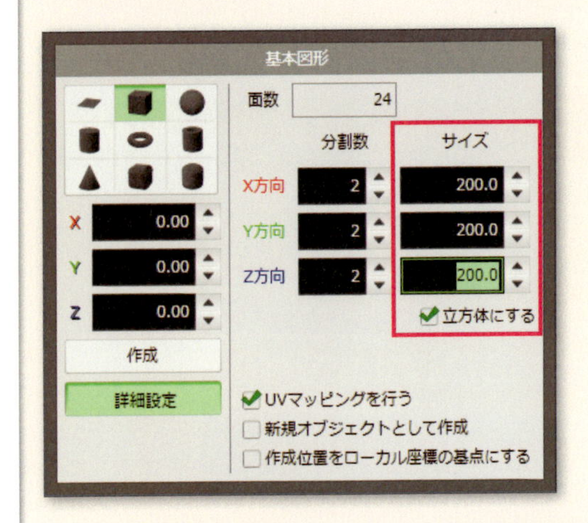

5 [作成]ボタンをクリックする

設定が済んだら、[基本図形] サブパネルの [作成] ボタンをクリックして3D画面に立方体のオブジェクトを作成します。

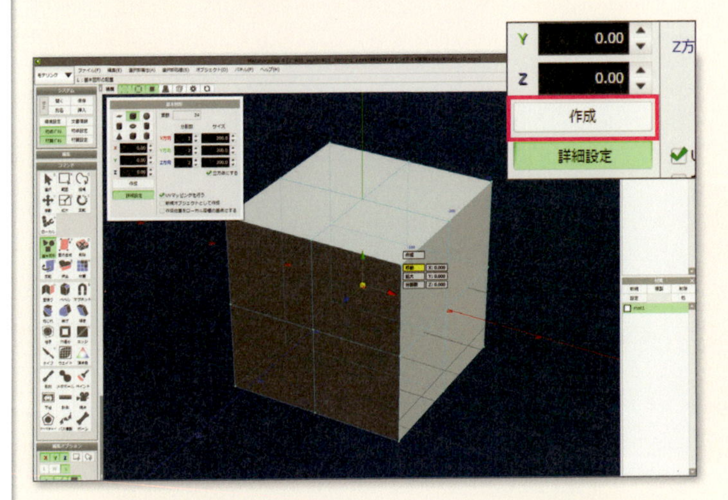

6 直方体を作るには

直方体のように、辺の長さがXYZの各方向で異なる直方体を作成するには、[立方体にする] の項目のチェックを外して、[サイズ] の各方向の値に違う値を入力します。ここでは、[X方向]=「200」、[Y方向]=「200」、[Z方向]=「100」にしました。

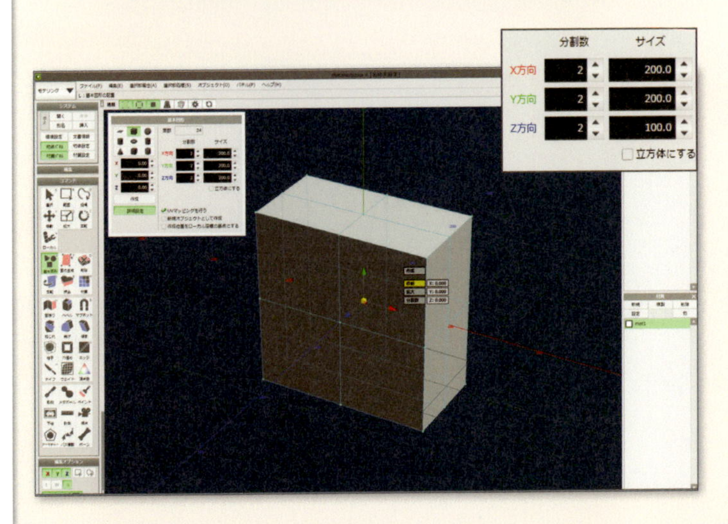

TECHNIQUE

012 球を作成する

球のオブジェクトも、3DCGのオブジェクトではよく使われる形状です。球のオブジェクトには極方向に辺が集約される形状と、球を構成する面がすべて四角形で構成された形状の2種類を作成することができます。

方法 [基本図形]の[球]を使う

1

[基本図形]で[球]を選択する

まず、極方向で辺が集約される球を作成します。[基本図形] サブパネルで [球] を選択します。

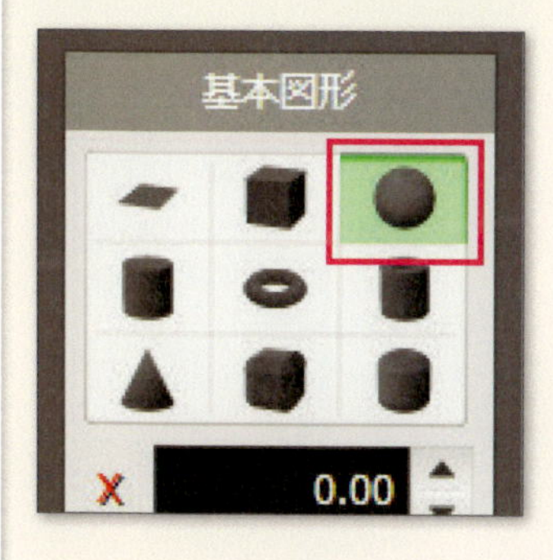

2

[詳細設定]を開く

[詳細設定] ボタンをクリックして [詳細設定] を表示します。

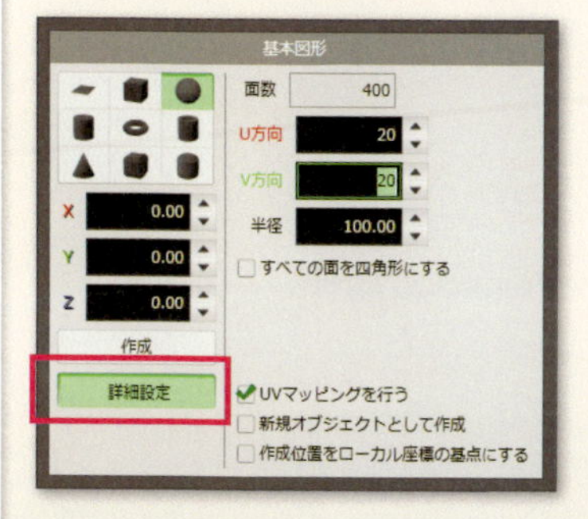

3

分割数を設定する

球では、分割数を設定する際にX、Y、Z方向といった座標ではなく、[U方向][V方向] といった座標を使います。[U方向] は緯線の分割数、[V方向] は経線の分割数になります。

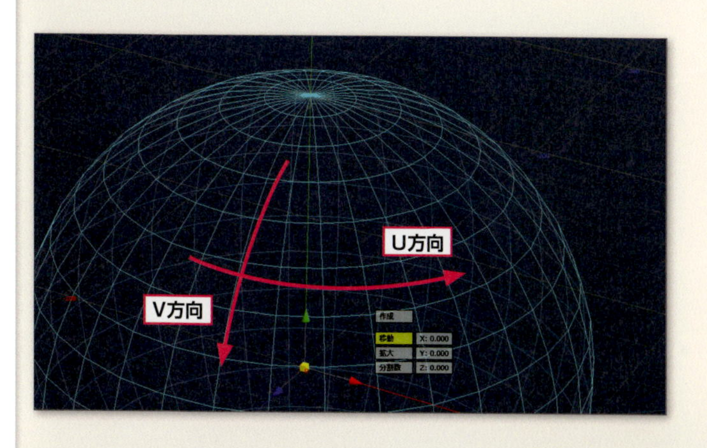

4 分割数を調整する

球の分割数は、形状のシルエットに直接的に影響します。20分割程度であれば球体に見えますが、分割数が少なくなると、だんだん多角形体に近くなってきます。

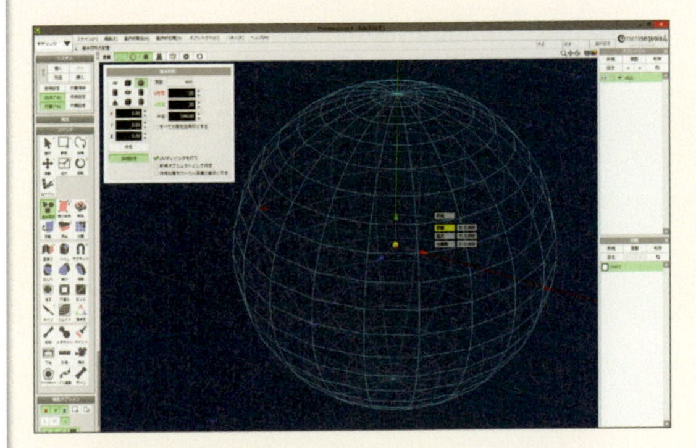

U方向=20、V方向=20

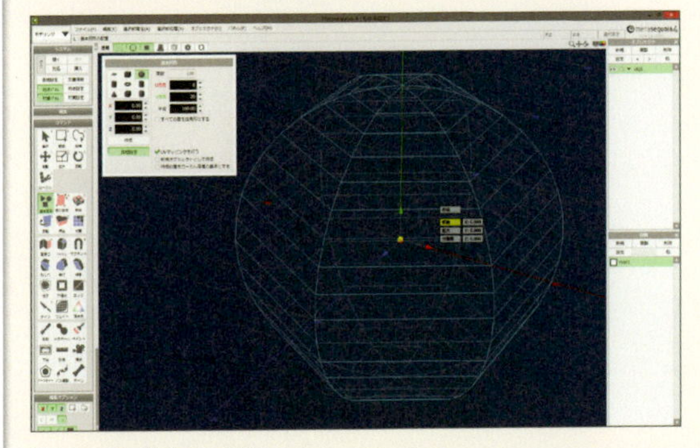

U方向=6、V方向=20

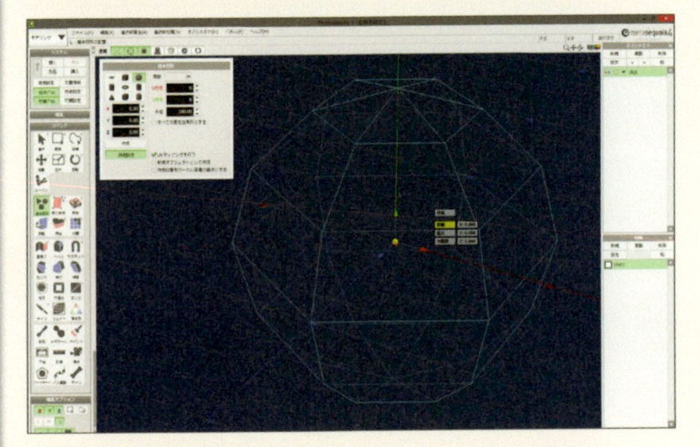

U方向=6、V方向=6

 大きさを設定する

球の大きさは［半径］で設定していきます。

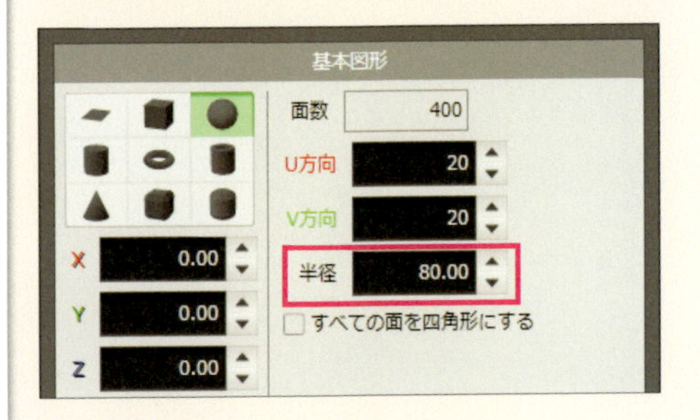

作成ボタンをクリック

設定ができたところで、[作成] ボタンをクリックして3D画面に球を作成します。

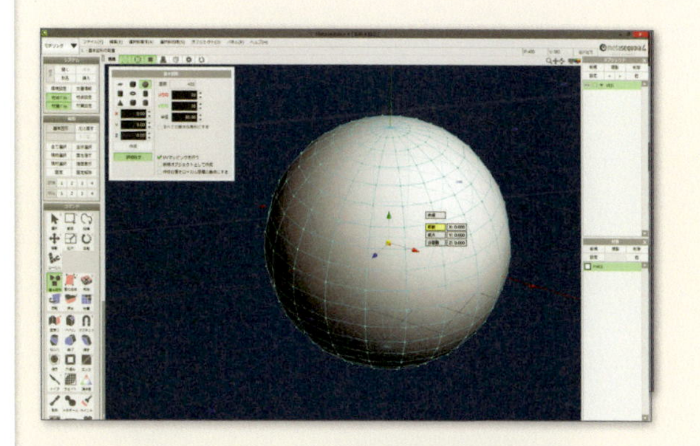

7 すべての面が四角形の球を作成する

すべての面が四角形で構成され、極の集約がない球を作成するには、[すべての面を四角形にする] の項目をクリックしてチェックを入れます。すべての面が四角形の球では、分割数をU方向でしか設定できません。キャラクターの頭部を作成するような場合は、この球を使用すると効率よく作成することができます。

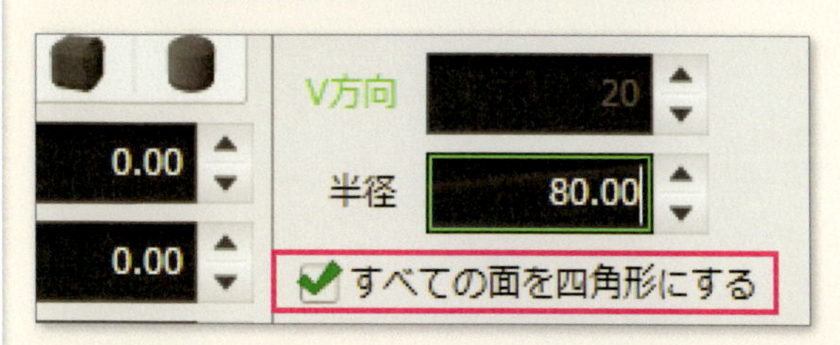

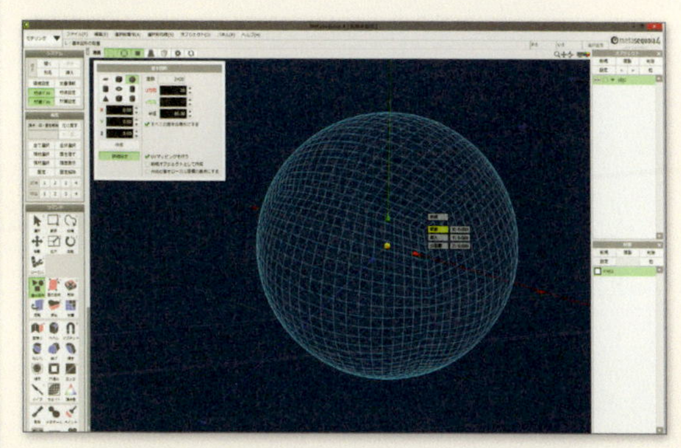

U方向=20

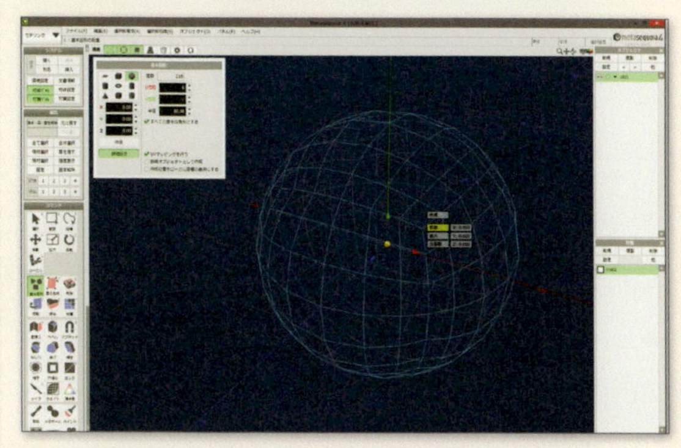

U方向=6

TECHNIQUE

013 リング形状を作成する

ここでは、少し特殊な形状であるリング状のオブジェクトを作成します。分割数を調整することでドーナツのようなリング形状から、窓枠のような形状まで作成することができます。

方法 サブパネルでドーナツ型を選択

サブパネルでドーナツ型を選択する

リング状のオブジェクトを作成するには、［基本図形］サブパネルで、［ドーナツ型］を選択します。

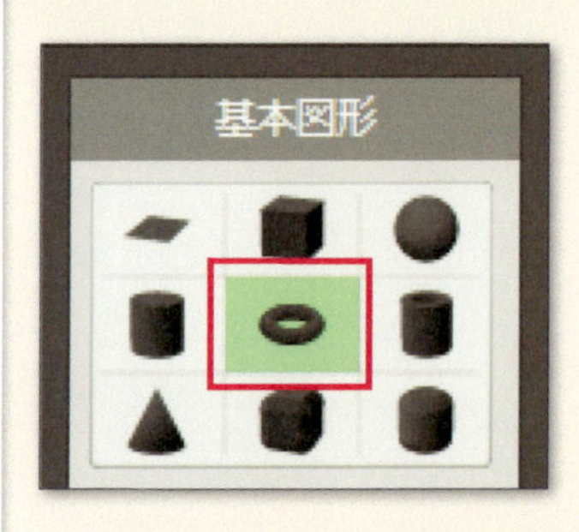

2

リングの大きさを設定する

ドーナツ型の大きさは、［内径］と［外径］で設定します。ドーナツ型自体の大きさは［外径］で設定され、［外径］ー［内径］＝リングの太さになります。

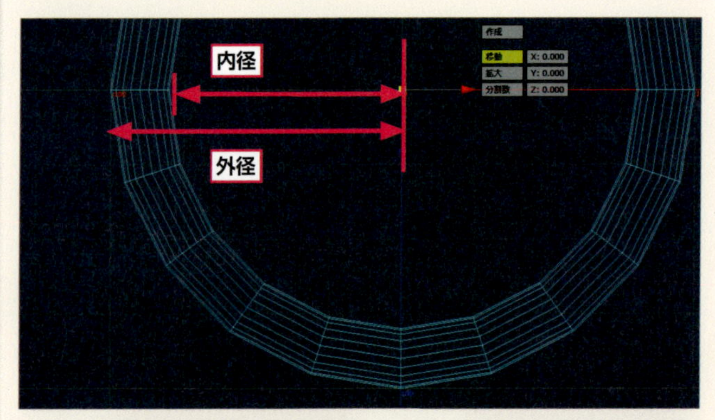

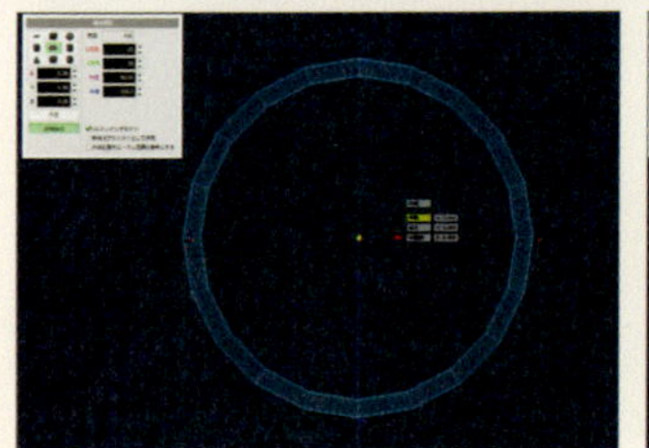

内径＝90、外径＝100

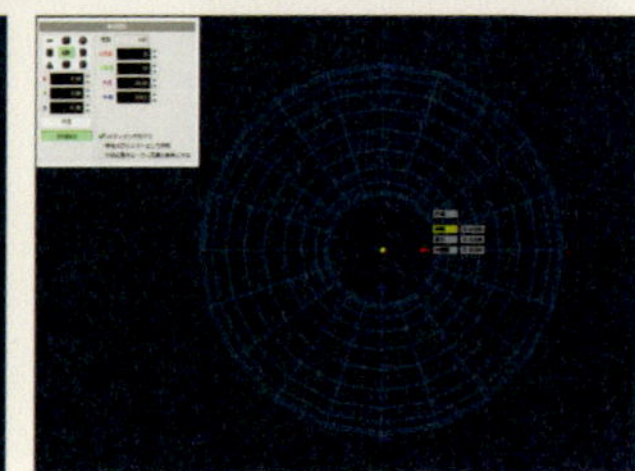

内径＝30、外径＝100

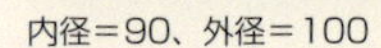

3

分割数を設定する

ドーナツ型の分割数も、球と同じようにU方向とV方向で設定していきます。分割数の設定で形状の輪郭がかなり変わります。

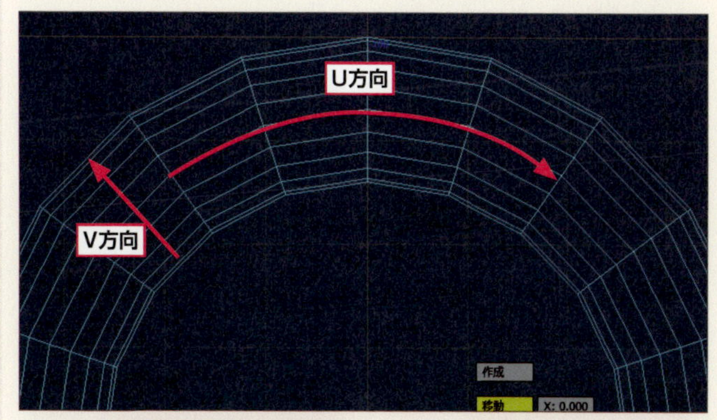

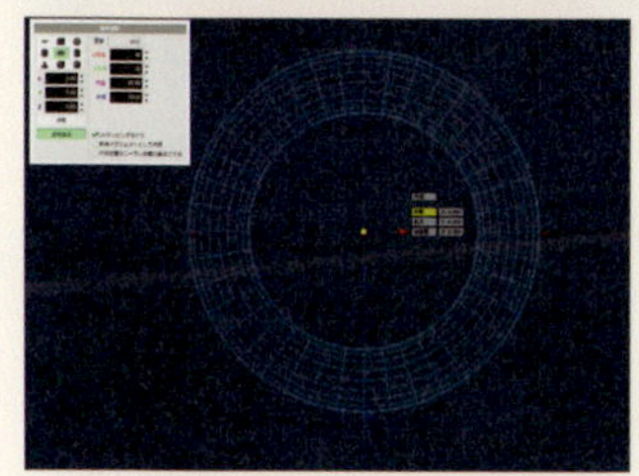

U方向＝40、V方向＝20

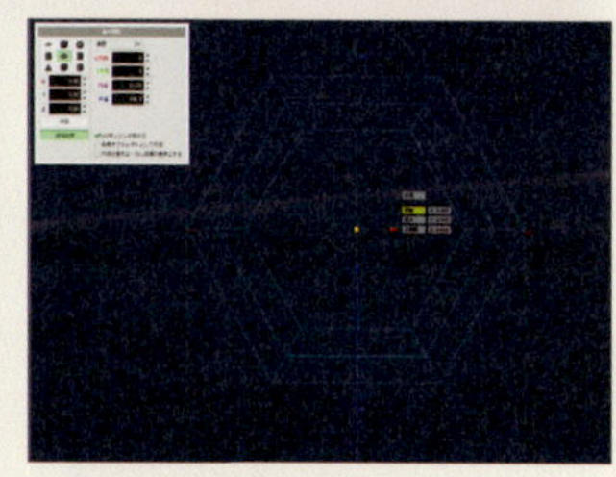

U方向＝6、V方向＝4

[作成]ボタンをクリック

設定ができたら[作成]ボタンをクリックすると、3D画面にリングの形状が作成されます。図は[U方向]＝40、[V方向]＝20、[内径]＝65、[外径]＝100に設定したものです。

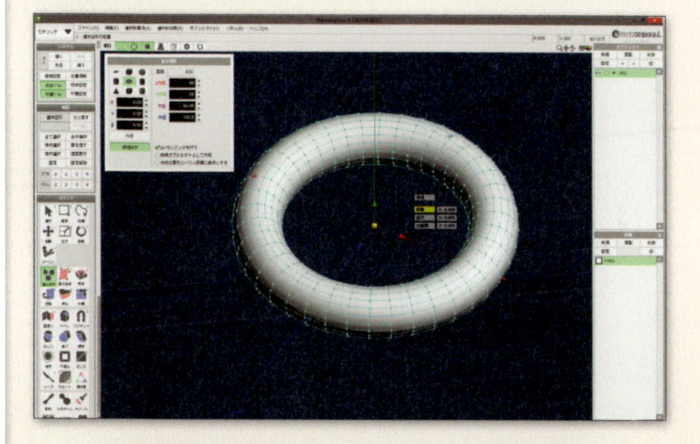

MEMO

[基本図形]に用意されているオブジェクト

[基本図形]には、紹介したオブジェクトを含め9種類のオブジェクトが用意されています。これらをうまく利用して、オブジェクトを変形させていくと作業効率がよくなるでしょう。

TECHNIQUE

014 オブジェクトの選択

オブジェクトを作成した後は、コマンドを一度［選択］に切り替えないと複数オブジェクトが作成されてしまうことがあります。ここでは作成したオブジェクトの選択の方法を解説します。

方法 ［編集］パネルの［現物選択］を使う

1

［選択］コマンドに切り替える

作成したオブジェクトを選択するには、［コマンド］パネルで［選択］をクリックし、選択モードに切り替えます。

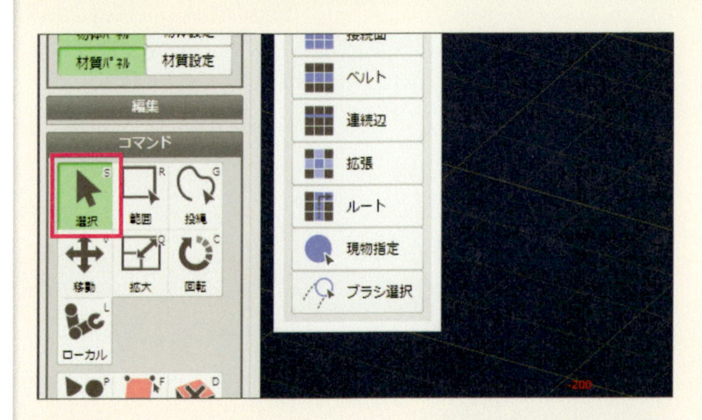

2

現物選択でオブジェクトを選択

［編集］パネルを開き、［現物選択］をクリックします。

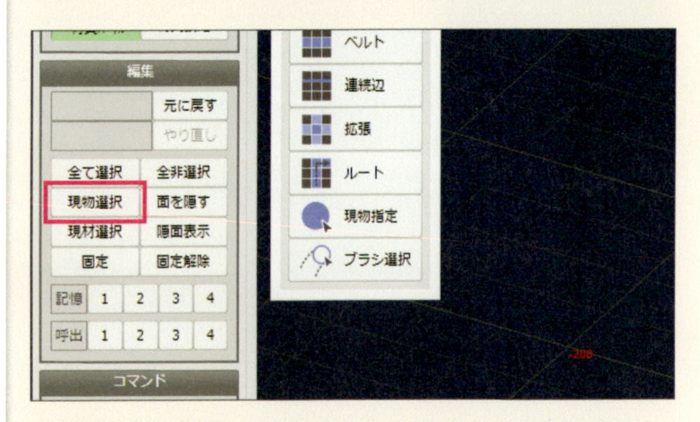

3

オブジェクトが選択された

［現物選択］をクリックすると、オブジェクト全体が選択され、緑色で表示されます。

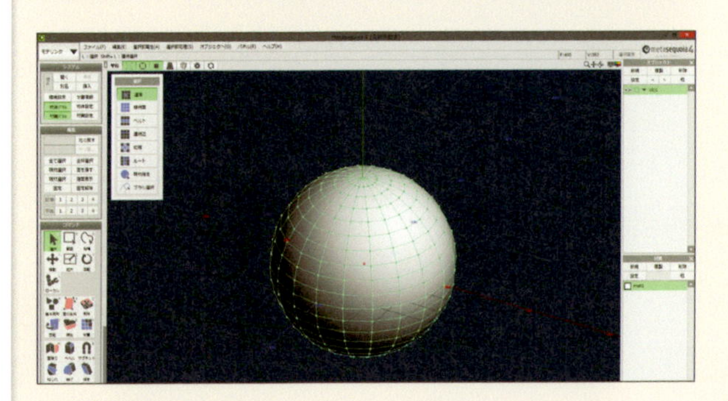

4

選択を解除する

オブジェクトの選択を解除したい場合は、3D画面のオブジェクトがない領域をクリックするか、[編集]パネルの[全非選択]ボタンをクリックします。選択されていないオブジェクトはピンク色になります。

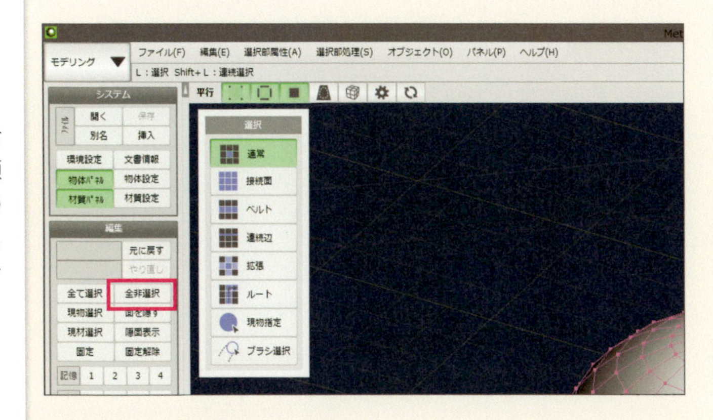

5

接続面選択

基本図形を作成していると、間違えてひとつのオブジェクトの中に、新たな基本図形のメッシュを作成してしまうことがあります。一方を削除したい場合は、[選択] サブパネルにある [接続面] を使って選択します。

6

選択したい図形の一部をクリックする

[接続面] がオンになっている状態で選択したい基本図形のメッシュの一部をクリックすると、クリックした基本図形のメッシュだけが選択されます。選択した状態でDeleteキーを押すと削除されます。

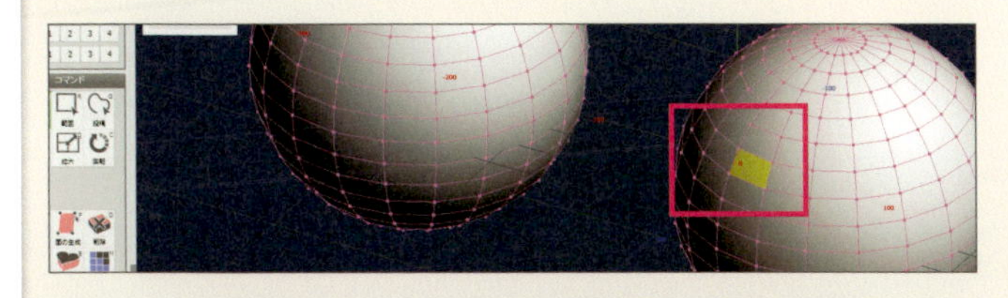

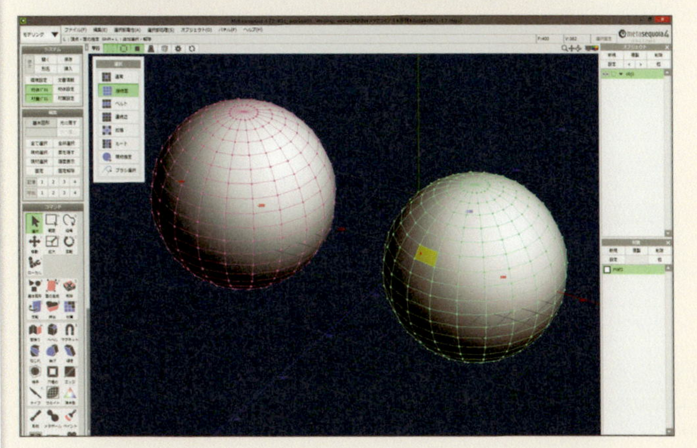

TECHNIQUE

015 オブジェクトを移動する

ここでは選択したオブジェクトの移動方法を解説します。移動させる方法には、ハンドルを使って移動する方法と、相対座標、絶対座標を使った移動方法があります。

方法❶ ハンドルを使った移動

1

[移動]コマンドを選択

選択したオブジェクトを移動させるには、オブジェクトを選択した状態で[コマンド]パネルの[移動]をクリックします。

2

ハンドルをオンにする

[移動]コマンドが選択されるとサブパネルが表示されるので、[ハンドル]の項目にチェックが入っているかを確認します。デフォルトではチェックが入っている状態になっています。

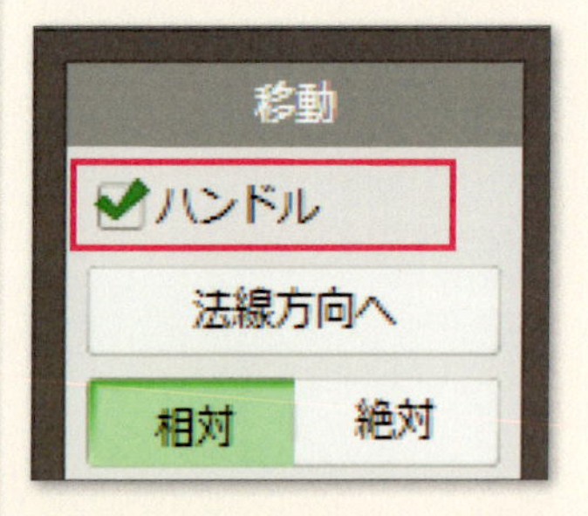

3

ハンドルをドラッグする

オブジェクトに表示されたハンドルから、移動したい方向のハンドルをドラッグします。

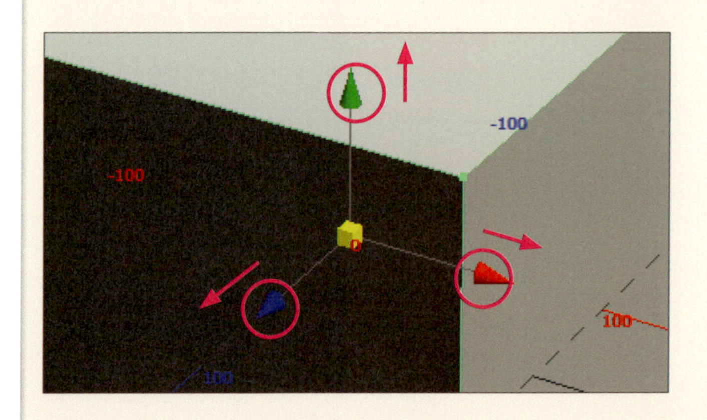

4

斜めに移動したい場合

ＸＹＺ方向に沿って移動するのではなく、斜めに移動させたい場合は、ハンドルの中心にある黄色い部分をドラッグします。3D画面で見ている平面上を自由に移動させることができます。

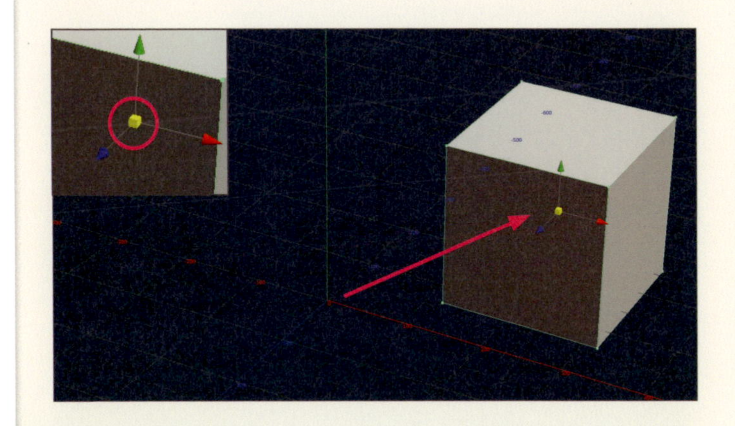

方法❷ 座標に沿って正確に移動

1

座標値を使って移動させる

オブジェクトを正確に移動させたい場合は、ＸＹＺの各座標に数値を入力して移動させます。ハンドルの各軸の先端をクリックすると、移動量の入力フィールドが表示されるので、そこに移動させたい量を数値で入力して、Enterキーを押します。

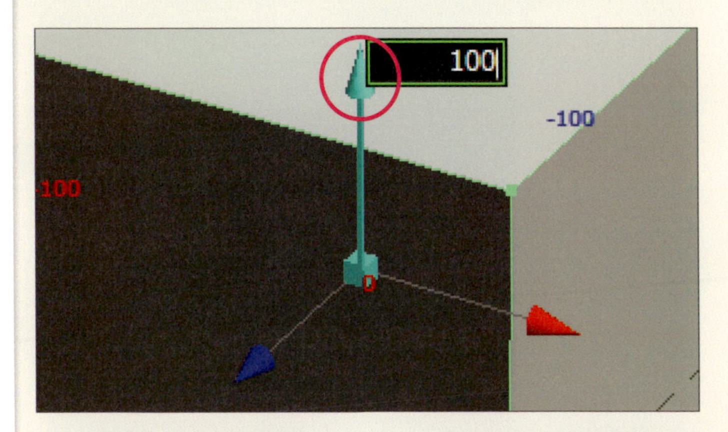

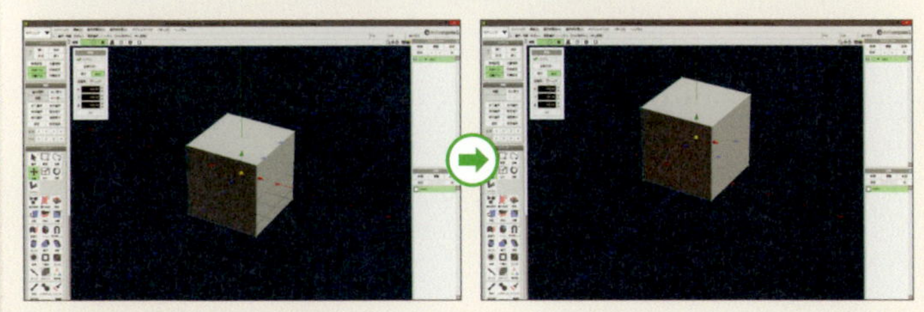

2

相対座標を使った移動

［移動］サブパネルにある［相対］を使用すると、現在の位置からＸＹＺ方向へどれぐらい移動するかを、数値入力で指定することができます。

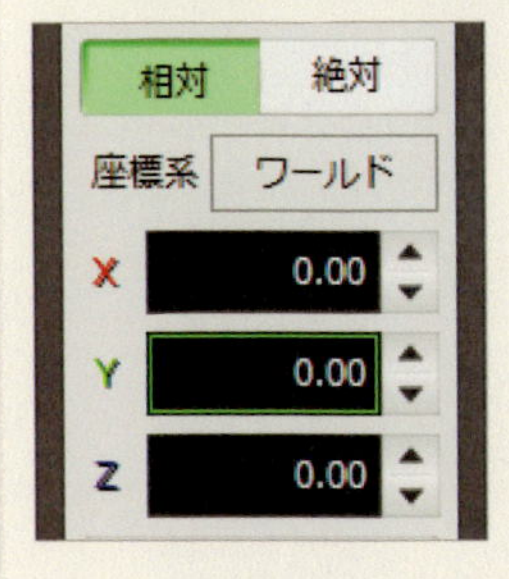

③ 移動量を入力する

［相対］を選択したら、X、Y、Zの各項目に移動したい量を入力します。ここでは、[X]=100、[Y]=100、[Z]=-100で設定しました。

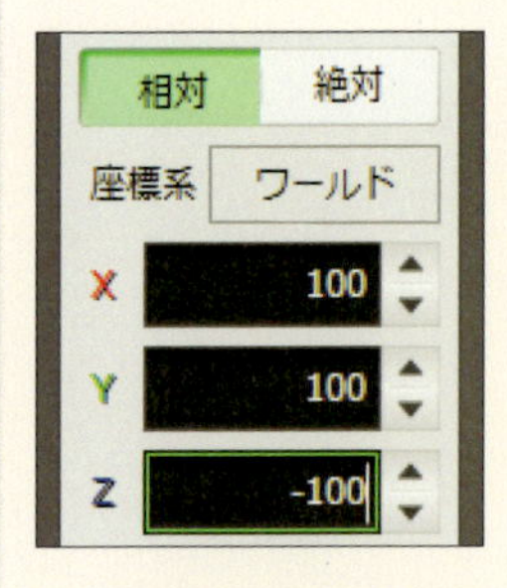

オブジェクトが移動した

各座標に数値を入力したら、OKボタンをクリックします。中心に配置されていたオブジェクトが設定した数値通りに移動しました。

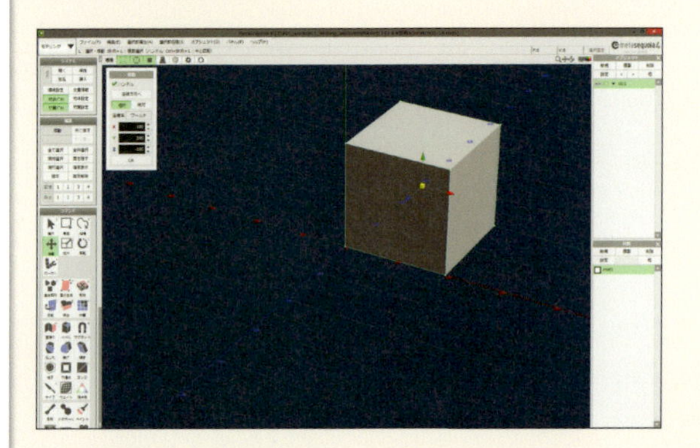

⑤ 絶対座標を使った移動

決まった位置にオブジェクトを移動させたい場合は、[移動]サブパネルの[絶対]を使用します。この絶対座標を使った移動では、3D画面のワールド座標（モデリングする空間の座標）の座標値を指定して移動させることができます。この絶対座標の座標値はオブジェクトの原点の座標値です。立方体オブジェクトの原点はデフォルトではオブジェクトの左上になっています。ここではオブジェクトの原点がX＝0、Y=0、Z=0に移動するように設定しました。

座標値を設定し、OKボタンをクリックすると原点がX＝0、Y=0、Z=0に移動しました。

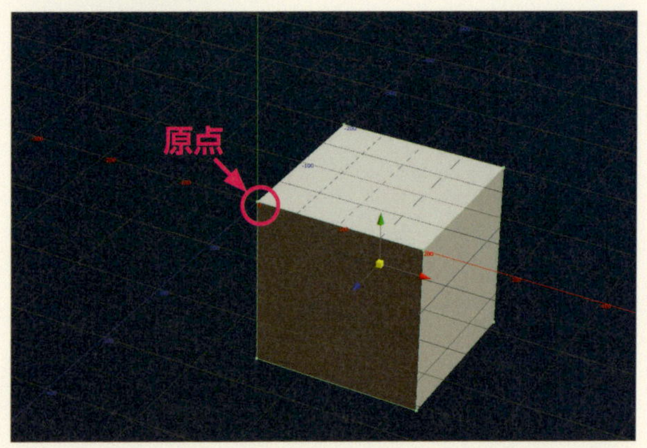

TECHNIQUE

016 オブジェクトを回転させる

ここでは、オブジェクトを回転させる方法を解説します。回転の方法にもハンドルを使用する方法や、数値で指定して回転させる方法が用意されています。

方法❶ ハンドルを使って回転させる

[回転]コマンドを選択

回転させたいオブジェクトを選択して、[コマンド] パネルから [回転] をクリックします。

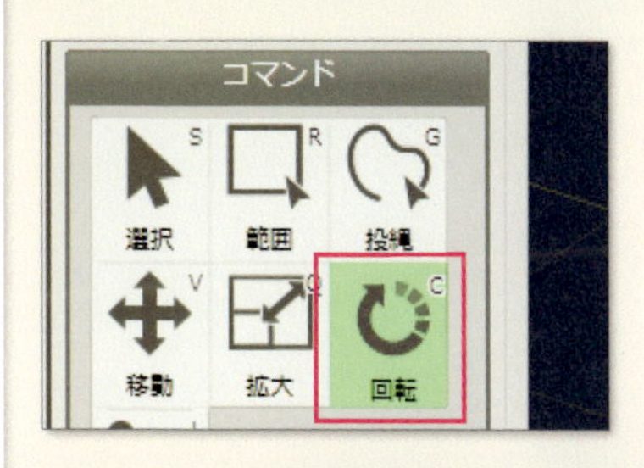

回転用のハンドルが表示される

選択したオブジェクトに回転用のハンドルが表示されます。赤がX軸、緑がY軸、青がZ軸です。回転の方法は、使う座標の違いによって、オブジェクトを球自体の座標(ローカル座標)を使って回転させる [球回転] と3D画面を見ている方向の座標(スクリーン座標)を使って回転させる [スクリーン] の2種類があります。[スクリーン] を使うと、3D画面の角度によって歪んだ回転がかかってしまうことがあるので、モデリングの作業には[球回転] に設定しておいたほうがよいでしょう。

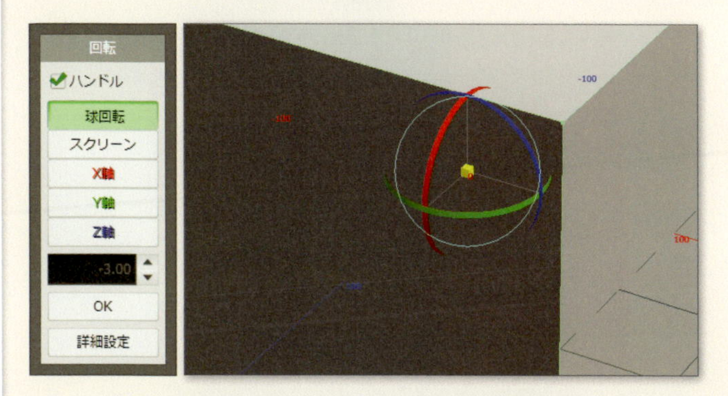

軸をドラッグして回転させる

回転させたい方向の軸上にマウスを合わせて、水平方向にドラッグします。ドラッグの距離に応じてオブジェクトが回転していきます。

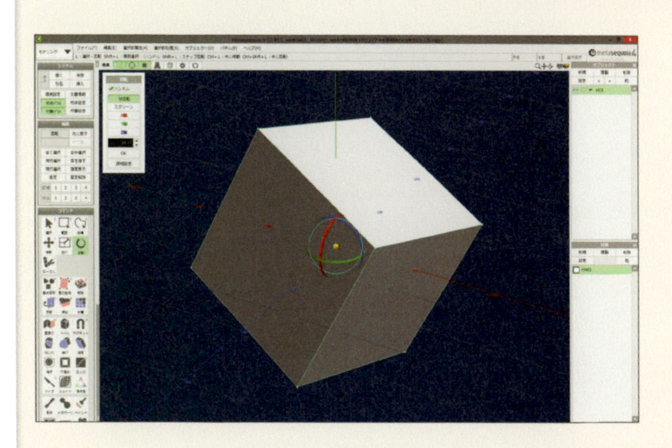

方法❷ 数値を使った回転

1

サブパネルで数値を入力する

数値で正確に回転を行うには、[回転]のサブパネルで回転させたい軸のボタンをクリックして、回転角度の数値を入力していきます。

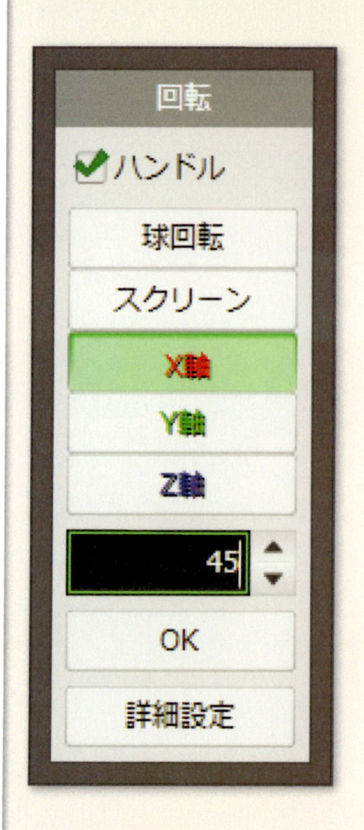

2

ハンドルで数値を入力する

回転角度の数値は、ハンドル上でも入力することができます。ハンドルの回転させたい軸上でクリックすると、数値を入力するフィールドが表示されるので、そこに回転させたい角度を入力します。

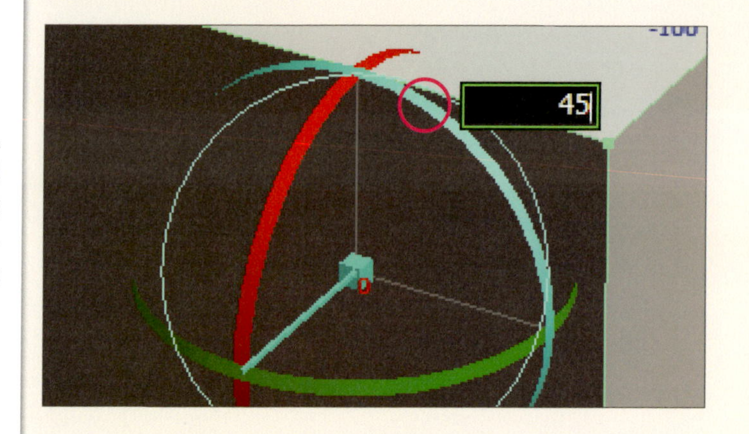

方法❸ 回転軸の移動

1
Ctrlキー+ハンドルをドラッグ

デフォルトの状態では、オブジェクトの重心にハンドルが表示されますが、ハンドルのリング部分をCtrlキーを押しながら移動させるとハンドルを自由な位置に移動することができます。

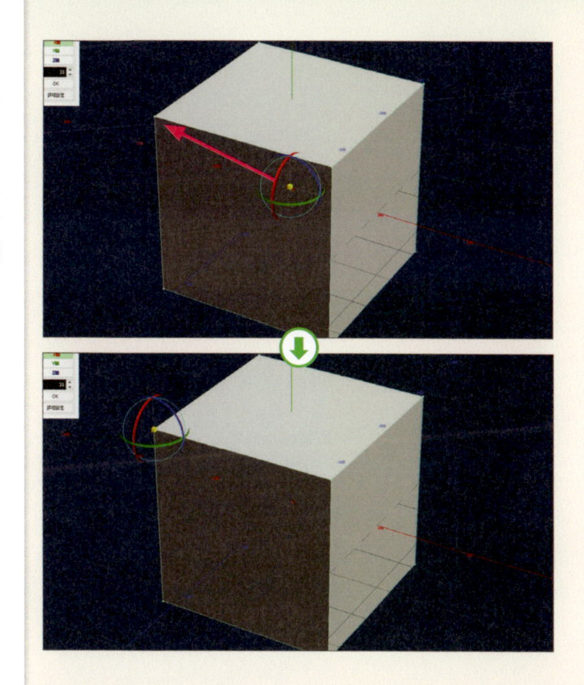

2
ハンドルを頂点にスナップ

ハンドルを特定の頂点にスナップさせて、その頂点を中心に回転させることもできます。頂点にハンドルをスナップさせたい時は、ハンドルの中心をCtrlキーを押しながらドラッグしている時に右クリックすると、一番近い頂点にスナップします。

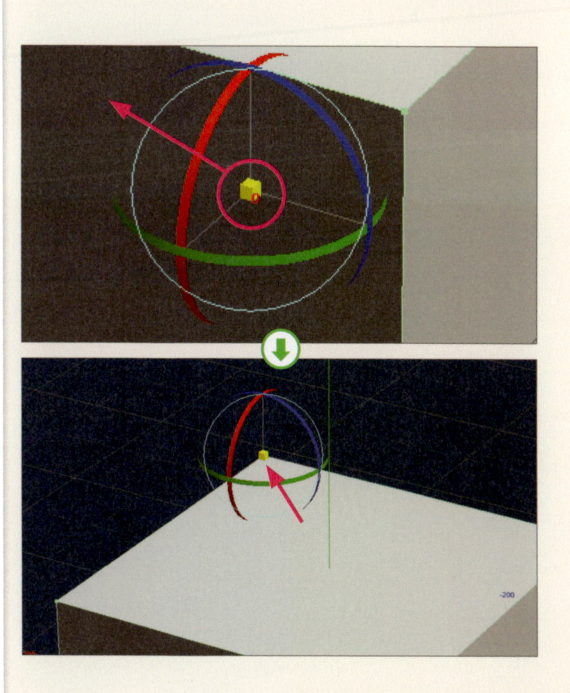

TECHNIQUE

017 オブジェクトの大きさを変更する

オブジェクトの大きさは、作成するときに設定することができますが、作成した後で大きさを修正したい場合もあります。そのようなときには、[拡大] コマンドを使用します。[拡大] コマンドにはハンドルを使う方法とケージを使う方法があります。もちろん数値を入力して正確な倍率で拡大縮小することもできます。

方法❶ ハンドルを使った拡大縮小

[拡大]コマンドを選択

拡大縮小したいオブジェクトを選択して、[コマンド] パネルで [拡大] コマンドを選択します。

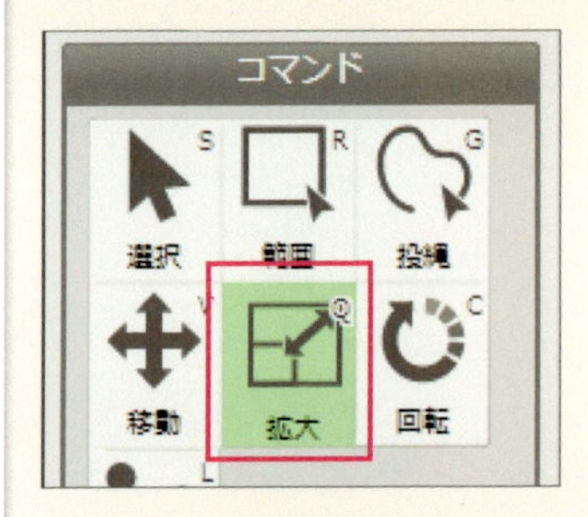

2

オブジェクトにハンドルが表示される

[拡大]コマンドを選択すると、[拡大]サブパネルと一緒に選択したオブジェクトの中心に、拡大用のハンドルが表示されます。

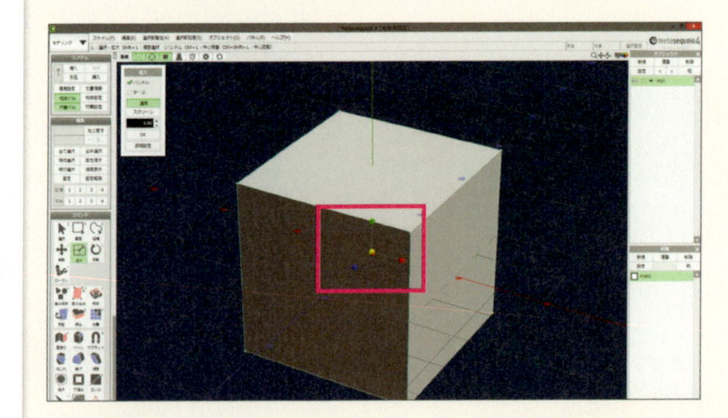

3

等倍に拡大する

ハンドルの中央にある黄色のハンドルをドラッグすると、XYZの各方向に同じ倍率で拡大することができます。右もしくは上にドラッグすると拡大、左もしくは下にドラッグすると縮小されます。

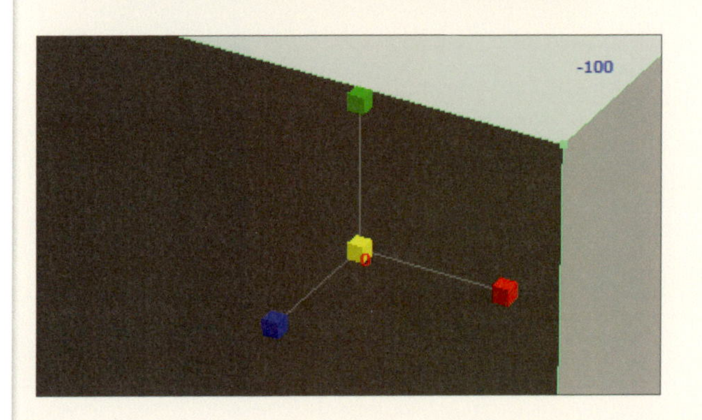

4

一方向にだけ拡大する

特定の方向にだけ拡大縮小する場合は、拡大ハンドルで拡大縮小したい方向の軸のハンドルをドラッグします。

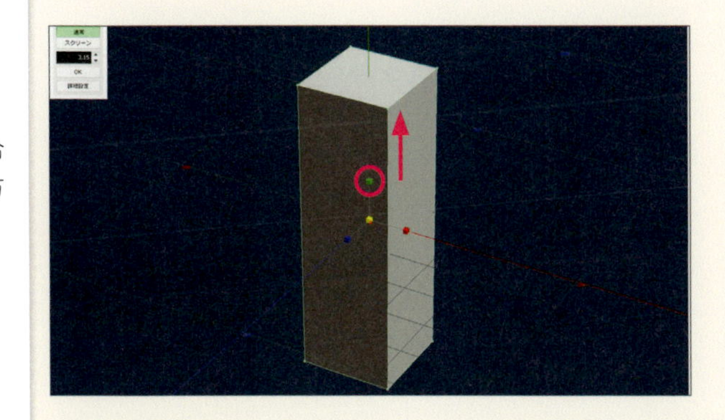

方法❷ 数値を使った拡大

1

数値を使って等倍拡大する

数値を使って等倍に拡大縮小する場合は、［拡大］サブパネルの数値入力フィールドに、倍率を入力します。現状の大きさから2倍の大きさに拡大したい場合は「2.0」と入力します。

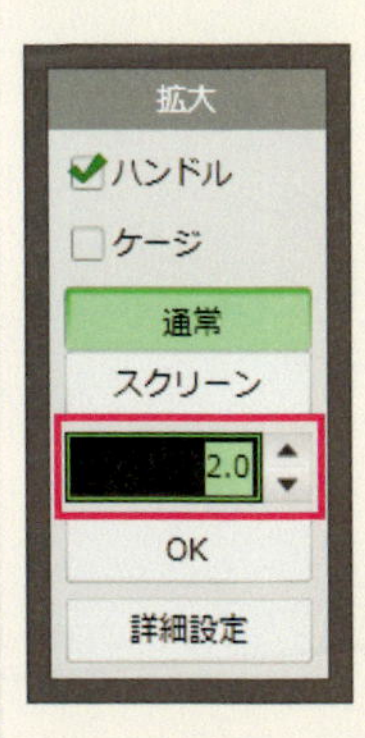

2

数値を使って各軸ごとに拡大する

XYZ軸の特定の方向に拡大したい場合は、［拡大］サブパネルの［詳細設定］ボタンを押して、［詳細設定］を表示させます。

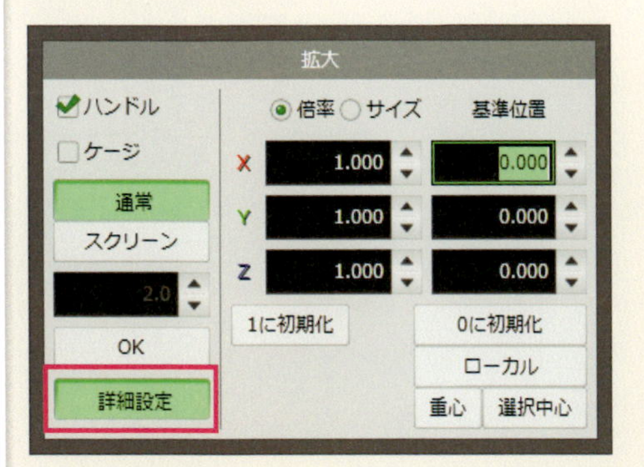

3 倍率を使って拡大する

数値を使った拡大には、[倍率] を使う方法と [サイズ] を使う方法があります。[倍率] は、2倍にしたいとか3倍にしたいといった倍率の数値を、拡大の必要な軸に入力します。

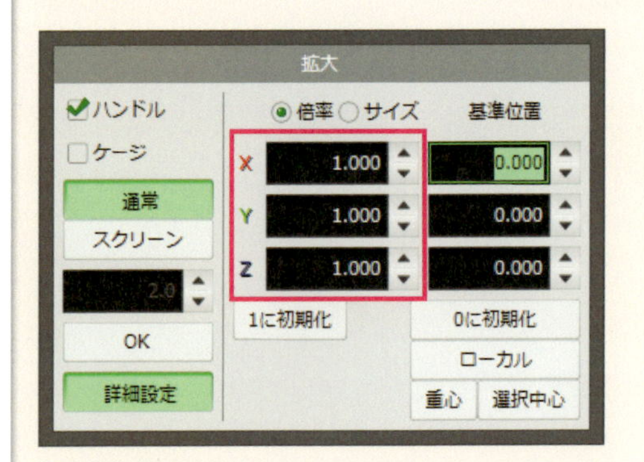

4 サイズを使った拡大

オブジェクトを決まった寸法に拡大したい場合は、[サイズ]の設定を使って拡大します。数値を設定することで、数値を入力した寸法に拡大されます。

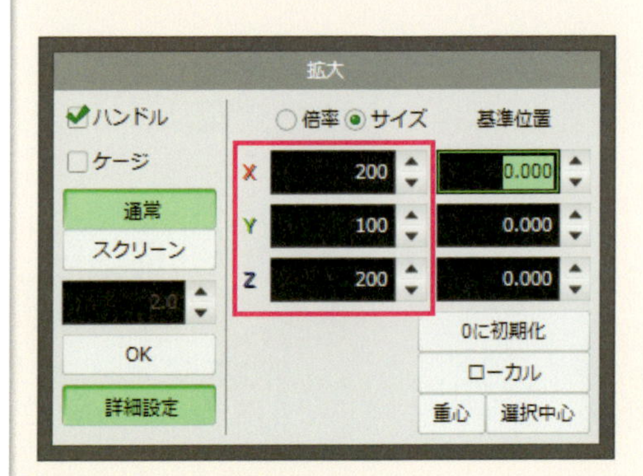

5 拡大の中心を変更する

デフォルトでは、オブジェクトに表示されたハンドルを中心にして、拡大縮小の処理が行われます。[基準位置] の値を調整することで、ハンドルの位置を任意の場所に移動することができます。

任意の位置を中心にする以外にも、オブジェクトの重心を中心にしたり、選択した頂点や辺を中心にして拡大縮小の処理をすることができます。重心に中心を移動したい場合は、[重心] ボタンを、選択した場所を中心にしたい場合は、中心にしたい頂点や辺を選択して、[選択中心] ボタンをクリックします。

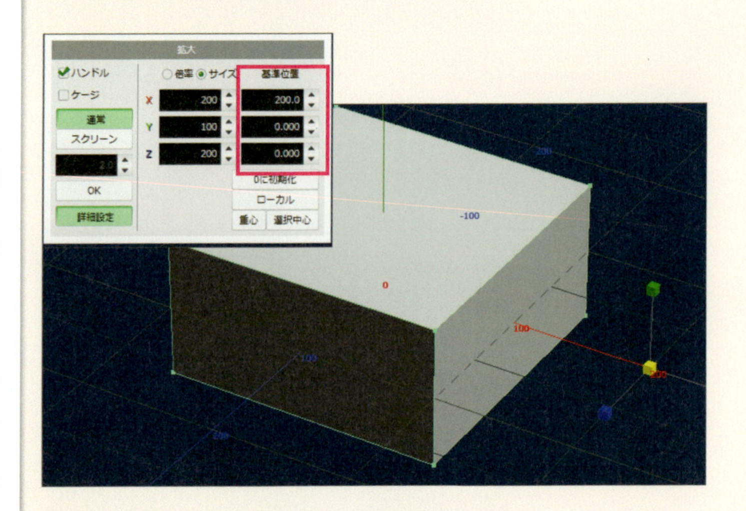

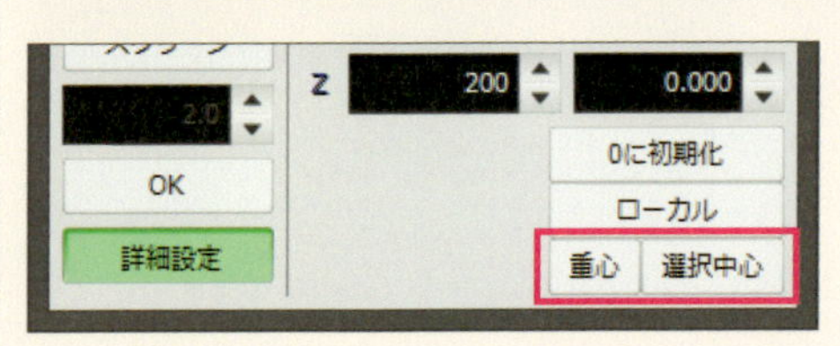

TECHNIQUE

018 スナップを切り替える

オブジェクトを移動、回転、拡大する場合に、グリッドやオブジェクトの頂点や辺にスナップすることができます。オブジェクトの位置合わせなどの効率化に便利な機能です。

方法 ［スナップ］を使う

1

スナップ機能をオンにする

スナップ機能を使用するには、［編集オプション］で［スナップ］ボタンをクリックしてオンにします。

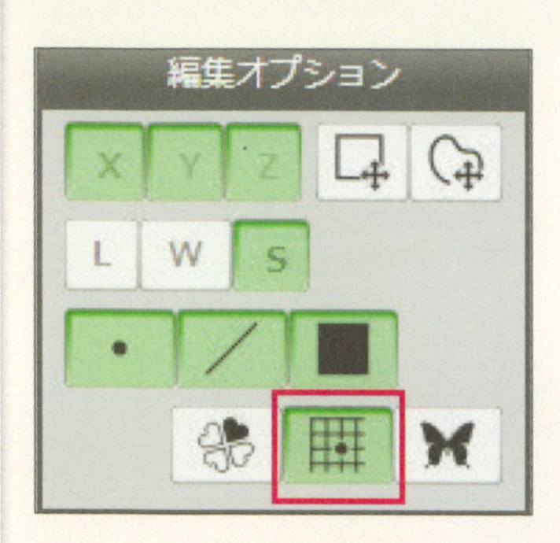

2

スナップする要素を選択する

スナップする要素を選択するには、［スナップ］ボタンをクリックすると表示されるリストからスナップさせたい要素を選択します。

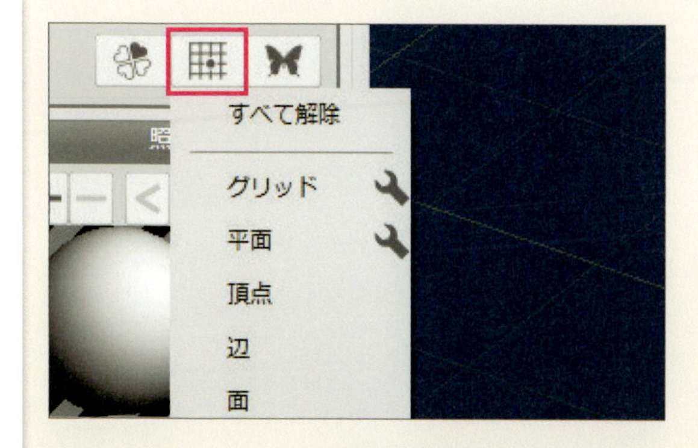

3

グリッドにスナップさせる

［グリッド］を選択すると、3D画面に表示されたグリッドにオブジェクトの頂点や辺をスナップすることができます。［グリッド］には設定オプションが用意されており、［グリッド］の項目の右側にあるアイコンをクリックすると、設定パネルが表示されます。設定パネルの［グリッドへの吸着］の［グリッドの間隔］にスナップが有効になるピクセル数を入力します。［グリッドを適用する軸］でスナップが必要な軸を選択しておくと、選択した軸のグリッドにだけスナップします。

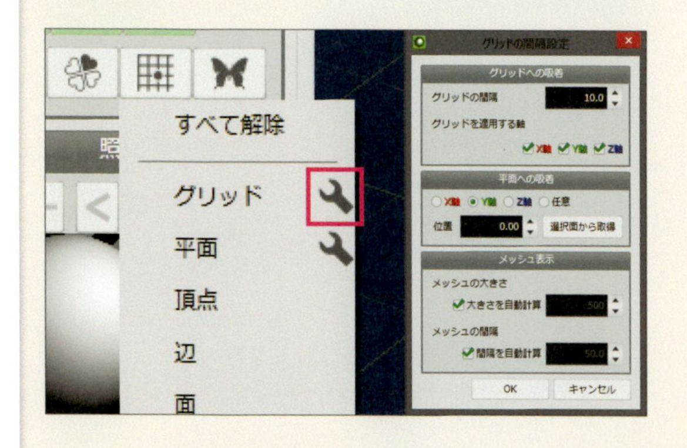

4 平面にスナップさせる

3D画面のＸＹＺ各軸上の平面にスナップさせたい場合は、[平面]を選択します。[グリッド]同様に設定パネルで、スナップさせたい軸とスナップが有効になる距離の値を設定します。[選択面から取得] ボタンをクリックすると、オブジェクトで選択している面の位置から、スナップを有効にする距離を得ることができます。

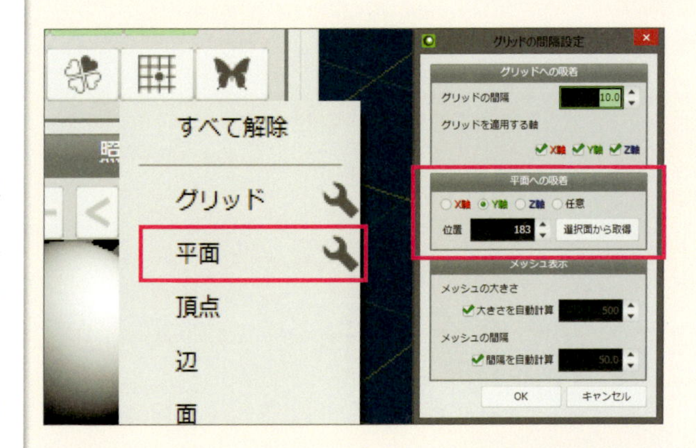

5 頂点、辺、面にスナップさせる

オブジェクトの頂点や辺、面にスナップさせたい場合は、[頂点]、[辺]、[面]を選択します。これらには、スナップが有効になる距離はありません。選択した項目にぴったりとスナップする設定になります。複数選択が可能です。

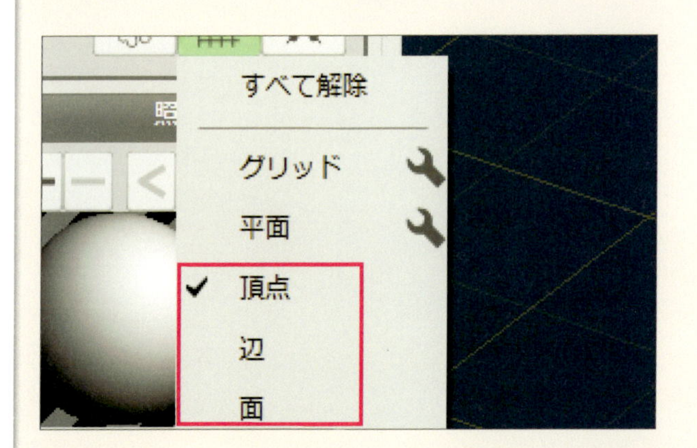

6 スナップを解除する

スナップ機能を解除するには、一番上にある[すべて解除]を選択します。

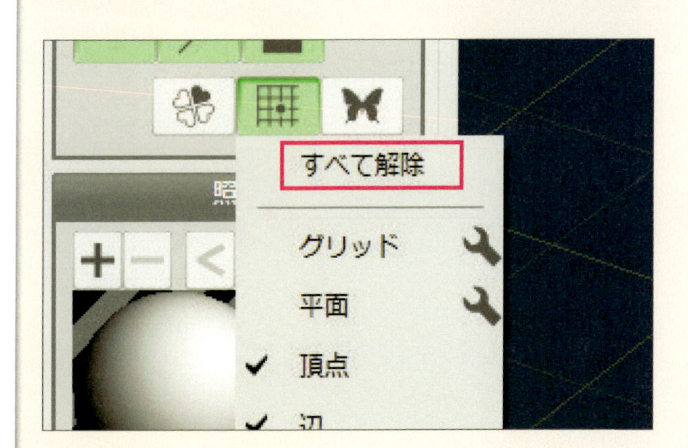

TECHNIQUE

019 オブジェクトを別に作成する

新たに形状を作成する時に、何も考えないで作成していると同じオブジェクトの中に複数の形状を作成してしまうことがあります。さらに形状を移動しようとしても現物選択ではすべての形状が選択されてしまい、目的の形状だけを選択することが難しい場合があります。オブジェクトを作成する際には、必ず[オブジェクト]パネルで新しいオブジェクトを作成し、そこに新たな形状を作るようにします。

方法 新規オブジェクトを追加する

1

[オブジェクト]パネルの[新規]をクリック

[基本図形] を作成した後に、別のオブジェクトとして形状を作成したい場合は、[オブジェクト]パネルの[新規]ボタンをクリックします。

2

新しいオブジェクトが作成される

[新規] ボタンをクリックすると、[オブジェクト] パネルに新しいオブジェクトが追加されます。作成されたばかりのオブジェクトには、何も形状が入っていない状態です。

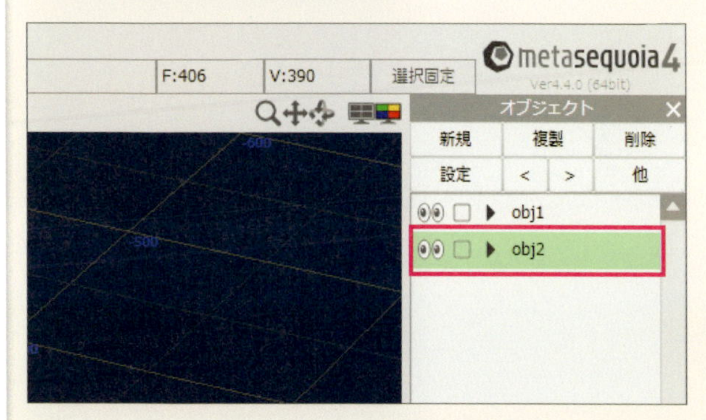

3

オブジェクトに新しい形状を追加する

[オブジェクト]パネルで、新しく作成したオブジェクトを選択した状態で、[基本図形] コマンドで新たに形状を作成すると、そのオブジェクトの中に、新規形状を作成することができます。[オブジェクト]パネルでは、目のマークをクリックすることで、オブジェクトの表示／非表示を切り替えたり、鍵マークをクリックすることでそのオブジェクトをロックして編集できないようにすることができます。

TECHNIQUE

020 オブジェクトを複製する

作成した形状をオブジェクト単位で分類しておくと、オブジェクトを複製して同じ形状を複数作成することが簡単にできます。複製したオブジェクトは、個別に編集することができるので、バリエーションを作成する際などに便利です。

方法 [オブジェクト]パネルの[複製]を使う

オブジェクトを選択

複製したいオブジェクトを[オブジェクト]パネルで選択します。

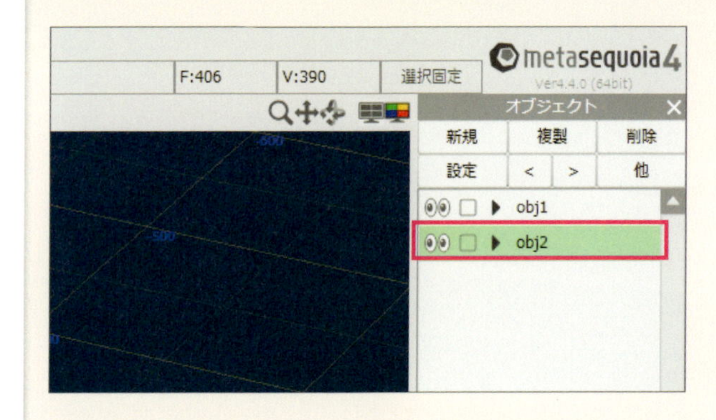

2

[複製]ボタンをクリック

[オブジェクト]パネルの[複製]ボタンをクリックします。

3

複製する数を設定する

[オブジェクトの複製]パネルが表示されるので、[個数]にオブジェクトを複製する数を入力します。

4

作成位置を設定する

［オブジェクトの複製］パネルにある［作成位置］の設定で、複製と同時に配列も行うことができます。［相対移動量］にチェックが入っている状態で、各軸の移動量を入力すると、設定分だけ移動した位置にオブジェクトが複製されます。

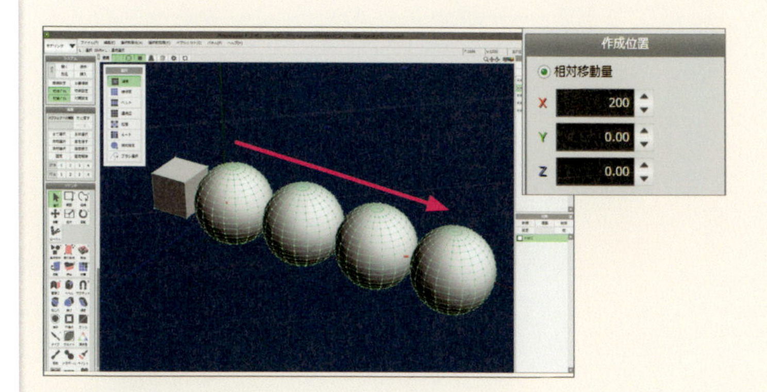

5

その他の複製

複製の方法は、相対移動量の他に、ワールド座標の0位置に複製する［原点で作成］、ワールド座標の0位置を軸にマイナス位置に複製する［対象位置で作成］があります。

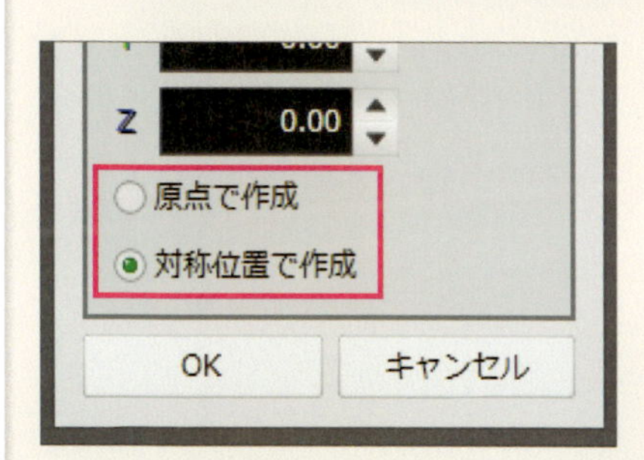

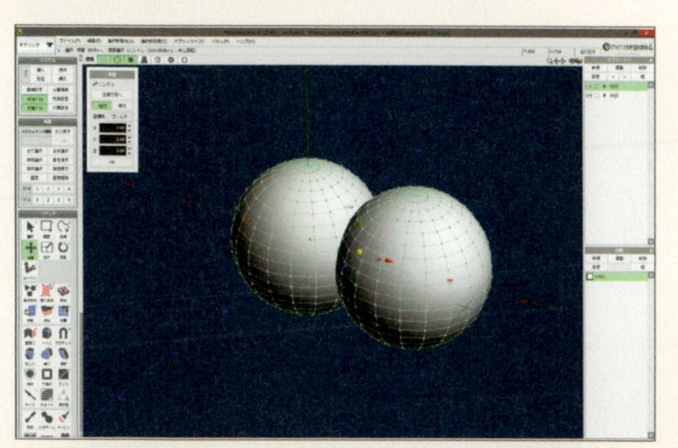

原点で作成

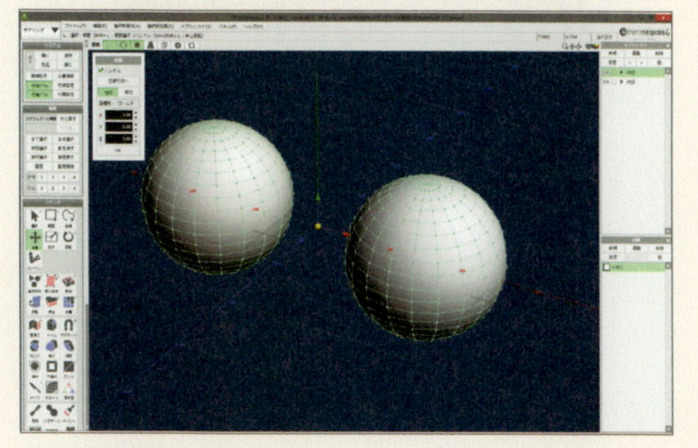

対称位置で作成

TECHNIQUE

021 オブジェクトを削除する

作成したオブジェクトを削除するには、オブジェクトを選択してDeleteキーを押すか、[オブジェクト]パネルで、削除したいオブジェクトを選択して[削除]ボタンをクリックします。

方法 [削除]ボタンをクリック

1

削除するオブジェクトを選択する

削除したいオブジェクトを、[オブジェクト]パネルで選択します。

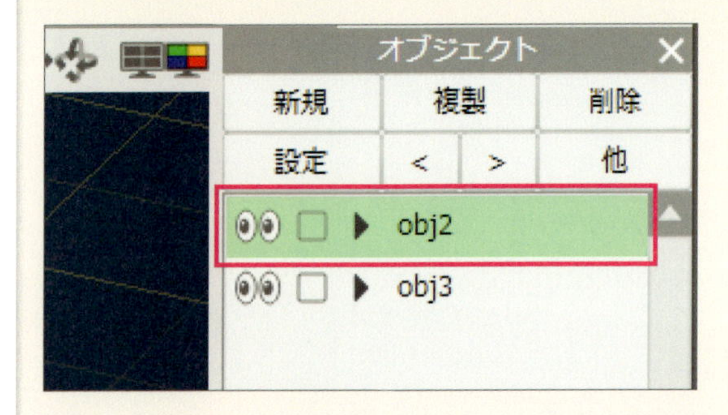

2

[削除]ボタンをクリック

[オブジェクト] パネルの [削除] ボタンをクリックします。

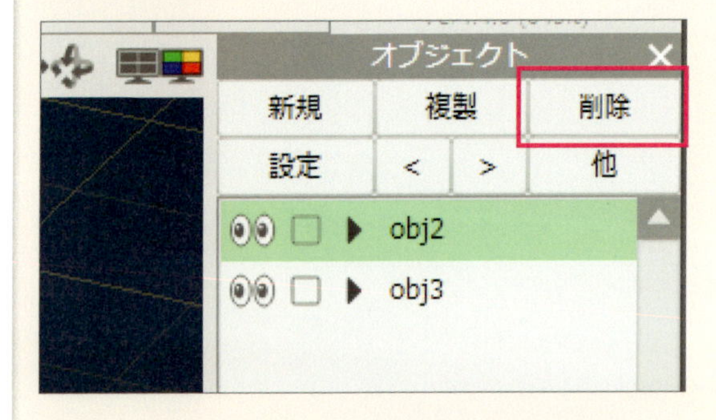

3

オブジェクトが削除された

[削除]ボタンをクリックすると、オブジェクトが削除されます。

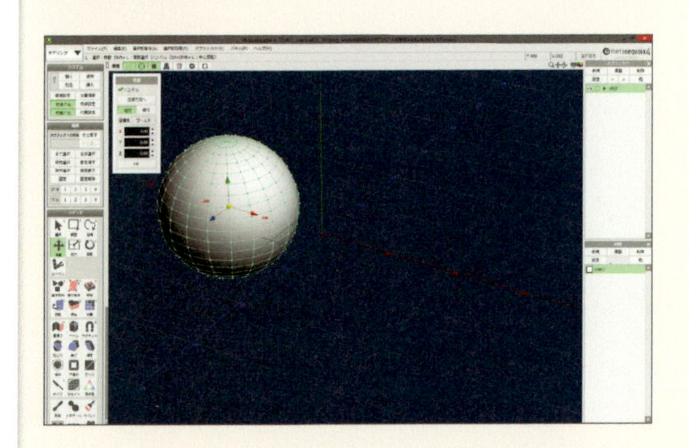

TECHNIQUE

022 オブジェクトを階層化する

複数のオブジェクトで構成されているモデルを、移動させたり回転させたりする場合に、それぞれのオブジェクトを個別に操作するのは大変です。複数のオブジェクトに親子関係を設定して階層化させることで、親となるオブジェクトを操作するだけで、下の階層にあるオブジェクトを同時に操作することが可能となります。

方法❶ 階層を移動させるボタンを使う

1 階層は［オブジェクト］パネルで操作

階層の操作は、［オブジェクト］パネルで行います。［オブジェクト］パネルにある、階層を移動させる矢印のボタンで操作します。

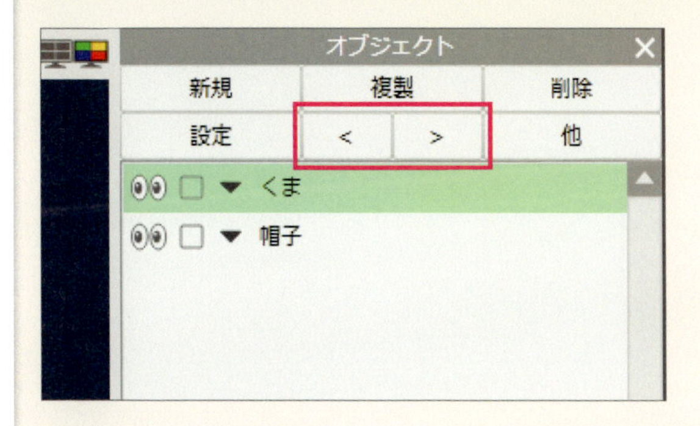

2 階層を変えたいオブジェクトを選択

［オブジェクト］パネルでオブジェクトの階層を変更したいオブジェクトを選択して、階層を下げるボタンをクリックします。

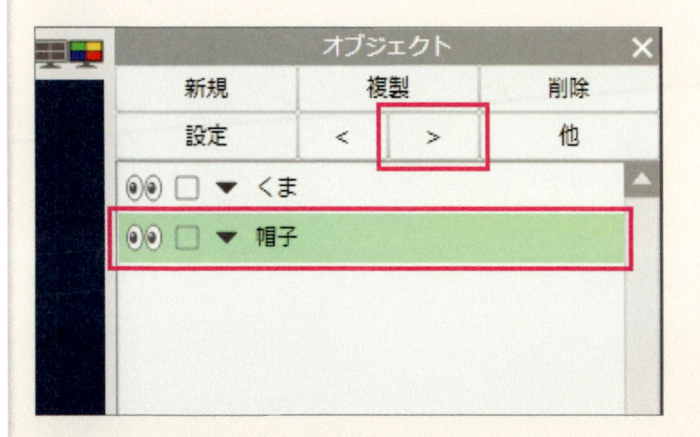

3 階層が下がった

選択していたオブジェクトの階層が1つ下がります。図では「くま」という名前の付いたオブジェクトの下に、［帽子］という名前の付いたオブジェクトが配置されます。この状態で「くま」が親、「帽子」が子の親子関係になっています。

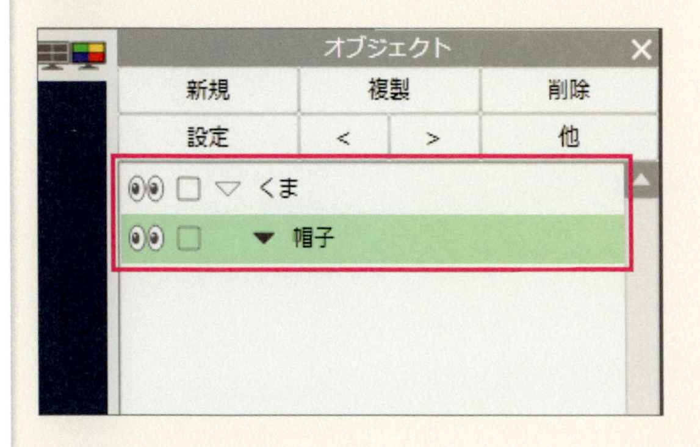

方法❷ [ローカル]コマンドで親子を一緒に動かす

1

親に追従させて子を動かす

この状態で親オブジェクトを選択して動かしても、子オブジェクトは一緒に移動しません。

2

[ローカル]コマンドを使う

親オブジェクトの動きに合わせて子オブジェクトを動かすには、[コマンド]パネルの[ローカル]コマンドを使用します。

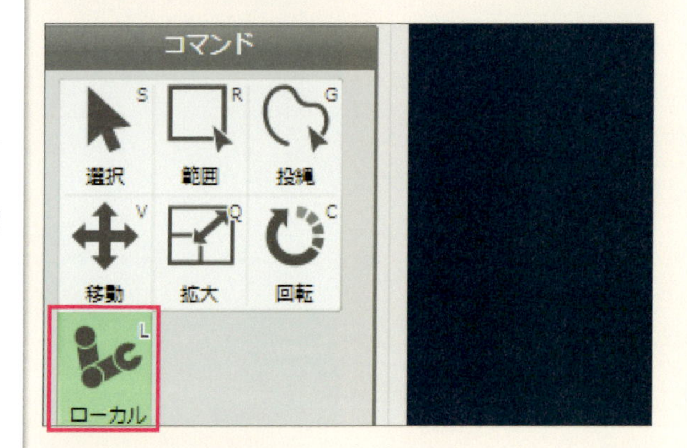

3

サブパネルが表示される

[ローカル]サブパネルが表示されるので、[形状変形]と[子に適用]にチェックを入れます。

4

操作を選択する

[ローカル]サブパネルで、[移動]、[回転]、[拡大] から操作したい項目を選択します。ここでは移動を選択しています。

5

親オブジェクトを移動させる

選択している親オブジェクトに移動軸が表示されるのでドラッグして移動すると、子オブジェクトも一緒に移動します。

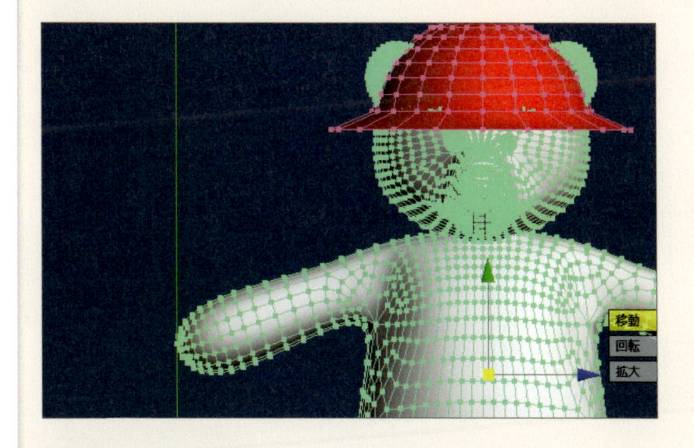

6

軸の位置を変える

親オブジェクトの基点ではない位置を軸としたい場合は、一度[形状変形]の項目のチェックを外して、軸を移動した後、再び [形状変形] にチェックを入れて操作します。

COLUMN

メタセコイアの単位

本書の解説では、数値に単位をつけることで表記が煩雑になるため、座標などの数値には単位をつけずに解説していますが、ビューヘッダーの［表示する項目を選択］アイコンをクリックして表示される［表示単位］から、表示したい単位を選択することで、数値に単位を設定することもできます。

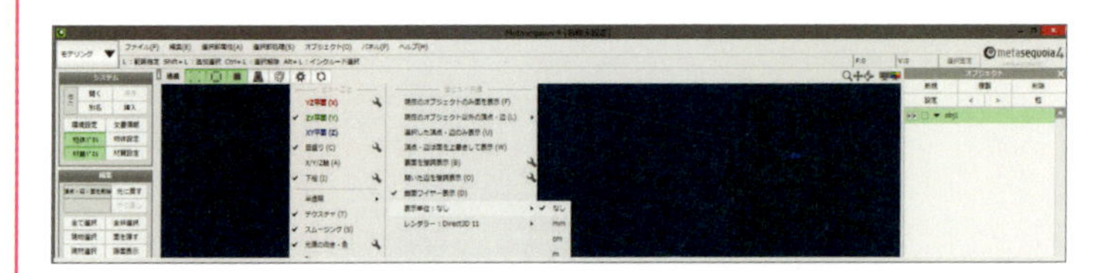

設定できる単位は、mm、cm、m、inch、feetの5単位が用意されています。メタセコイアでは、１単位＝1mmの設定になっているので、X、Y、Zの各方向のサイズを「200」として作成した立方体は「200mm」、「20cm」「0.2m」となります。ここで、気をつけないといけないのは、モデリングしたオブジェクトをobjファイルなどで、出力する場合です。他のファイル形式で出力する際は、cmなどの単位換算された数値ではなく元の単位で出力されます。例えば「20cm」として作成したオブジェクトは「200単位」で出力されます。それなので、設定している単位を意識していないと、他にソフトに読み込んだ時に、そのソフトの単位設定によってはスケールが大きく変わってしまうことがあります。モデリングする際には、作業するソフト同士で、単位の統一をすることが大切になります。

CHAPTER 02

オブジェクト編集 編

自由に形状をモデリングするには、メタセコイアの様々な機能の理解が必要です。基本図形を押し出したり、頂点を移動したりいろいろなコマンドを駆使しながら、より複雑な形状を作成していきます。どのような機能があるのか理解することで、モデリング作業の効率も上がります。どんな時にどんな機能を使うのか、項目立てて解説します。

TECHNIQUE

023 オブジェクトの構成を理解する

［基本図形］コマンドを使うと、簡単に様々な形状のオブジェクトを作成することができますが、これらのオブジェクトは、どのような形状でも辺（エッジ）、頂点（ポイント）、面（ポリゴン）の3つの要素でできています。

方法 オブジェクトを構成する要素を知る

1 頂点・辺・面

どのようなオブジェクトでも、頂点・辺・面の３つの要素でできています。この3つの要素を増やしたり減らしたり移動したりしながら必要な形状を作っていきます。

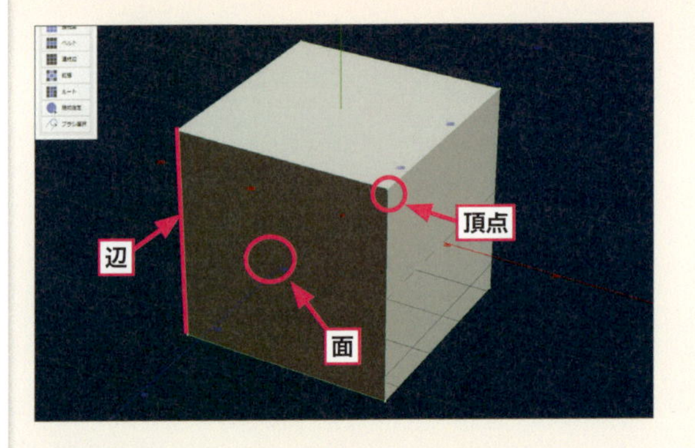

2 面の種類

オブジェクトの形状は、面の集合体と言えます。面は３つ以上の頂点を辺でつないだ内側に作成されます。頂点の数によって、三角形、四角形、多角形などの形状が作られます。四角形の面は三角形を2つ合わせたものですが、オブジェクトは必ず四角形の面で構成する癖を付けておくことをお勧めします。特に多角形の面を使ってしまうと他の3DCGソフトにモデルを読み込んでレンダリングする時に、エラーが発生してしまうことがあるので注意しましょう。

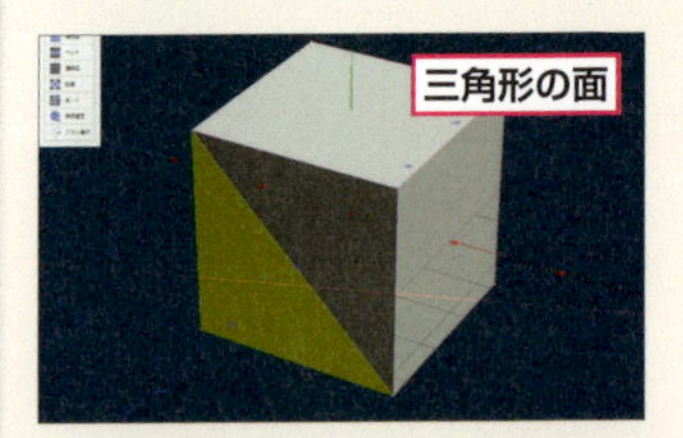

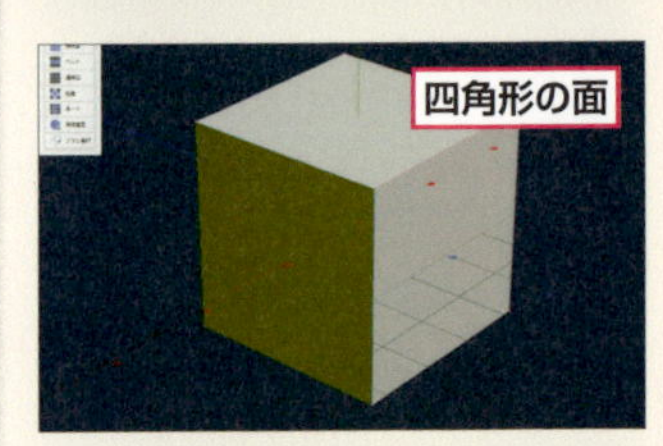

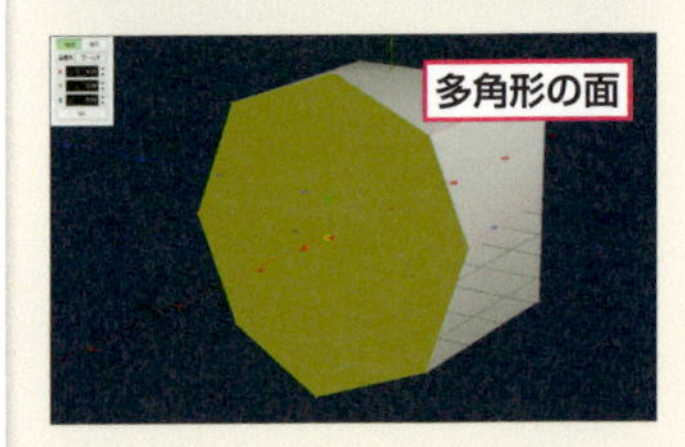

TECHNIQUE

024 頂点、辺、面を選択する

作成した［基本図形］を変形するには、頂点、辺、面を選択し、移動したり加工しながら求める形状に変形させます。ここではそれぞれの要素を選択する方法を解説します。

方法 要素を選択する

［選択］コマンドを選ぶ

オブジェクトの要素を選択するには、［コマンド］パネルで［選択］コマンドをクリックして選択します。

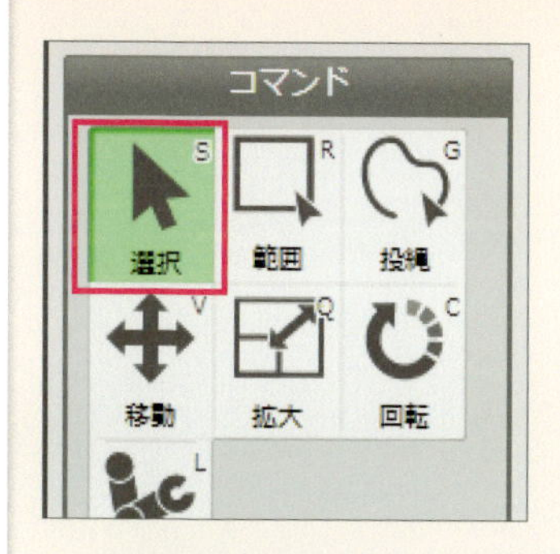

2

選択する要素を選ぶ

［選択］コマンドがオンになっている状態で、マウスを選択したい要素、例えば面の上にもっていくと、その部分がハイライト表示されます。

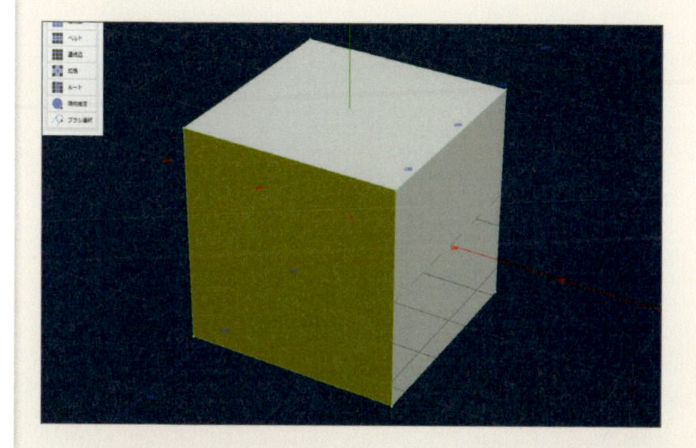

3

面が選択された

面がハイライトしたところで、マウスをクリックします。クリックした面が選択され、面の周囲の辺が緑色に変化します。辺や頂点を選択する場合も同じ手順になります。選択している要素は緑色に変化し、選択されていない要素はピンク色になります。

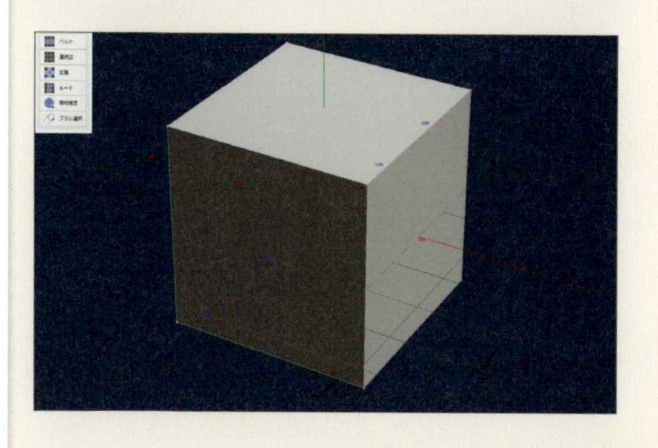

TECHNIQUE

025 複数の頂点、辺、面を選択する

オブジェクトの要素は複数選択することができます。複数選択する場合は、Shiftキーを押しながら要素を選択していきます。［基本図形］を作成した直後は、オブジェクトの要素がすべて選択されている状態なので、3D画面のオブジェクト以外の場所をクリックして一旦選択を解除します。

方法 ［選択］コマンドで複数頂点を選択

最初の頂点を選択

複数の要素を選択するには、［選択］コマンドが選択されている状態で、まず最初に選択する要素、ここでは頂点を選択します。

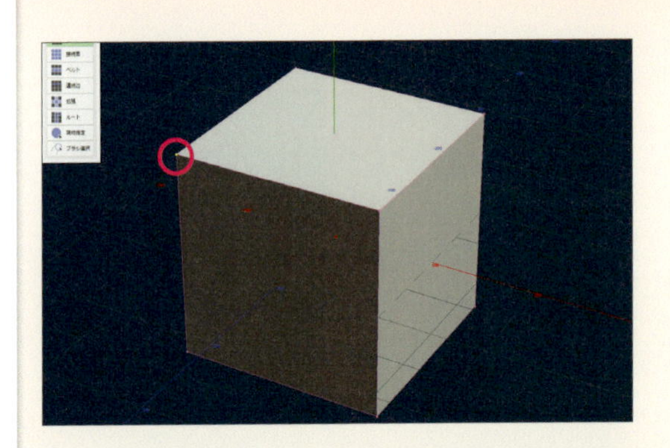

2

Shiftキーを押しながらクリック

Shiftキーを押しながら、選択したい頂点をクリックしていきます。

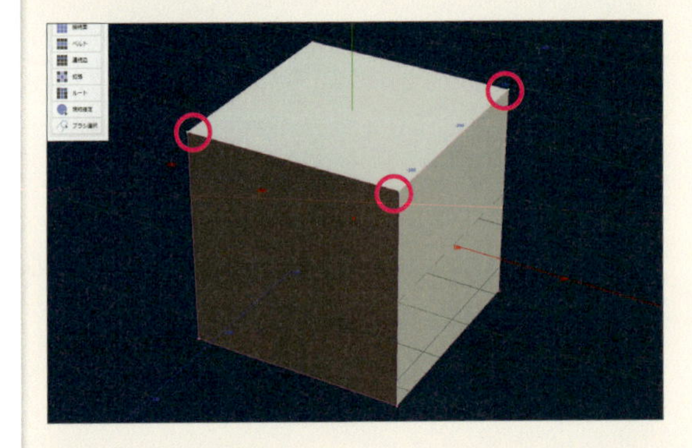

2

複数の頂点が選択された

クリックした頂点が緑色に変わり、複数の頂点が選択されます。選択を間違えた時は、選択された頂点を再びクリックすると、その頂点の選択が解除されます。続けて頂点を選択したい場合も、再度Shiftキーを押しながらクリックすれば、継続して選択することができます。

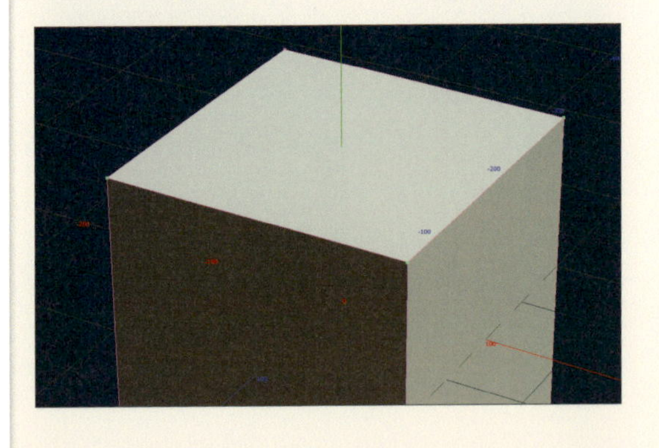

TECHNIQUE

026 一度に複数の頂点、辺、面を選択する

選択する要素の量が多くなってくると、Shiftキーを押しながら選択していく方法は効率があまりよくありません。そのような場合は、範囲選択で選択すると一度に複数の要素を選択することができます。

方法 [範囲]コマンドを使う

1

範囲選択をオン

まとめて複数の要素を選択したい場合は、まず［コマンド］パネルの［範囲］コマンドをクリックして選択します。

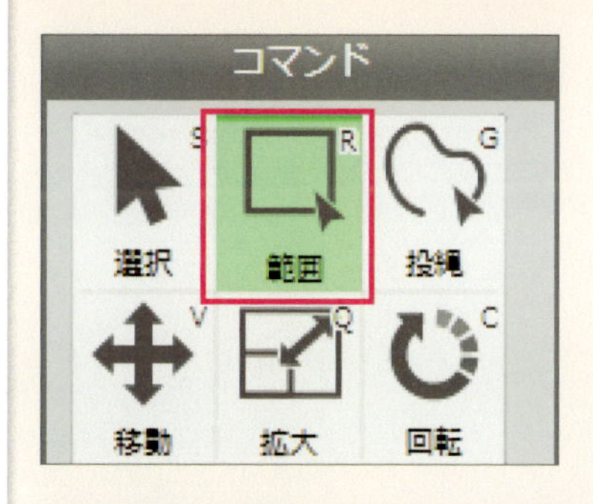

2

選択したい領域を囲む

［範囲］コマンドが選択された状態で、3D画面でマウスをドラッグし、選択したい領域を矩形で囲みます。ここでは球の上半分を選択してみます。

3

球の頂点が選択された

マウスのドラッグを終了すると、球の上半分だけが選択されます。
この場合は、選択した範囲に含まれる頂点、辺、面が選択された状態になります。

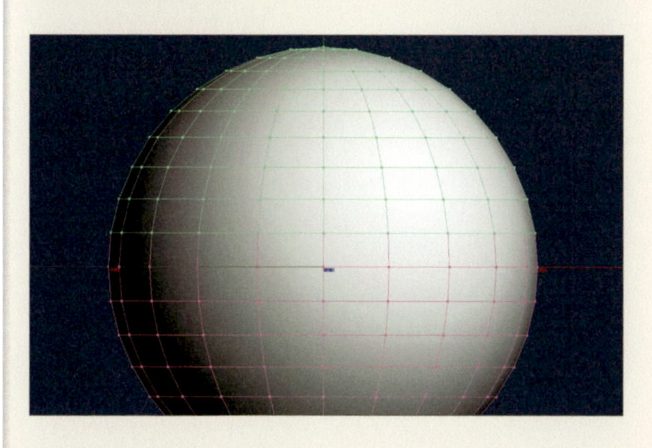

TECHNIQUE

027 不定形な領域の頂点、辺、面を選択する

オブジェクトの要素を選択する場合、不定形な領域を選択したい場合もあります。そのような場合は、[投縄]コマンドを使って選択することができます。

方法 [投縄]コマンドを使う

[投縄]コマンドを選択

まず、[コマンド] パネルで [投縄] コマンドをクリックして選択します。

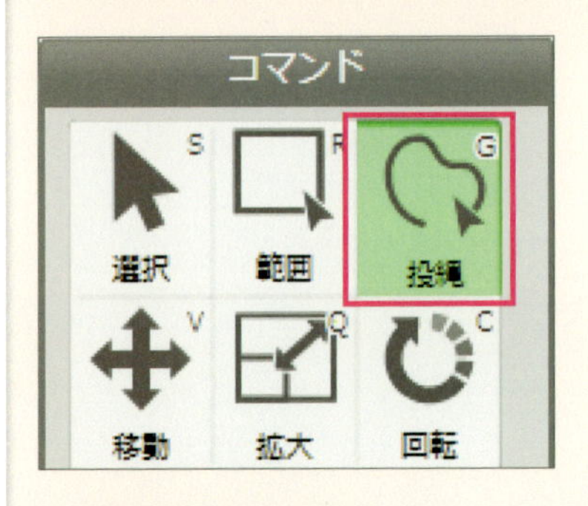

2

選択する領域を囲む

[投縄] コマンドが選択された状態で、マウスをドラッグして選択したい領域を囲んでいきます。なるべく始点と終点を揃えるように囲みます。

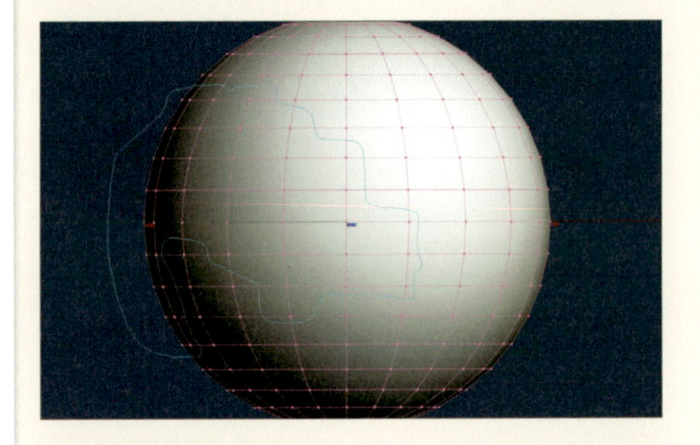

3

不定形に選択された

ラインで囲んだ部分の領域が選択されます。複数領域を選択する場合は、Shiftキーを押して選択することで、離れた領域でも、複数領域を選択することができます。

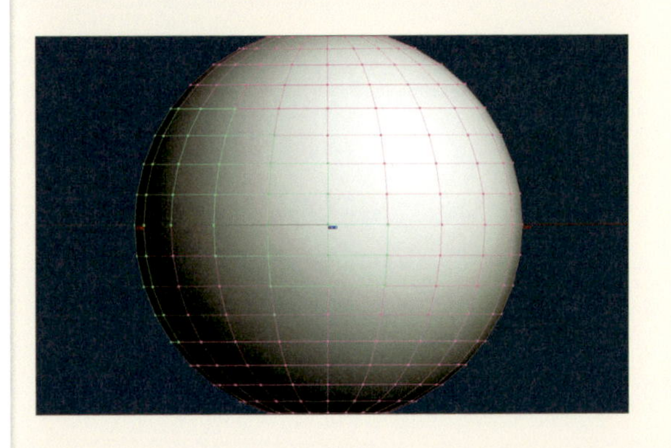

TECHNIQUE

028 隠れた部分の頂点や辺を選択する

オブジェクトで見えていない部分の辺や頂点を選択したい場合があります。そのような場合は、面の表示を消して（「ワイヤーフレーム」表示と言います）隠れた部分を選択します。

方法 面を非表示にする

［面］のアイコンをクリック

面で隠れて見えない部分にある頂点や辺は、面の表示を消して選択します。面を非表示にするには、ステータスバーの［面］のアイコンをクリックしてオフにします。
面が非表示になり、頂点と辺だけが表示された状態になります。

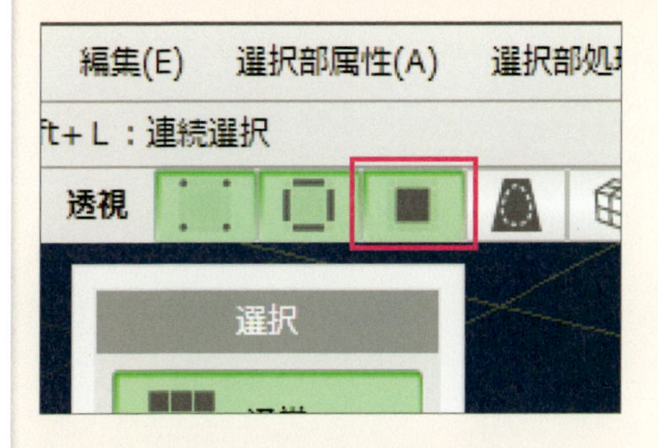

面の選択をオフ

面が非表示になっただけでは、まだ面を選択することができてしまい、その奥にある頂点や辺を選択することはできません。面の奥にある頂点や辺を選択するには、さらに［編集オプション］パネルで［面の選択］をクリックしてオフにしておく必要があります。

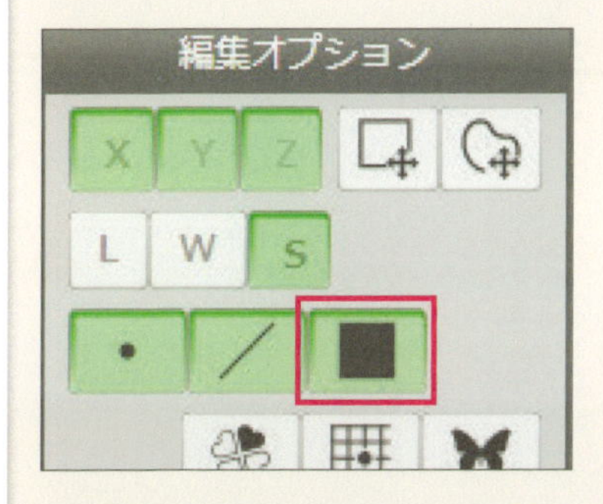

背面の頂点や辺を選択する

［選択］コマンドなどを使って、頂点や辺を選択します。面にじゃまされることがないので、面に隠れていた頂点や辺でも選択することができます。

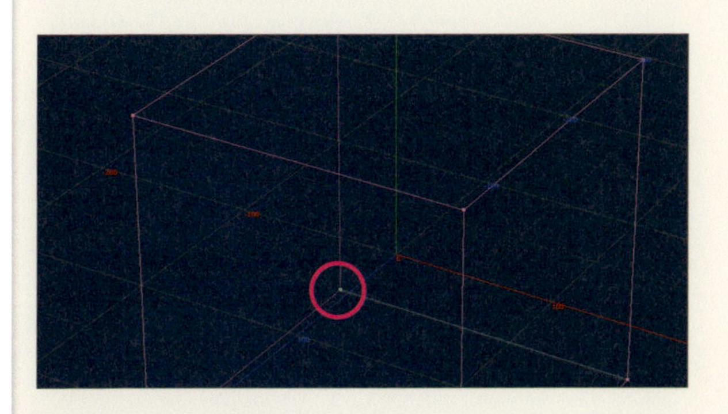

TECHNIQUE

029 選択した状態を保存する

選択する要素が多くなると、再び同じ領域、同じ要素を選択することは手間がかかります。メタセコイアでは、選択した状態を保存して、選択したセットをいつでも呼び出すことができます。うっかり選択を外してしまって、やり直しが利かないような場合のために、よく使う選択範囲は保存しておくと便利です。

方法 [記憶]を使う

記憶しておきたい頂点を選択

選択状態を保存しておきたい頂点を選択します。

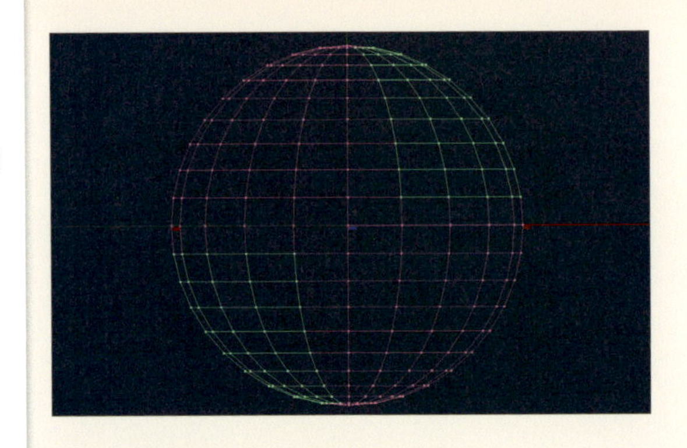

2 選択状態を記憶する

頂点が選択されている状態で、[編集] パネルにある [記憶] で記憶させておきたいチャンネルの番号をクリックして選択します。ここでは「1」を選択します。

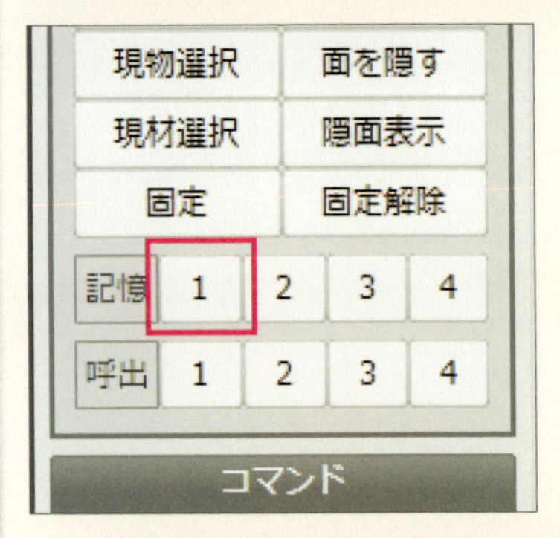

3 一度選択状態を解除する

キチンと記憶されたか確認するため、3D画面の空いている領域をクリックするか、[編集] パネルの [全非選択] をクリックして選択を解除します。

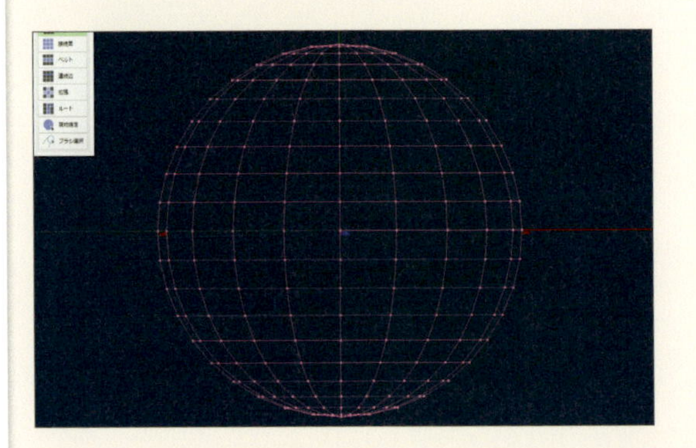

4

記憶を呼び出す

記憶した選択領域を再び選択するには、[編集] パネルの [呼出] で、記憶したチャンネルの番号と同じ番号をクリックします。先ほど「1」に記憶したので、[呼出]の「1」をクリックします。

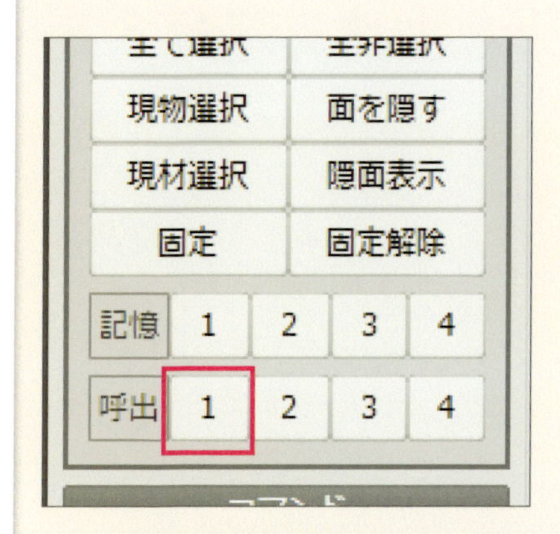

5

オブジェクトにマウスカーソルを合わせる

[呼出] でチャンネルをクリックした後、マウスカーソルを選択範囲を記憶したオブジェクトに合わせると、記憶されていた選択が呼び出され、再度選択されます。

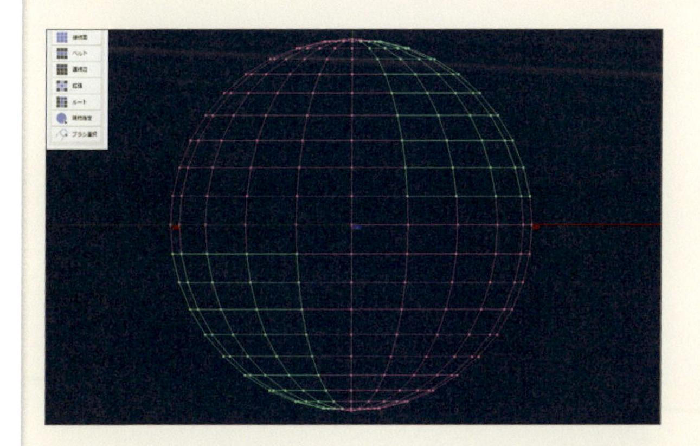

6

面や辺も記憶できる

[記憶] で記憶できる要素は、もちろん頂点だけではなく辺や面の選択も記憶しておくことができます。一度記憶したチャンネルは、ファイルを保存し、再度開いた時にも維持されています。また、違う選択範囲を選択した状態で、記録済みのチャンネルの番号をクリックすると、現状での選択範囲に記憶が上書きされます。

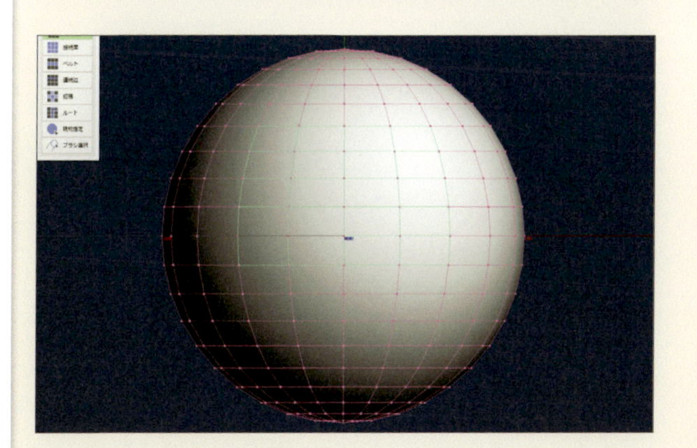

TECHNIQUE

030 選択した要素を移動する

メタセコイアでのモデリング作業は、オブジェクトを構成する要素を移動や回転、拡大縮小といった操作をしながら、目的の形状に変形していくことが基本となります。ここでは、頂点や辺、面を移動する方法を解説します。

方法 [移動]コマンドを使う

移動したい面を選択

[選択] コマンドなどで、移動したい要素を選択します。ここでは複数の面を選択しています。

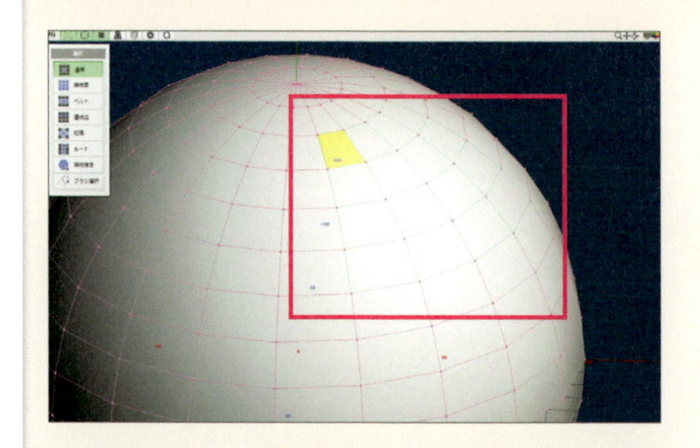

2

[移動]コマンドをクリック

[コマンド] パネルの [移動] コマンドをクリックして選択します。

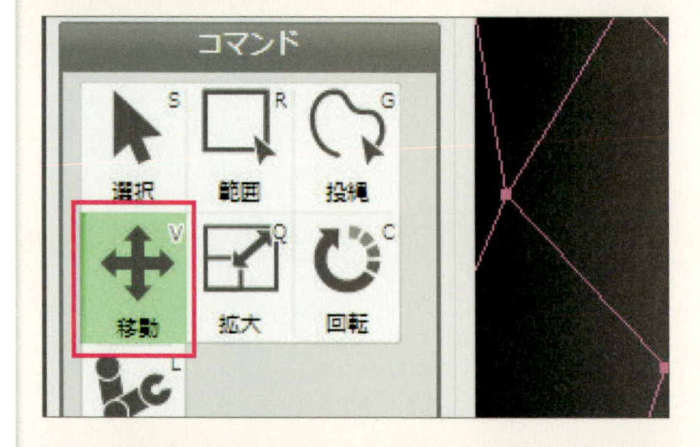

3

ハンドルをドラッグ

選択された面の中心にハンドルが表示されるので、移動したい方向の軸をドラッグします。基本的にオブジェクト全体の移動方法（42ページ参照）と同様です。

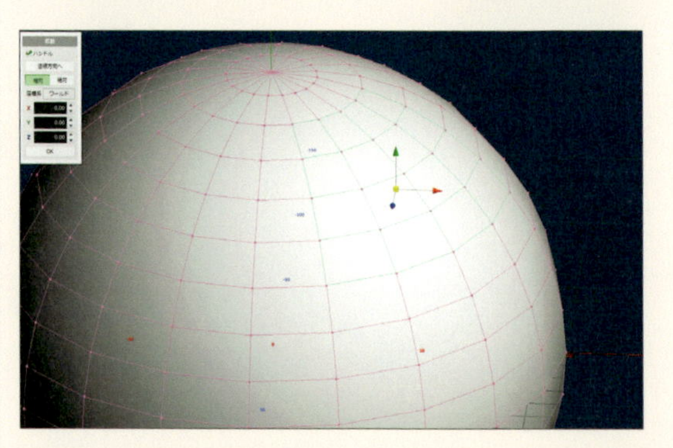

4

選択した面が移動した

選択された面に表示されたハンドルをドラッグすると、面が移動します。

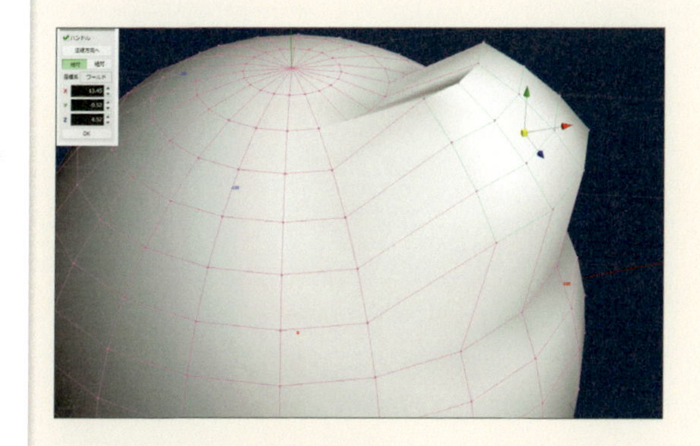

5

法線方向に移動

選択した面を真上(面と直交した方向)に移動したい場合は、[移動] サブパネルの[法線方向へ]のボタンをクリックしてオンにします。

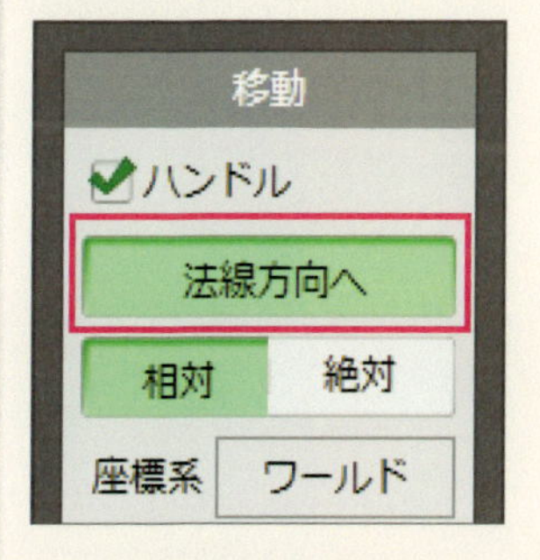

6

青いハンドルをドラッグ

[移動] サブパネルの [法線方向へ] のボタンをクリックすると、ハンドルの方向が変化するので、面と直交した方向に向いている青色のハンドルをドラッグして移動します。ドラッグした後に [上面] ビューで見てみると、面に直交した方向に移動できているのが分かります。

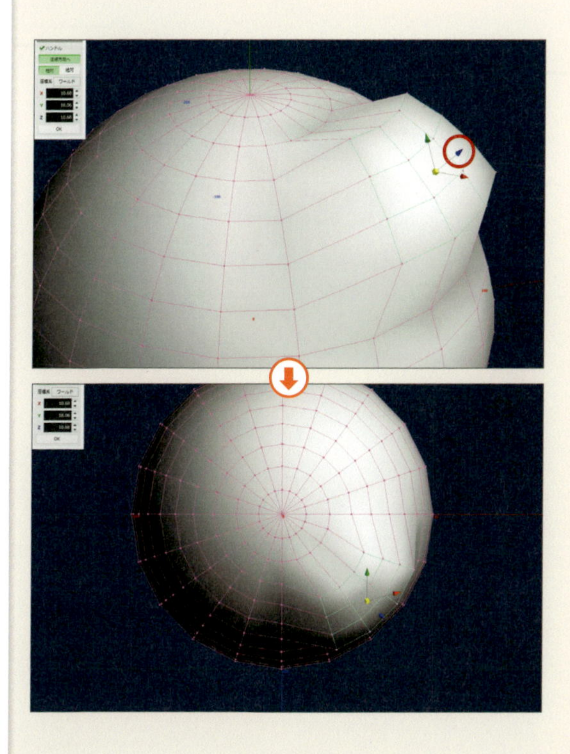

TECHNIQUE

031 選択した要素を拡大する

選択した頂点や辺、面といった要素は移動と同様拡大することもできます。ハンドルでドラッグして拡大しますが、正確に拡大する場合は数値で入力します。

方法 [拡大]コマンドを使う

拡大したい面を選択する

拡大したい面を範囲選択などで選択します。

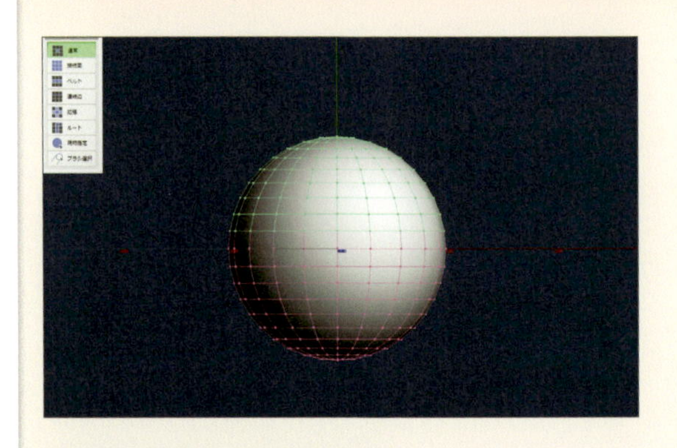

2

[拡大]コマンドをクリック

[コマンド] パネルで、[拡大] コマンドをクリックして選択します。

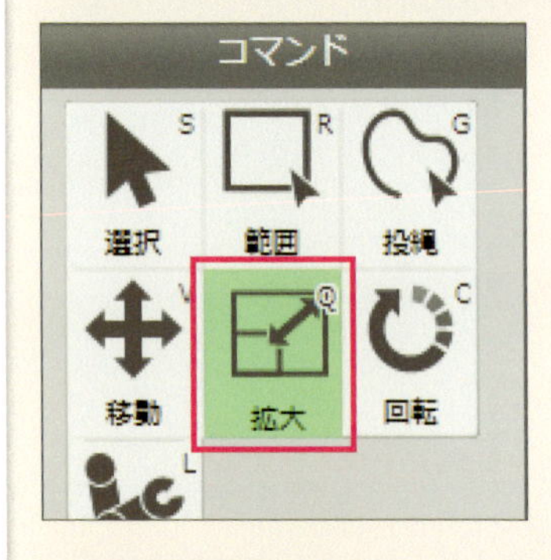

3

ハンドルをドラッグ

[拡大] コマンドを選択すると、選択した領域の中心に拡大用のハンドルが表示されるので、拡大したい軸をドラッグして変形させていきます。ハンドルの役割は、オブジェクトの拡大の場合と同じです。ハンドルの位置を変更したい場合は、Ctrlキーを押しながらハンドルをドラッグします。

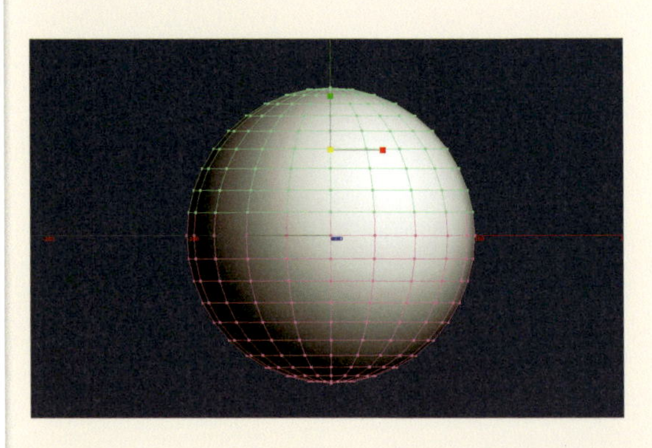

4

比率を変えて拡大する

XYZの各軸方向ごとに比率を変えて拡大したい場合は、必要な方向のハンドルをドラッグします。右図はY軸だけをドラッグして拡大したものです。

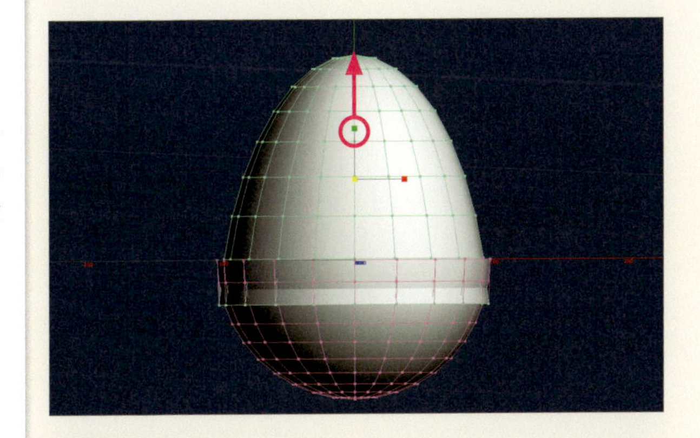

5

等比率で拡大するには

XYZの各軸を同じ比率で拡大したい場合は、ハンドル中央にある黄色いハンドルをドラッグします。

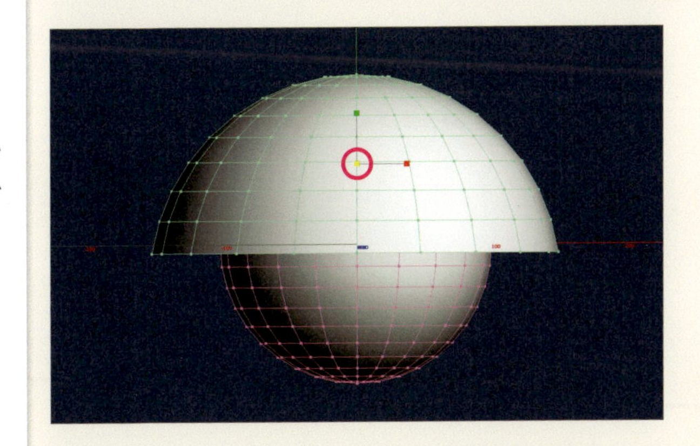

6

[詳細設定]で設定する

拡大する場合に、どこを中心に拡大するかや、数値を入力して正確な倍率で拡大したい場合は、［拡大］サブパネルの［詳細設定］ボタンをクリックして、設定を表示します。
拡大を倍率で指定したい場合は[倍率]にチェックを入れ、拡大後の大きさで設定したい場合は[サイズ]にチェックを入れて設定します。[基準位置]では、拡大時に中心となる座標を設定することができ、ハンドルの位置を移動できます。

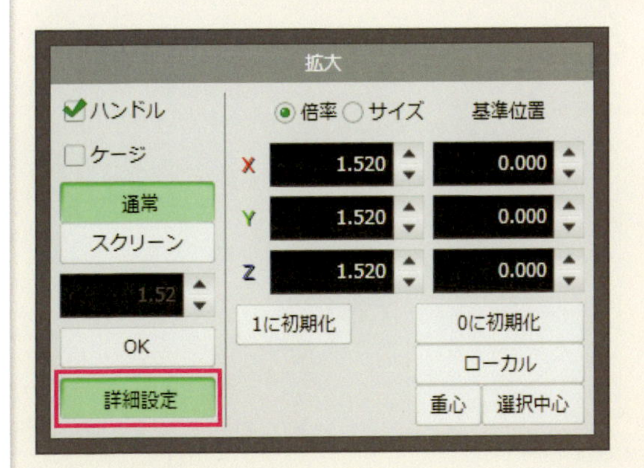

TECHNIQUE

032 選択した要素を回転する

辺や面、頂点は移動・拡大と同様に回転も行うことができます。オブジェクトを回転させた時と同様に、ハンドルを使用して自由な角度に回転させることができます。正確に回転させたい場合は、[詳細設定]で数値で設定します。

方法 [回転]コマンドを使う

回転させたい面を選択

回転させたい要素を選択します。図では直方体を用意し、[範囲] コマンドを使って上半分の面を選択しています。

2

[回転]コマンドを選択

[コマンド] パネルで [回転] コマンドをクリックして選択します。

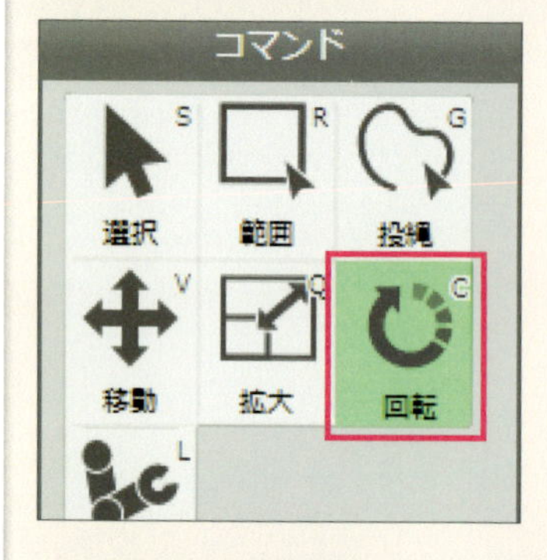

3

回転ハンドルが表示される

選択された領域の中心に回転ハンドルが表示されます。回転の中心を変更したい場合は、Ctrlキーを押しながらドラッグし、ハンドルの位置を変更します。

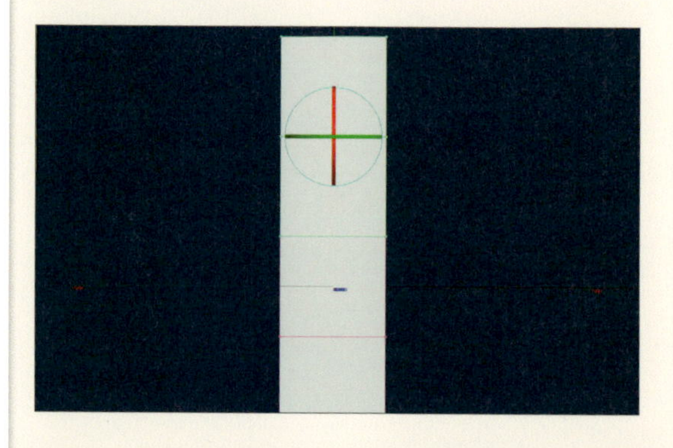

ハンドルの軸をドラッグ

ハンドルに表示されている軸のうち、回転させたい方向の軸をドラッグして回転させます。ここでは、緑のY軸をドラッグして左にひねりを与えました。

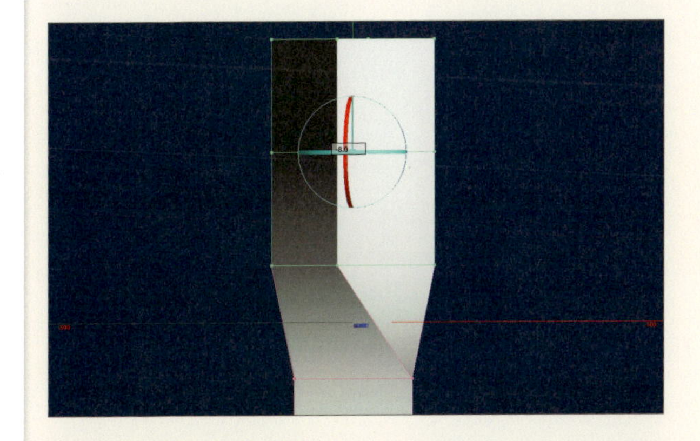

5

見ている方向で回転させる

ハンドルの外側にある青い円をドラッグすると、画面を見ている方向を軸として回転させることができます。

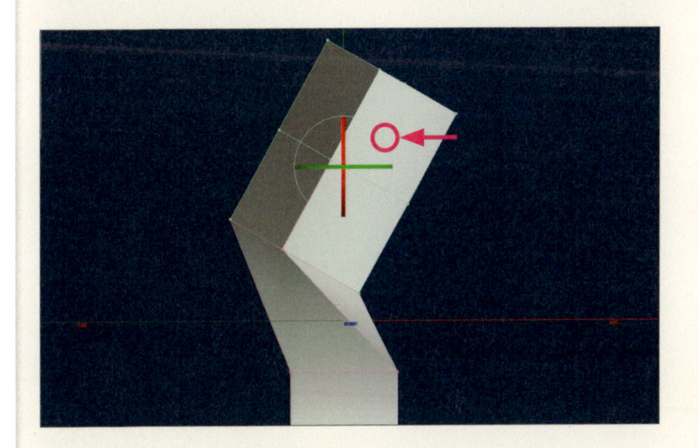

6

細かい回転は［詳細設定］を使う

数値を使って回転させたい場合は、［回転］サブパネルで回転させたい軸を指定し、その下にあるボックスに回転させたい角度を入力します。正確な座標に回転の中心を合わせたい場合は、［回転］サブパネルの［詳細設定］ボタンをクリックして、［中心位置］や［向き］に数値を入れて設定していきます。

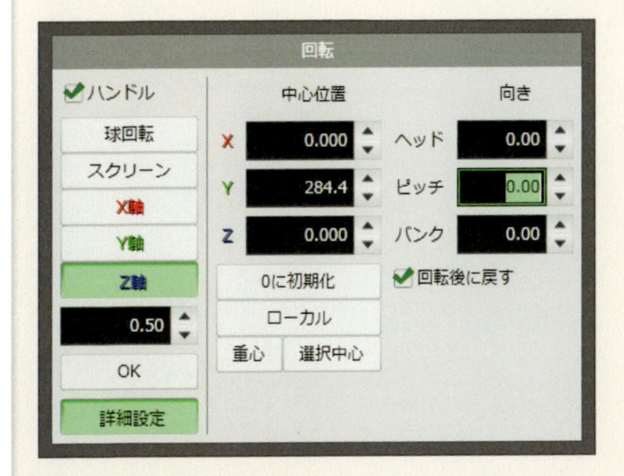

TECHNIQUE

033 任意の場所に辺を作成する

基本図形を加工して複雑な形状を制作していく場合、形状を構成する辺の数や辺の位置が重要になってきます。全体的な分割数はChapter01で解説したように、基本図形を作成する際に［詳細設定］で設定することができますが、ここでは、任意の場所に辺を作成する方法を解説します。任意の場所に辺を作成するには、［エッジ］コマンドを使用する方法と、［ナイフ］コマンドを使用する方法があります。

方法❶ ［エッジ］コマンドを使う

［エッジ］コマンドを選択

オブジェクトに辺を新たに作成する1つ目の方法は、［エッジ］コマンドを使用します。任意の場所に1本だけ辺を作成したい場合はこちらの方法を使います。

2

［追加］を選択

［エッジ］コマンドのサブパネルが表示されるので、［追加］を選択します。

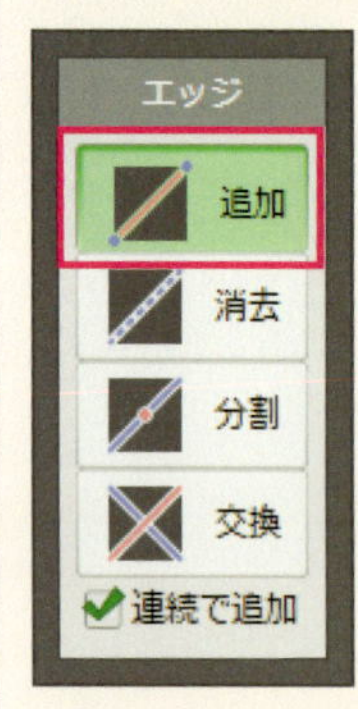

辺を作りたい場所を指定する

次に辺を作りたい場所を指定します。最初に辺の開始点となる辺上の位置をクリックして、そのまま終点となる辺の位置までドラッグします。終点の辺まで新しく作成する辺が届くと、作成している辺が黄色に変わるので、ドラッグを終了してマウスボタンを離します。マウスのドラッグをやめると黄色だった辺がピンクになり、新しい辺が作成されます。

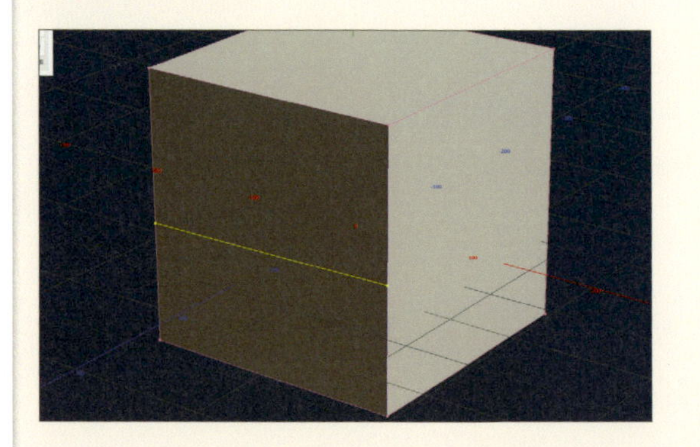

方法❷［ナイフ］コマンドを使う

1

［ナイフ］コマンドを選択する

2つ目の方法は面を分割して辺を作り出す方法です。まずは、［コマンド］パネルから［ナイフ］コマンドをクリックして選択します。

2

［ナイフ］を選択

［ナイフ］コマンドのサブパネルが表示されるので［ナイフ］をクリックして選択します。

3

オブジェクトをナイフで切る

オブジェクトの外側から、辺を作成したい方向にドラッグして、辺を作成するための直線を引きます。

4 オブジェクトに辺が作成される

ドラッグで描画した直線がオブジェクトに投影されたように、オブジェクトに辺が作成されます。

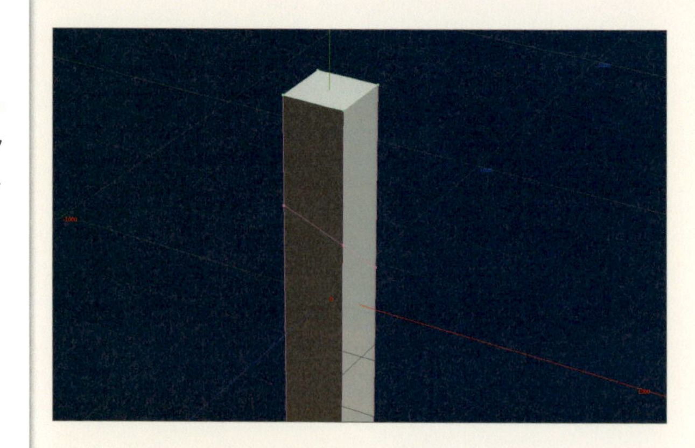

5 ナイフではオブジェクトの後ろ側にも辺が作成される

ナイフを使用して辺を作成すると、後ろの隠れている面にも辺が作成されます。ここが［エッジ］コマンドを使った辺の作成と違うところです。

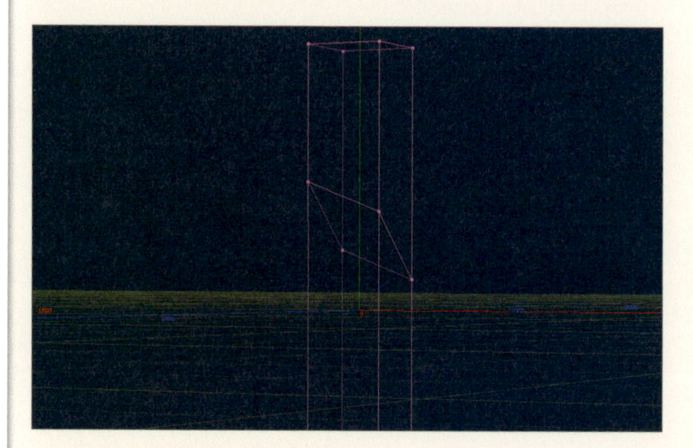

TECHNIQUE

034 不要な辺を削除する

[エッジ] や [ナイフ] コマンドを使って辺を作成していくと、思わぬ場所に辺ができてしまったりする場合もあります。そのような時は、余分な辺を削除して整理していきます。

方法 [消去]コマンドを使う

[エッジ]を選択

[コマンド] パネルで [エッジ] コマンドを選択します。

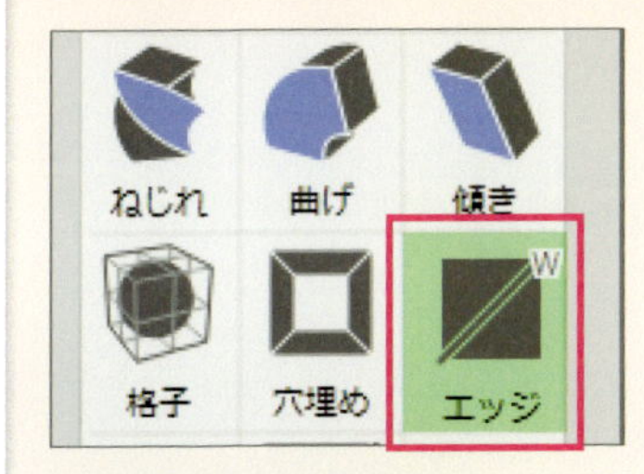

2

[消去]を選択

[エッジ] のサブパネルから [消去] を選択します。

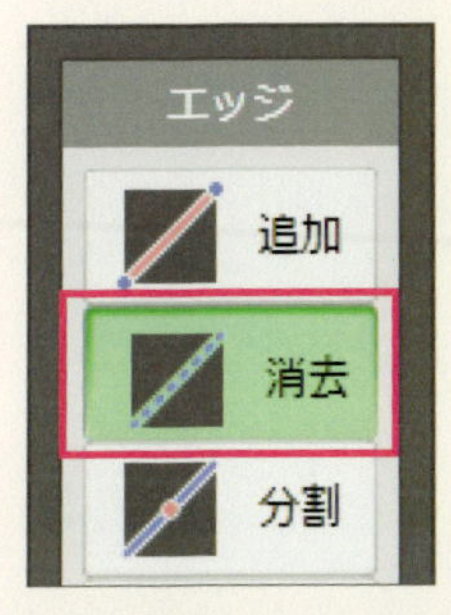

辺をクリック

[消去] を選択するとマウスカーソルが変化するので、その状態で消去したい辺をクリックして消去します。

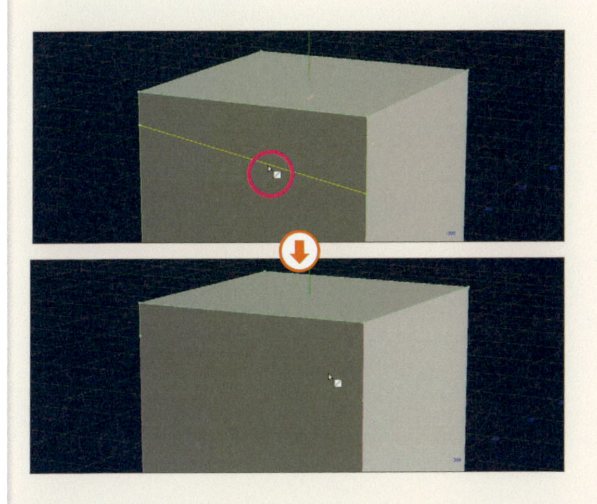

TECHNIQUE

035 面を削除して穴をあける

壁に窓や入り口を作成したり、キャラクターの目を作るために穴をあけたりする時には、面を削除することでオブジェクトに穴をあけます。面を削除するにはDeleteキーを使う方法と、[削除] コマンドを使う方法があります。

方法❶ Deleteキーを使う

削除する面を選択する

まず、削除したい面を選択します。ここでは、複数の面を選択しています。

2

Deleteキーを押す

面が選択された状態でDeleteキーを押すと、面が削除されます。

方法❷ [削除]コマンドを使う

[削除]コマンドを選択

任意の場所にある面を連続的に削除したい場合は、[コマンド] パネルで [削除] コマンドを選択します。

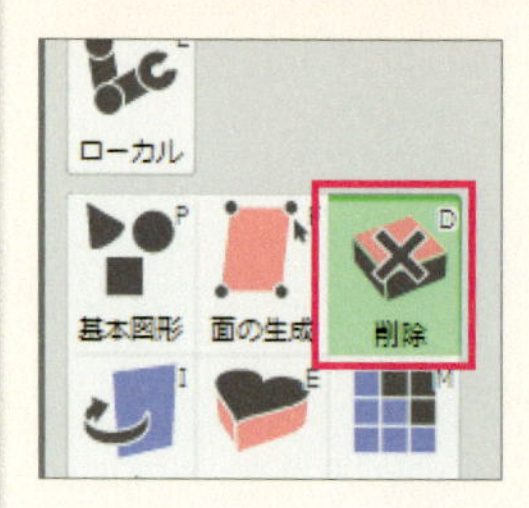

2

[指定面のみ]を選択

[削除] コマンドを選択すると表示される [面を削除] サブパネルで、[指定面のみ] を選択します。

3

削除したい面をクリック

[指定面のみ] を選択すると、マウスカーソルの形状が変化するので、その状態で削除したい面をクリックしていきます。

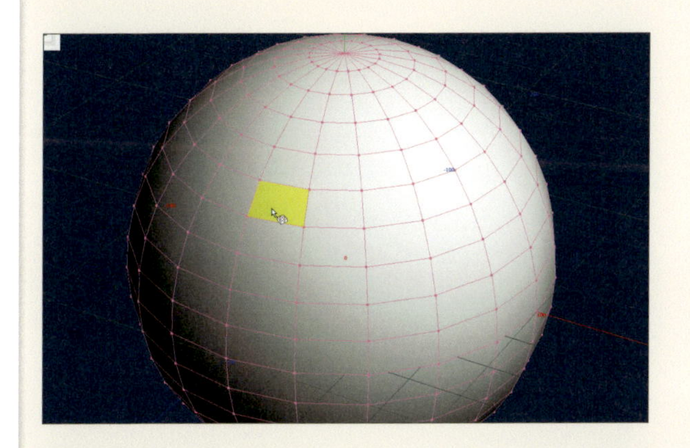

4

クリックした面が削除される

クリックした面が削除されました。図では3箇所の面を連続してクリックしています。

TECHNIQUE

036 つながっている面をすべて選択する

面の選択方法にはいくつかの種類がありますが、ここで紹介するのは、つながっている面をすべて選択する方法です。1つのオブジェクトが、いくつかの面のグループで作成されている場合や、面が複製されている場合にどちらか一方の面のグループを選択するときなどに使用します。

方法 [接続面]を使う

[選択]コマンドをクリック

[コマンド] パネルで [選択] コマンドをクリックして選択します。

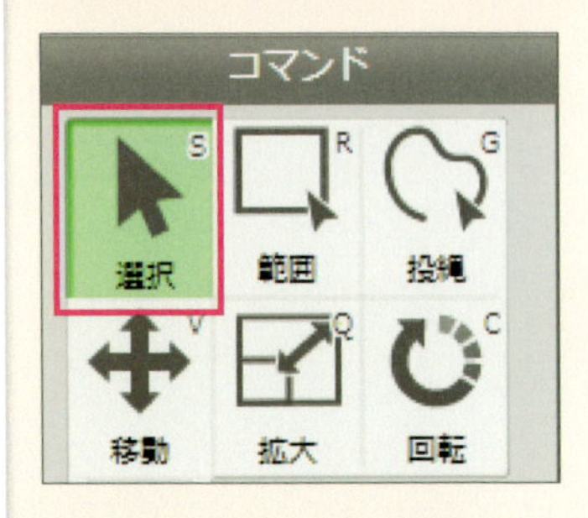

2

[接続面]を選択

[選択]サブパネルで[接続面]をクリックして選択します。

3

面をクリック

選択したい面のグループの1つの面をクリックすると、その面が含まれているグループ（つながっている面）全体が選択されます。図では1つの面をクリックするだけで、半円すべてが選択されました。

TECHNIQUE

037 帯状に面を選択する

［選択］サブパネルで選択方法を切り替えることで、並んでいる面の1列を一度で選択できます。選択した面を押し出してスリット形状を作成したりする場合などに便利です。

方法 ［ベルト］を使う

1

［選択］コマンドを選ぶ

［選択］コマンドをクリックして選択します。

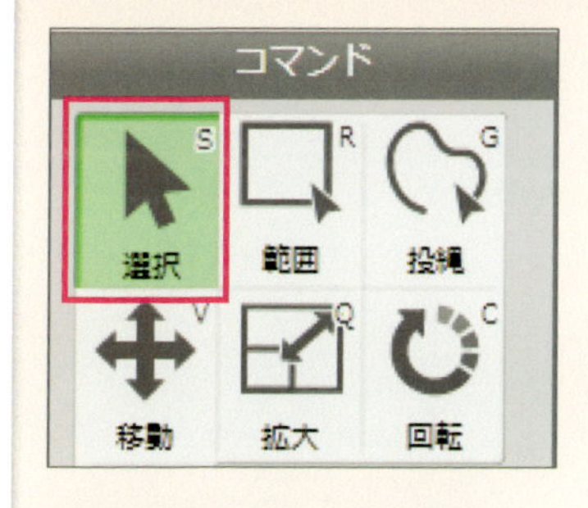

2

［ベルト］を選択

表示される［選択］サブパネルで［ベルト］を選択します。

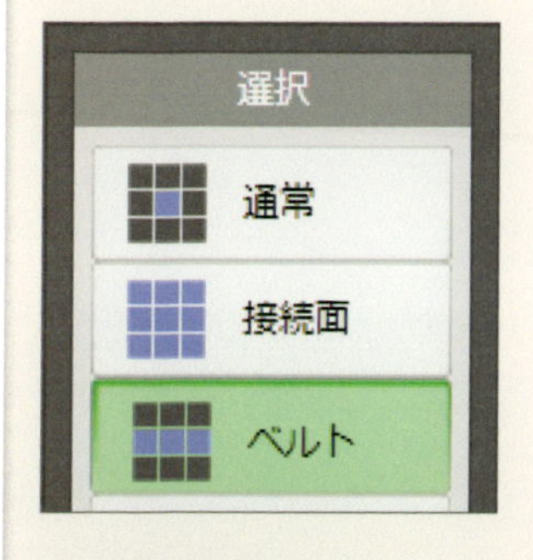

3

横方向に伸びる辺を選択

［ベルト］を使うと垂直方向、水平方向のいずれかの方向に帯状に選択することができます。垂直方向に選択したい場合は、横方向に伸びる辺をクリックします（面を選択するのですが、辺をクリックすることに注意してください）。

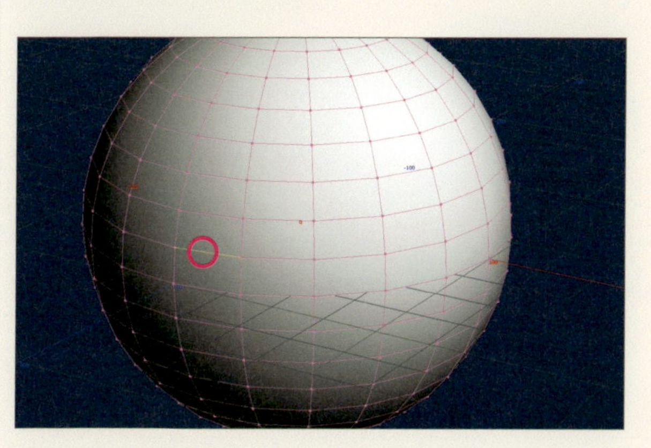

4

垂直方向に選択された

垂直方向に一列の帯で、面が選択されます。

5

縦方向に伸びる辺を選択する

水平方向に一列の帯で面を選択したい場合は、縦方向に伸びる辺をクリックします。

6

水平方向に選択された

今度は水平方向に一列に帯状に選択されました。

TECHNIQUE

038 つながった辺を一度に選択する

水平方向、垂直方向につながる辺を一括で選択することができる方法を紹介します。ぐるっとループして要素を選択したい場合に便利な方法です。

方法 [連続辺]を使う

1 [選択]コマンドを選択

まずは［選択］コマンドをクリックして選択します。

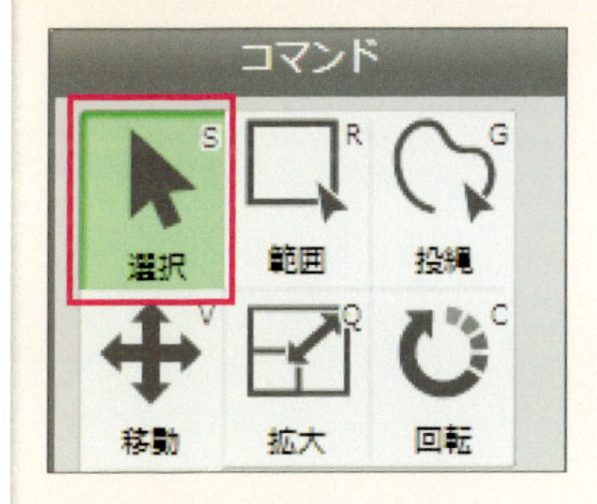

2 [連続辺]を選択

［選択］サブパネルで［連続辺］を選択します。

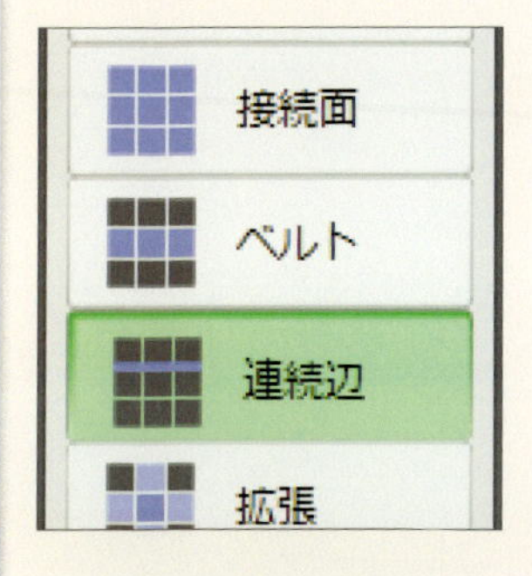

3 縦方向に伸びる辺を選択

辺を垂直方向にぐるりと選択したい場合は、垂直方向に伸びている辺をクリックします。

4

垂直方向に辺が選択された

クリックした辺の垂直方向に辺が一周分選択されました。

5

横方向に伸びる辺を選択する

水平方向に辺を選択する場合は、横方向に伸びる辺を選択します。

6

水平方向に辺が選択された

今度はクリックした辺の水平方向に辺が一周分選択されました。

TECHNIQUE

039 選択した面や頂点、辺の周辺を選択する

［選択］コマンドの［拡張］を使うと、選択した面あるいは頂点からマウスをドラッグして選択の範囲を広げていくことができます。中心から同心円状に選択したい場合などに便利です。

方法 ［拡張］を使う

［拡張］を選択

［コマンド］パネルの［選択］をクリックすると表示される［選択］サブパネルから［拡張］をクリックして選択します。

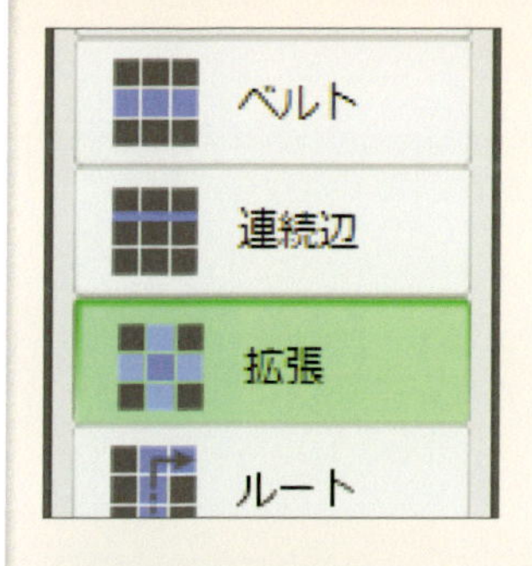

2

選択の中心となる面をクリック

［拡張］を選択した状態で、選択領域の中心にしたい面をクリックします。

3

ドラッグして選択範囲を広げる

選択の中心となる面をクリックしたら、そのままドラッグすると緑に選択された範囲が広がっていくので、範囲を決めたらドラッグをやめます。

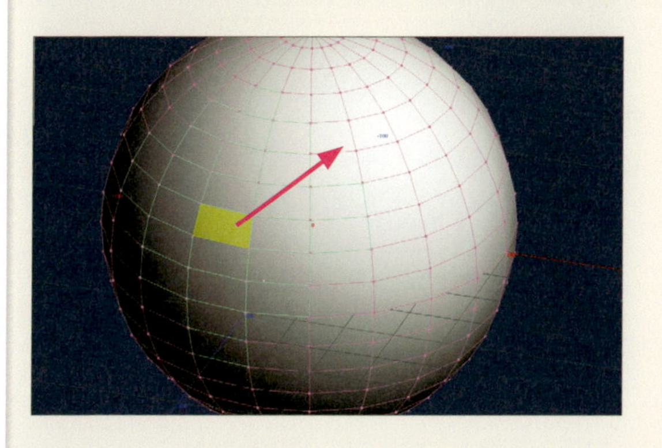

4

頂点の選択範囲を拡張する

[拡張] は面だけではなく、辺や頂点の選択にも使用できます。辺や頂点の選択領域を広げる場合も、面の場合と同様にまずは選択の中心をクリックし、そのままドラッグして選択範囲を広げていきます。図は頂点を拡張選択した例です。

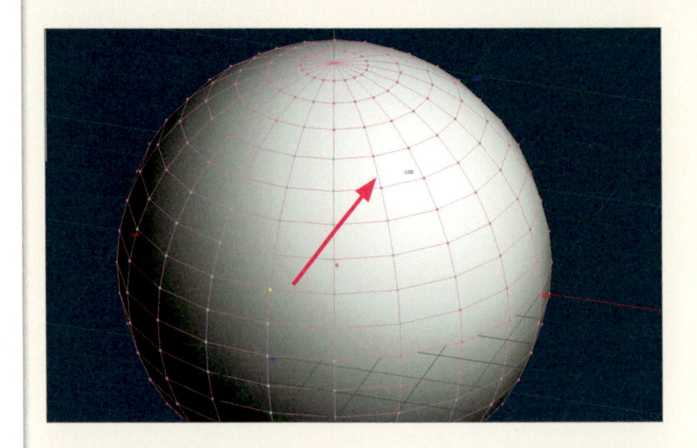

5

複数領域の選択

[拡張] を使って、離れた場所に選択領域を作成する場合は、ドラッグを終了した後に、Shiftキーを押しながら2つ目の選択の中心となる要素を選択してドラッグします。

6

ドーナツ状に選択領域を設定する

[拡張] で選択した領域を、Shiftキーを押しながら再びドラッグすると、選択が解除されます。選択した領域の中心をクリックしてShiftキーを押しながらドラッグすることで、ドーナツ状に選択領域を作成できます。

TECHNIQUE

040 選択した面を別オブジェクトにする

例えば、キャラクターの体にフィットした服を作成する場合、基になる体のモデルから服となる面を選択して、選択された面だけを別のオブジェクトにして作成していきます。このように基の形状に沿った形状を作りたいということはよくあります。そのような場合は、[面を新規オブジェクトへ] コマンドを使います。

方法 [面を新規オブジェクトへ]コマンドを使う

1 別オブジェクトにしたい面を選択

まず、別のオブジェクトにしたい面を選択します。ここでは、球の4分の1の領域を選択しました。

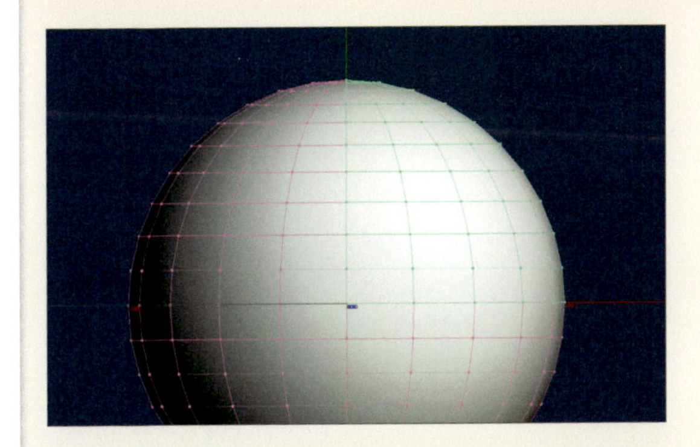

2 [面を新規オブジェクトへ] コマンドを選択

面が選択された状態で、メニューバーの [選択部処理] メニューから [面を新規オブジェクトへ] を選択します。

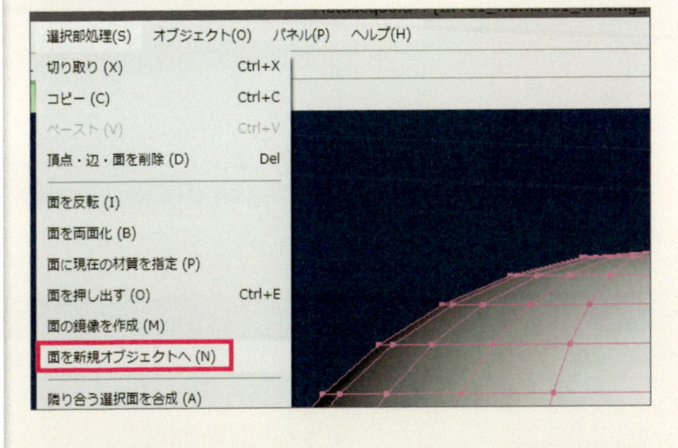

3 新しいオブジェクトが作成された

[オブジェクト] パネルに新しいオブジェクトが作成されます。

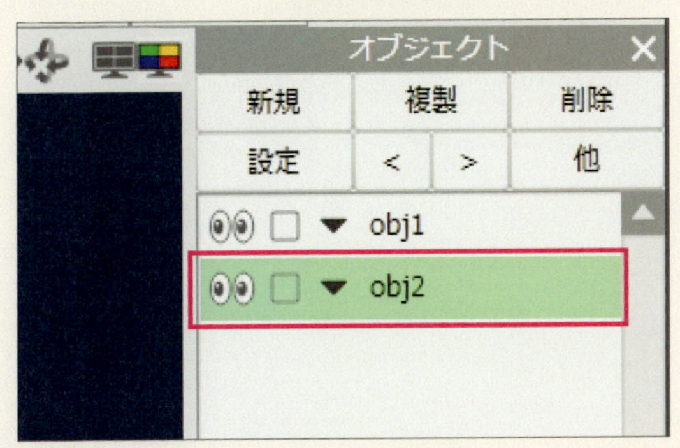

4 新しくできたオブジェクトを選択する

別オブジェクトとして分離した面を選択するには、工程❸で作成された新しいオブジェクト名を右クリックして、[頂点・面を選択] を選択します。

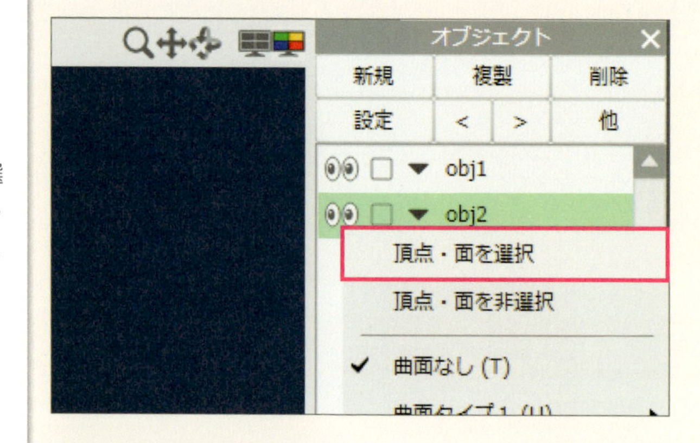

5 新しいオブジェクトが選択される

新しくオブジェクトとして分離された面が選択されます。

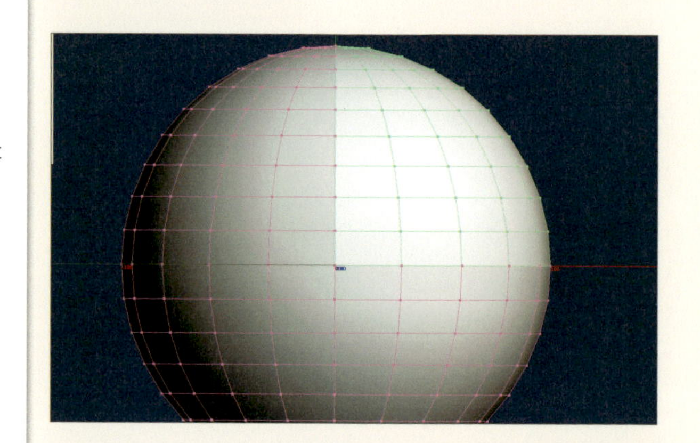

6 移動させる

面が選択されたところで、移動ツールなどを使って移動します。この時注意したいのは、ここまでの方法では選択した選択面が切り取られた(分離した)状態で、新規オブジェクトに格納されるということです。洋服を作成するなど、元オブジェクトの形状をそのまま残した状態で、選択した面をオブジェクト化したい場合は、元のオブジェクトを複製してから、選択部分を別オブジェクトに変換します。

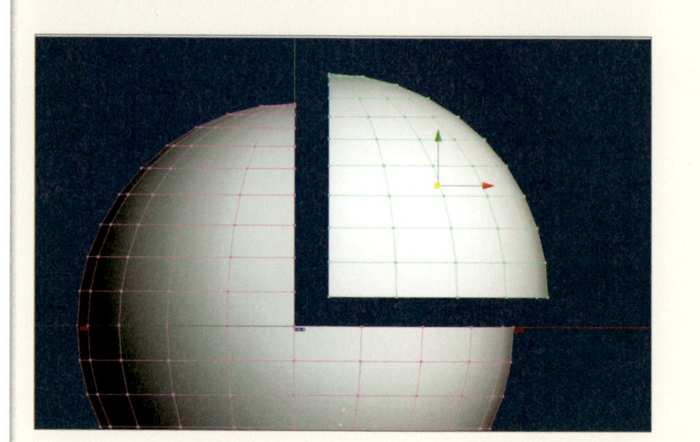

TECHNIQUE

041 マウスの動きに沿って要素を選択する

[選択] サブパネルにある [ルート] を使うと、マウスの動きに沿った形状に面を選択することができます。面を1つ1つ選択するよりも素早く選択することができます。

方法 [ルート]を使う

[ルート]を選択

[コマンド] パネルから [選択] コマンドを選択して、[選択] サブパネルで [ルート] を選択します。

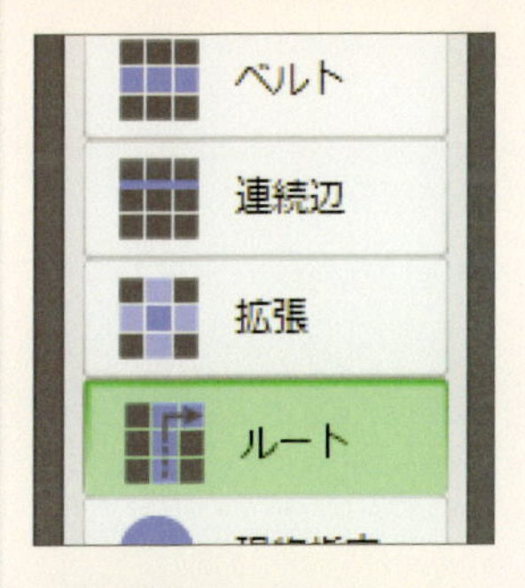

2

選択したい領域の最初の面を選択する

[ルート] は、選択した2面をつなぐ領域が選択されます。まずは、選択の始点となる面をクリックして選択します。

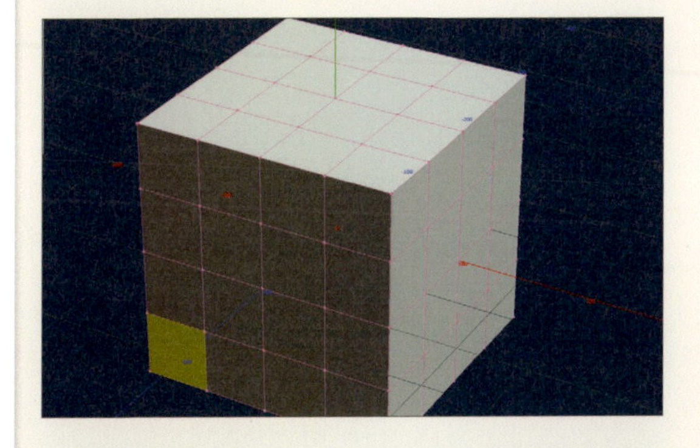

3

選択したいルートを決めていく

始点となる面をクリックして選択した後、マウスを動かしていくと、選択した領域が広がっていきます。

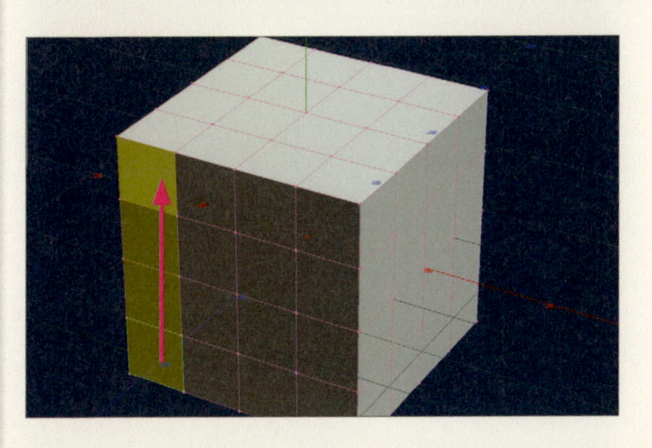

4

さらに選択を伸ばす

マウスをさらに動かして伸ばしていきます。再度クリックすると、選択が終了します。

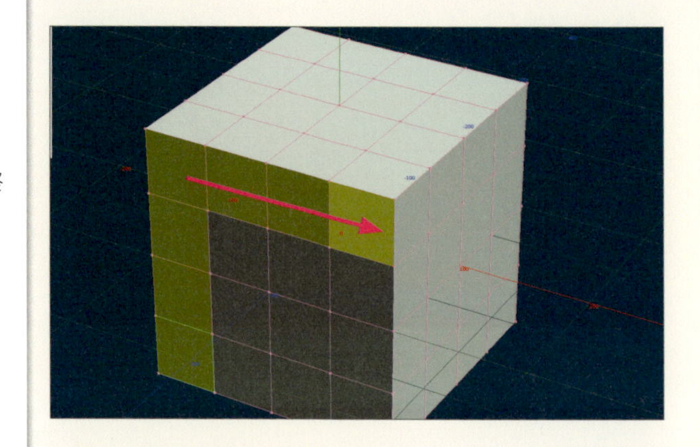

5

選択の方向を変える

選択している流れで面の選択方向を変えたい時は、一度クリックして面の選択を固定します。

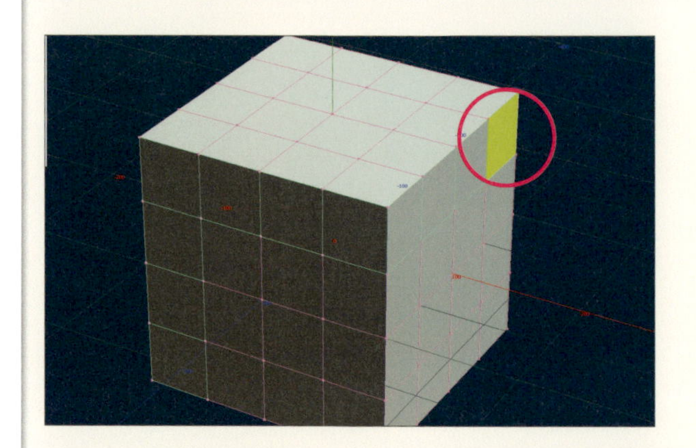

6

再び選択を開始する

再び面をクリックして、マウスを動かしていくと選択が再開されます。複雑な経路で選択したい場合は、この手順を繰り返していきます。

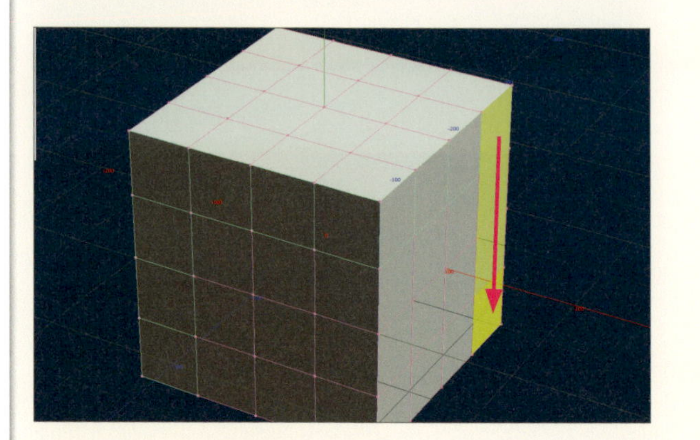

TECHNIQUE

042 ブラシで頂点を選択する

［ブラシ選択］を使用すると、ブラシでペイントするように、オブジェクトをなぞって頂点を選択することができます。ブラシの大きさを調整できるので、細かい部分の選択も簡単に行うことができます。

方法 ［ブラシ選択］を使う

［ブラシ選択］をクリック

［コマンド］パネルで［選択］コマンドを選択し、［選択］サブパネルで［ブラシ選択］を選択します。

2

ブラシの大きさを設定する

Altキーを押しながらドラッグして、ブラシの大きさを設定します。青い円でブラシの大きさが表示されます。

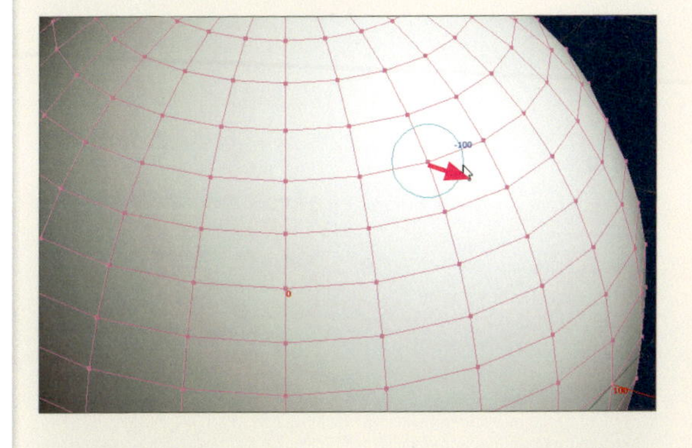

3

選択したい部分をペイントする

選択したい領域を塗りつぶすようにマウスをドラッグすると頂点や辺が選択されていきます。

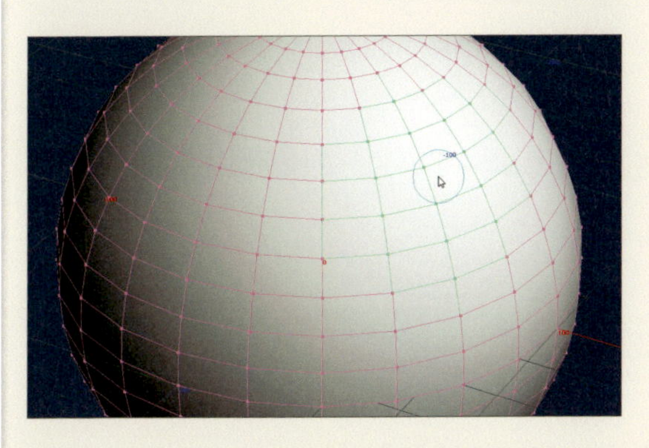

4

頂点が選択された

マウスを動かした範囲の頂点や辺が選択されます。

5

ブラシを使って選択を解除する

選択してしまった領域を部分的に選択解除する場合は、Ctrlキーを押しながらブラシで解除したい部分の頂点をペイントしていきます。

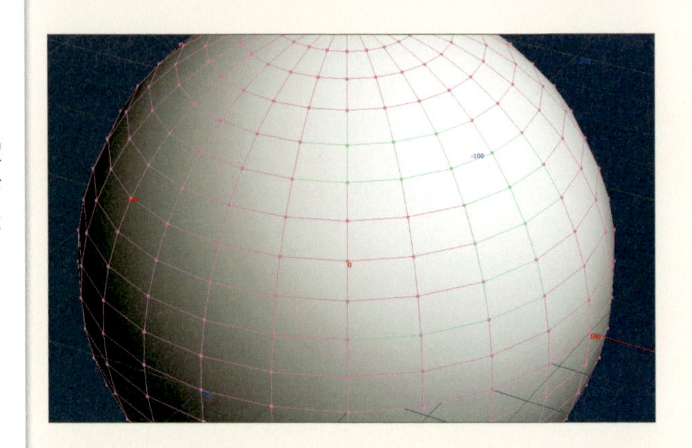

MEMO

複数領域を選択

ブラシ選択では、複数の選択範囲を選択する場合にShiftキーを押しながらマウスをドラッグする必要がありません。[ブラシ選択]が選択された状態で、別の場所をドラッグすると、ドラッグした範囲が追加で選択されます。

TECHNIQUE

043 自由な形に面を作成する

オブジェクトは、基本形状から作成することが多いですが、面だけを単独で作成することもできます。面を作成するには、[面の生成] コマンドを使用します。

方法 [面の生成]コマンドを使う

1

[面の生成]コマンドを選択

自由な形状の面を作成するには、[コマンド] パネルの [面の生成] をクリックして選択します。

2

面の表と裏を設定する

面には裏と表があります (面の表裏を表す方向を「法線方向」と言います)。面の裏側はレンダリングされません。生成した後で裏と表を入れ替えることもできますが、最初に決めておきます。普通は「表」もしくは「両面」にしておきます。ここでは「表」を選択しました。

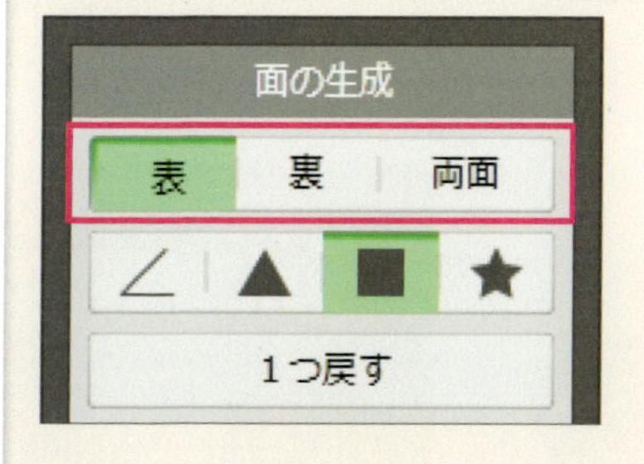

3

面の頂点数を設定する

次に面の頂点数を設定します。頂点の設定は、[2点で辺を作成]、[3点で面を作成]、[4点で面を作成]、[5点以上で面を作成] の4種類あります。ここでは、一番右にある [5点以上で面を作成] を選択します。

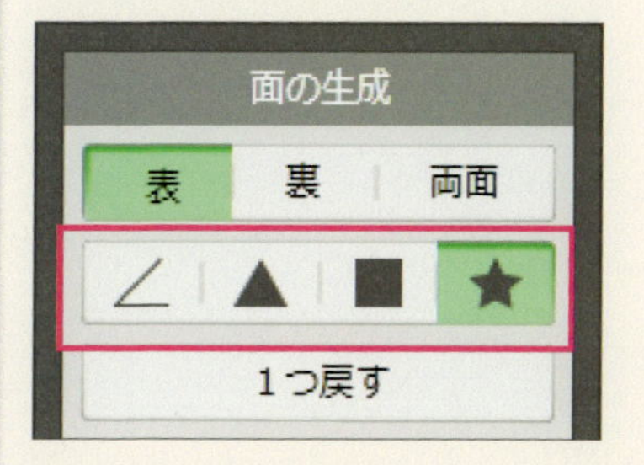

4

最初の頂点を作成する

面を作成し始めたい位置をクリックして、最初の頂点を作成します。

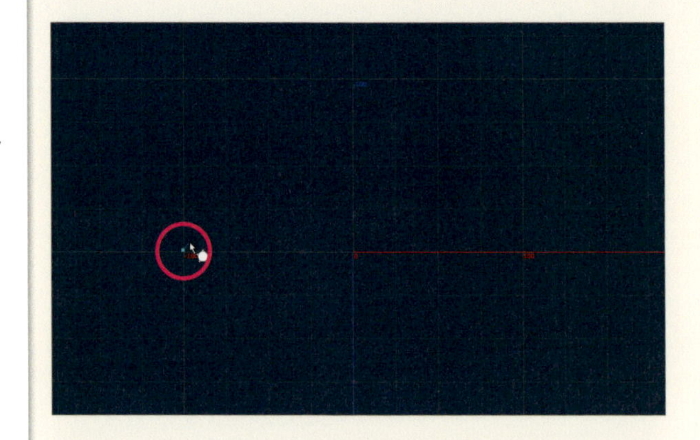

5

頂点を増やして面の輪郭を作成していく

別の位置をクリックして2つ目の頂点を作成します。ここではL字型の面を作成してみます。

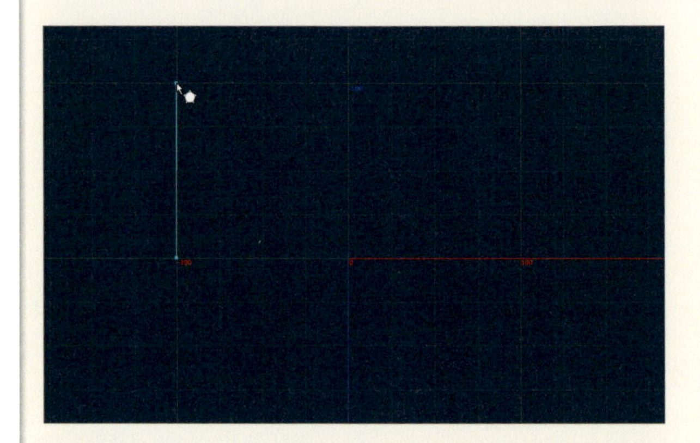

6

順番に頂点を作成していく

L字型の輪郭になるように順番にクリックして頂点を作成していきます。頂点が3点以上になると頂点に囲まれた領域に面が作成されます。

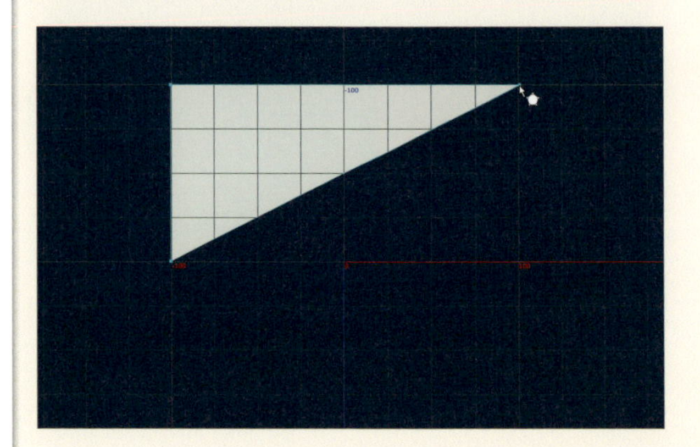

7

面を確定する

面ができたところでマウスを右クリックすると、作業が確定し、面が作成されます。

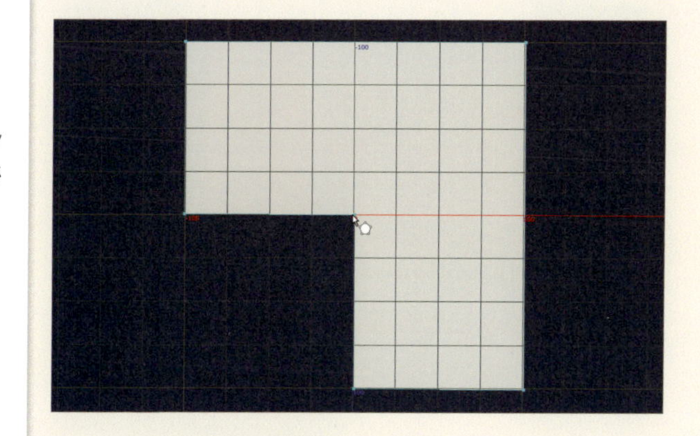

8

面を追加する

1つ面を作成した後で、他の場所に面を追加することもできます。その場合は、[面の生成] サブパネルの [点の追加] をクリックしてオンにしたら、3D画面上で新しく面を作成したい位置をクリックし、面を作成していきます。

9

面が追加される

任意の形状で面が追加できたところで、右クリックすると確定されます。

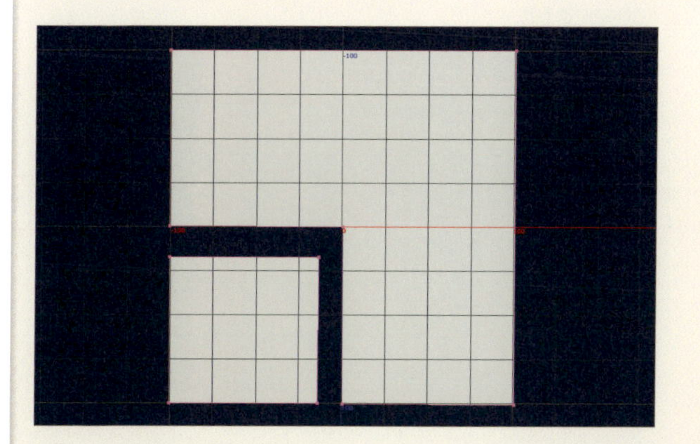

TECHNIQUE

044 基本形状を加工して人型を作る

基本形状を加工して、より複雑な形状を作成していきます。人型を作るには、立方体に［押出］を使って加工することで形状を近づけていきます。

方法 立方体を押し出して加工する

基本形状を作成する

押し出しで形状を作るための基本形状を作成します。ここでは、簡単な人型を作成したいので、まずは分割数1の立方体を作成します。

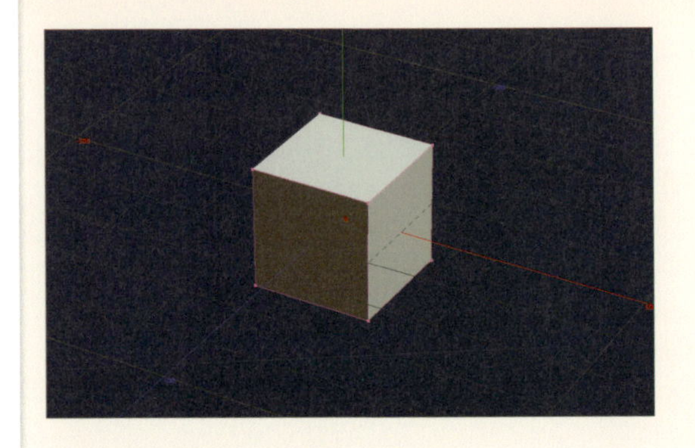

2

［押出］コマンドを選択

次に［コマンド］パネルで［押出］コマンドを選択します。

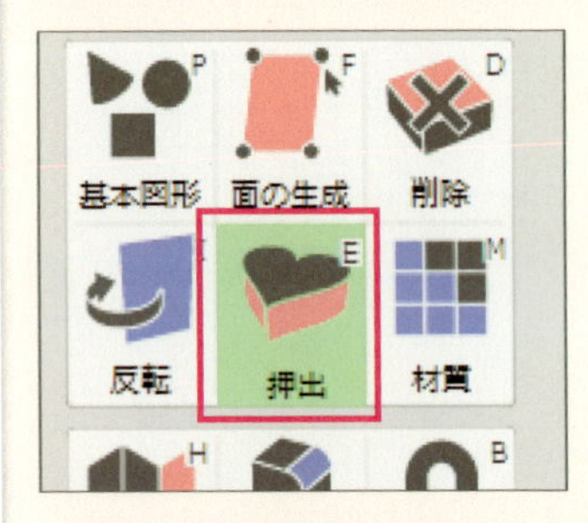

3

押し出したい面を選択

［押出］コマンドを選択した状態で、押し出したい面にマウスを合わせます。すると、その面がハイライト表示されます。

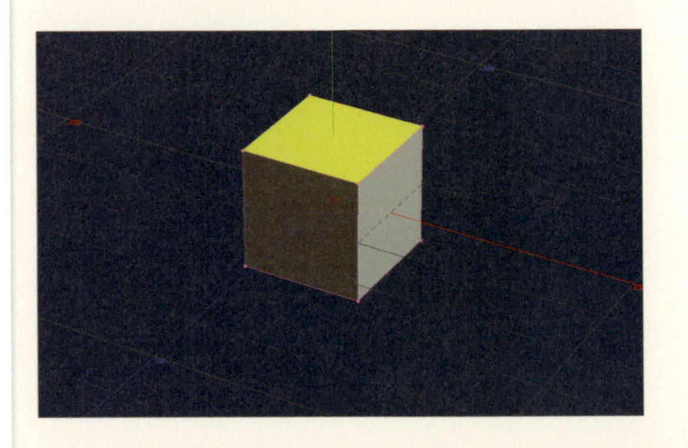

4

ドラッグして押し出す

面が黄色くハイライト表示された状態でクリックしてドラッグします。右にドラッグすると正方向へ、左にドラッグすると負の方向へ面が押しされます。図では右方向へドラッグしました。

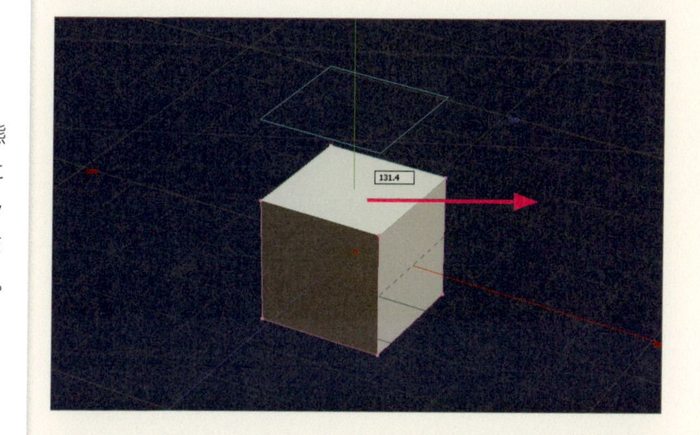

5

面が押し出された

面が押し出されます。この時、単純にボックスが伸びるのではなく、上に(あるいは下に) ボックスが追加されるようなイメージで押し出されるため、辺や頂点の数も増えていきます。

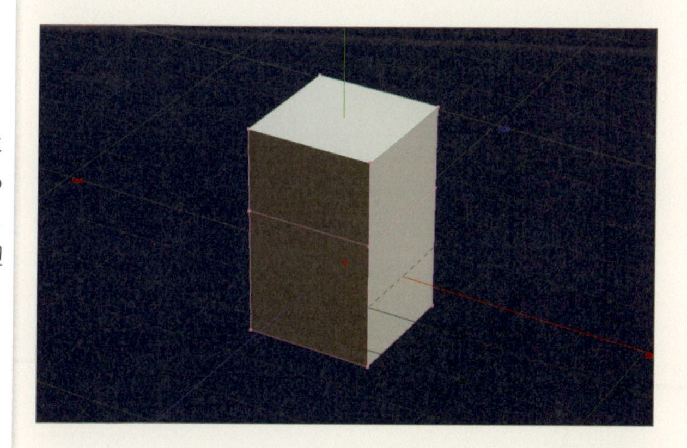

6

いろいろな方向に押し出す

人型になるよう、頭の方向、腕の方向と伸ばしていきます。

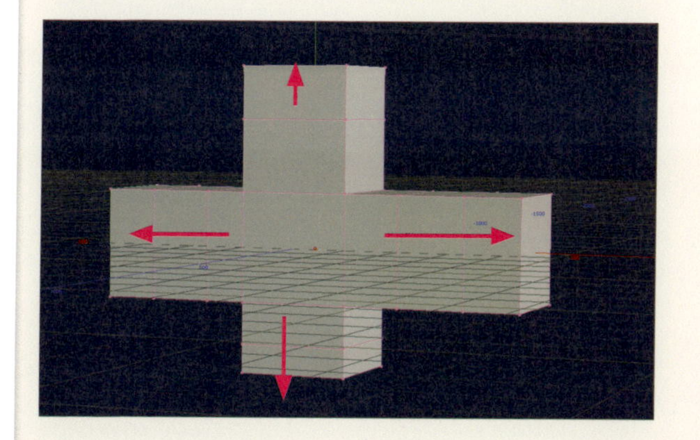

7

[エッジ]コマンドを使って分割

脚のように2つに分岐するような部分は、[エッジ] コマンドを使って、辺を作成し、面を分割します。

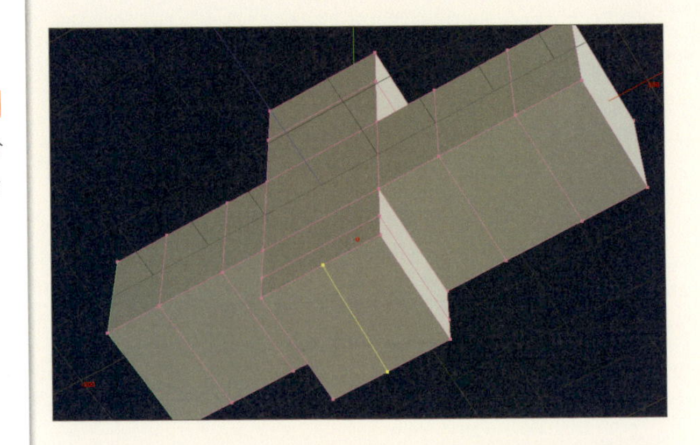

8

脚を伸ばす

分割した面をそれぞれ［押出］で伸ばして脚にしていきます。一段目を伸ばした際に、移動ツールで面を少し斜め外側に移動させておくと、より脚らしくなります。

9

頂点を移動した形を整える

各頂点を移動して、人型を整えていきます。腰の部分を絞った形にする時は、[範囲] 選択で水平方向の頂点を一列選択して［拡大］コマンドで縮小しています。

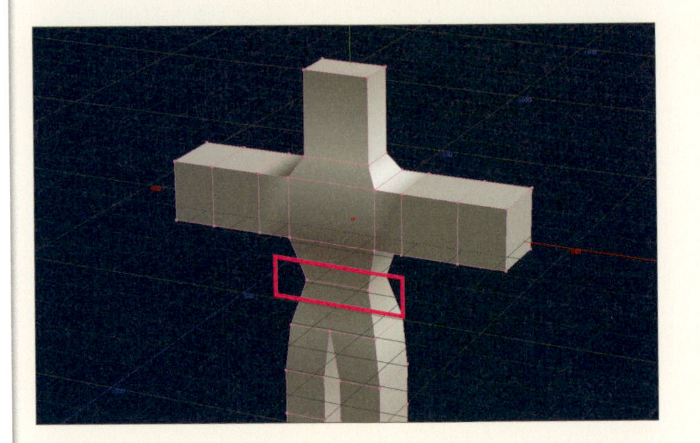

10

角丸の形状で押し出す

[押出] サブパネルで押し出しのモードを［ベベル］に切り替えると、角を落とした（面を縮小した）状態で押し出しをすることができます。

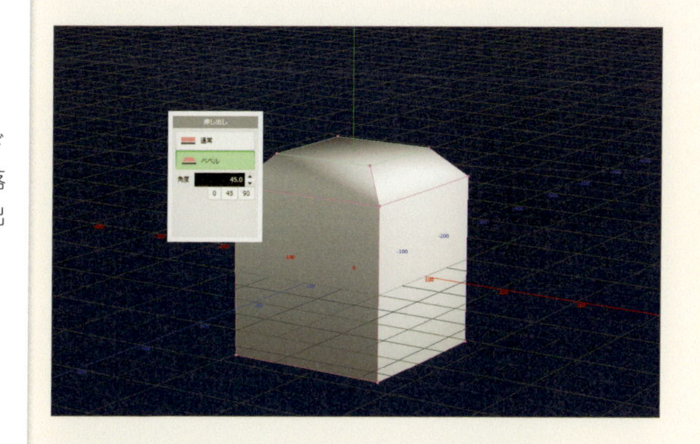

11

その他、様々な押し出し形状

[押出] サブパネルで押し出しモードを［通常］に設定すると、押し出しの形状を4つの形式から選ぶことができます。作成したい形状に合わせて切り替えて使いましょう。右図は直線にした場合です。

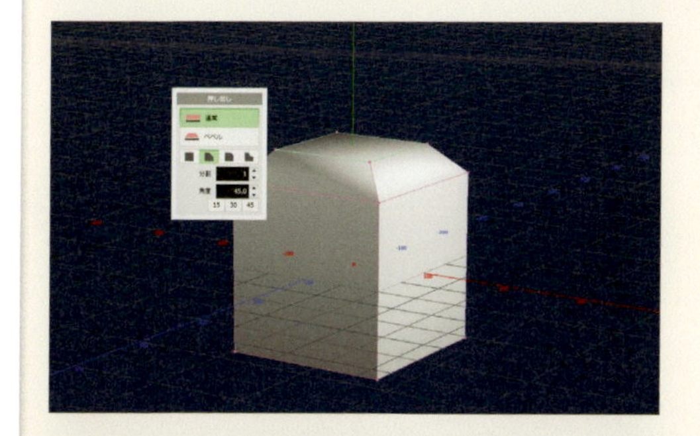

押し出し形状を「丸」にすると、外側に丸みを帯びたベベルを作成することができます。「分割」で曲面の滑らかさを設定し、「角度」で曲面の曲がり具合を設定します。

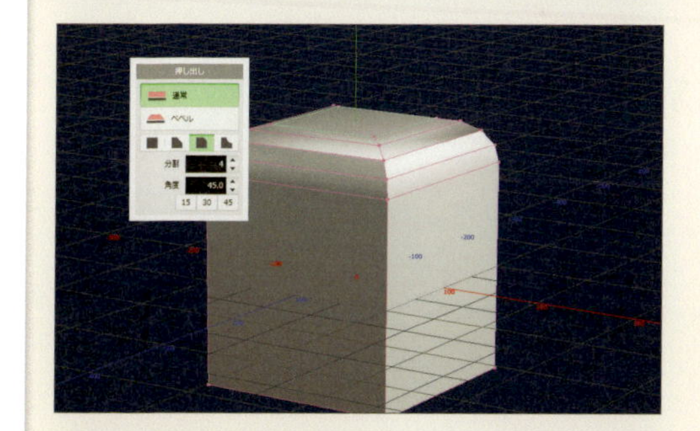

押し出し形状を「くぼみ」にすると、えぐれた形に押し出すことができます。「丸」と同様、「分割」で曲面の滑らかさを設定し、「角度」で曲面の曲がり具合を設定します。

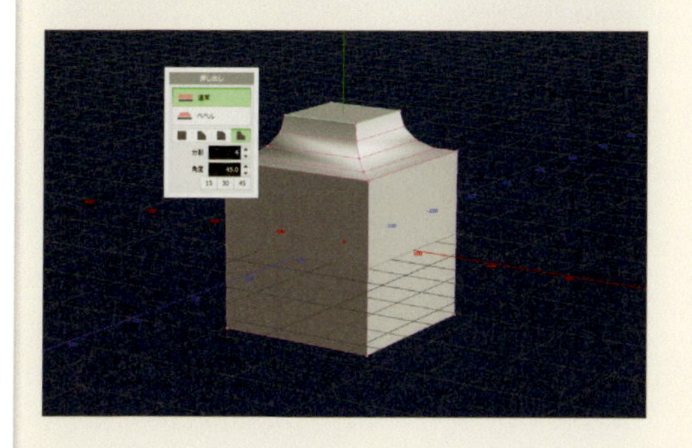

TECHNIQUE

045 形状に丸みを付ける

形状に丸みを付けるには、オブジェクトの設定にある［曲面制御］を使って丸みを付けていきます。

方法 ［曲面制御］を使う

1

オブジェクトの設定を表示する

丸みを付けたいオブジェクトを選択して、［オブジェクト］パネルから［設定］を選択します。

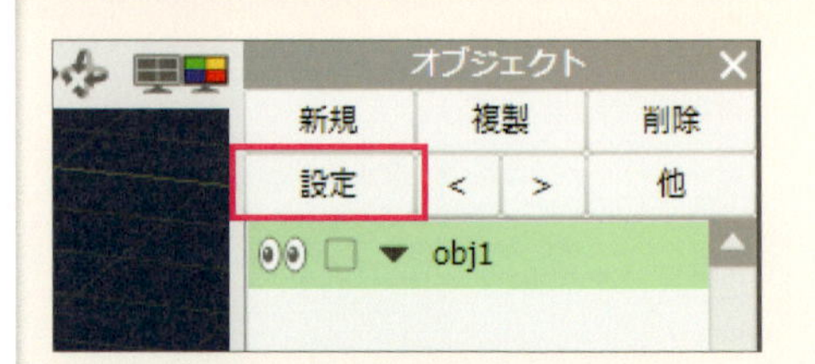

曲面のタイプを選択する

［オブジェクト設定］パネルが表示されたら、［曲面制御］で曲面のタイプを選択します。曲面のタイプには、「曲面タイプ1」、「曲面タイプ2」、「Catmull-Clark」、「OpenSubdiv」の4種類が用意されています。曲面のタイプを選択したらOKボタンをクリックします。

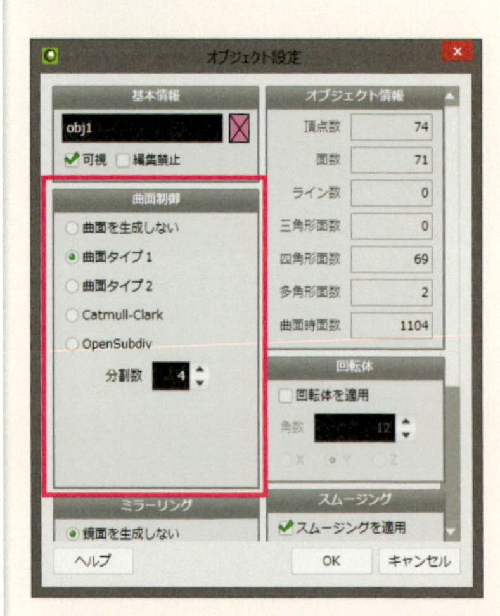

「曲面タイプ1」

四角形の面で構成されたオブジェクトを曲面化します。三角形の面を使う場合は、三角形の各辺が四角形の面に接していないと穴があいてしまいます。

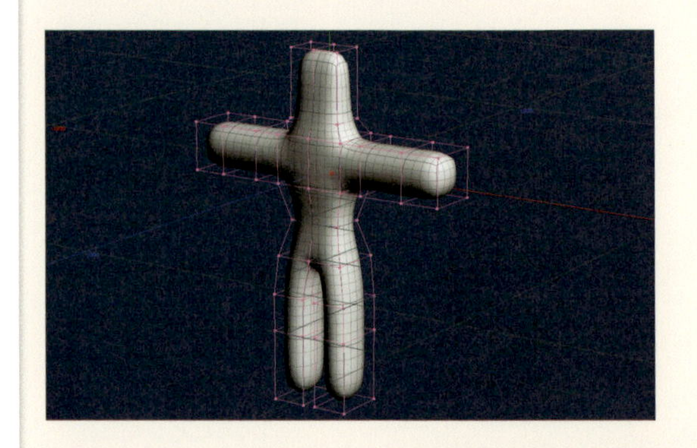

「曲面タイプ2」

[曲面タイプ1] とほぼ同じですが、面が開いている端の部分は元の頂点や辺の位置になります。

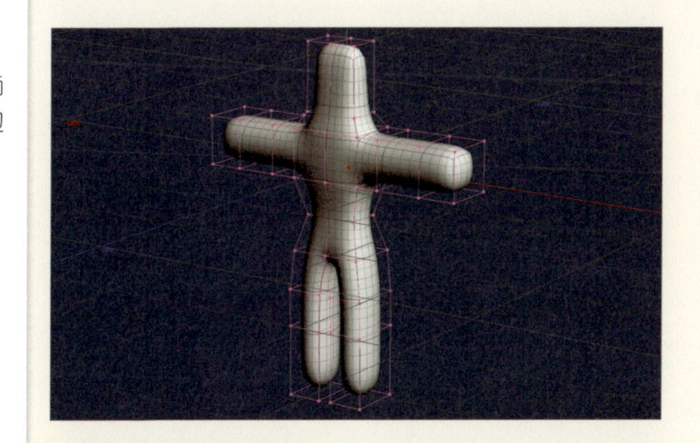

「Catmull-Clark」

四角形の面、三角形の面が混合したオブジェクトでも曲面化することができます。他の3DCGソフトと形状的な互換性が高い手法です。処理は重たくなります。

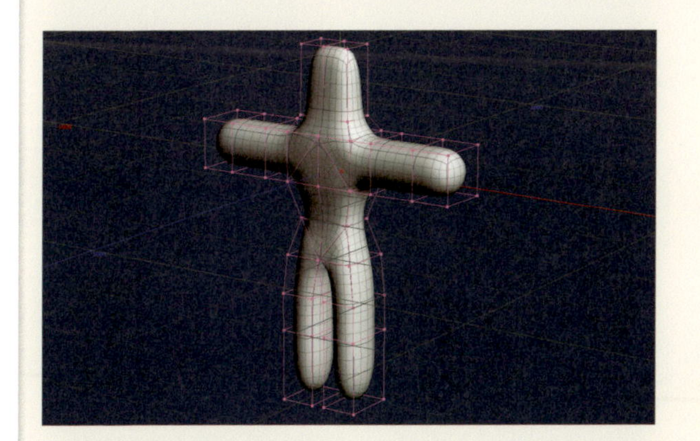

「OpenSubdiv」

三角形、四角形、多角形が混合していても曲面化することができる手法です。処理は重たくなります。

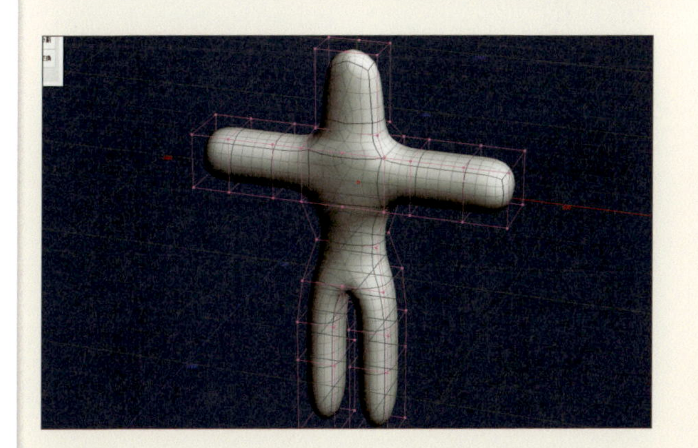

TECHNIQUE

046 頂点の位置を揃える

［エッジ］コマンドなどで辺を作成していくと、頂点の整列がくずれてしまうことがあります。そのような時は、コマンドを使って頂点の位置を整列させることができます。この処理は左右対称形状を作成する場合などに必要になってきます。

方法 ［頂点の位置を揃える］コマンドを使う

揃えたい頂点を選択する

位置を揃えたい頂点を［範囲］選択などで選択します。

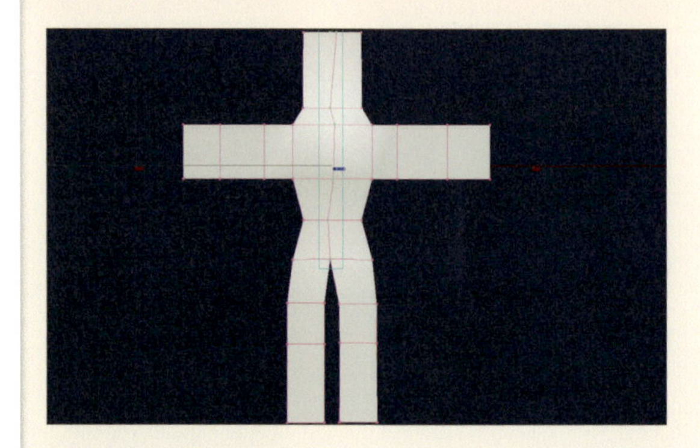

2

［頂点の位置を揃える］を選択

揃えたい頂点を選択したら、メニューバーの［選択部処理］メニューから［頂点の位置を揃える］を選択します。

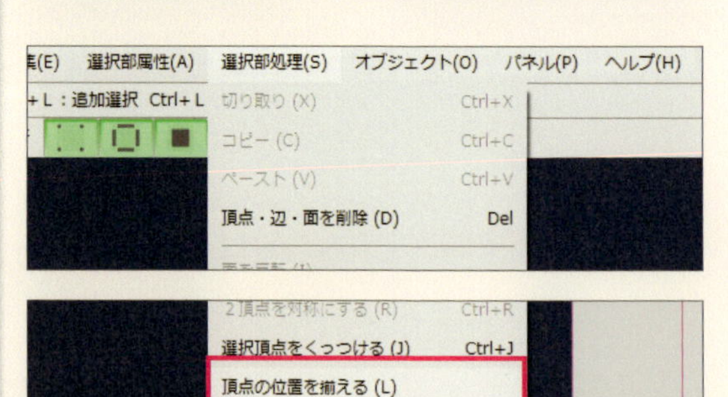

3 オプションパネルが表示される

［頂点の位置を揃える］オプションパネルが表示されます。まず、グローバル座標で位置を揃えるか、ローカル座標で位置を揃えるかを選択して、［新しい位置］のボックスに揃えたい位置を入力します（「ワールド座標」「ローカル座標」については44-45ページを参照してください）。［最小］［最大］は、選択している頂点からどれぐらいの幅で位置がずれているのかが表示されています。

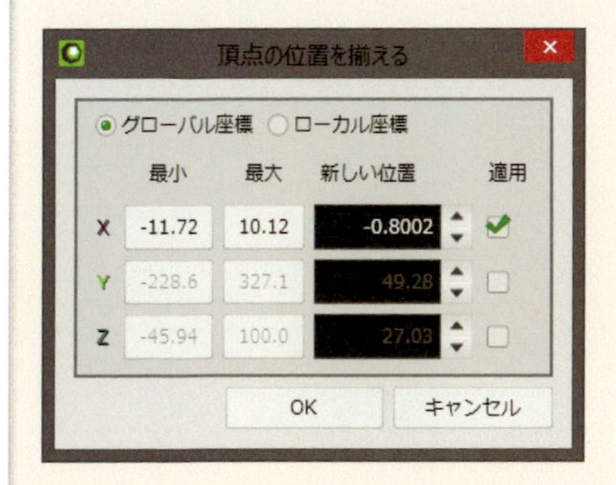

4 揃えたい位置を入力する

ここでは、選択した頂点を垂直に、なおかつX＝０の位置で揃えたいので、X軸の［適用］にチェックを入れて［新しい位置］に「０」を入力し、ＯＫボタンをクリックします。

5 頂点の位置が揃った

選択した頂点がすべてX＝０の位置に揃いました。

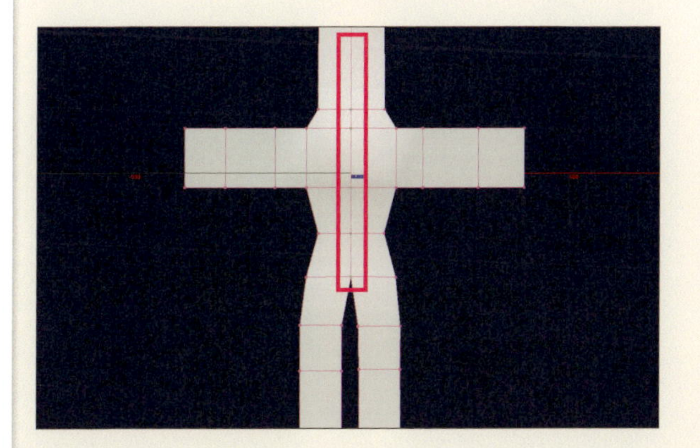

TECHNIQUE

047 左右対称の形を作る

頭部や人型、車など左右対称の形状をしているオブジェクトを作成する場合、半分だけモデリングして反対側は自動的に生成することで効率をあげることができます。オブジェクトの左右対称化はオブジェクト設定の［ミラーリング］で設定します。

方法 ［ミラーリング］コマンドを使う

半分だけのオブジェクトを作成

左右対称のオブジェクトを作成するには、オブジェクトの中心から半分を削除した形状に加工しておきます。この時断面の頂点はすべてX＝0に揃えておきます（頂点の揃え方は104ページ参照）。

2

オブジェクト設定を表示

［オブジェクト］パネルで、左右対称にしたいオブジェクトを選択して、［設定］をクリックします。

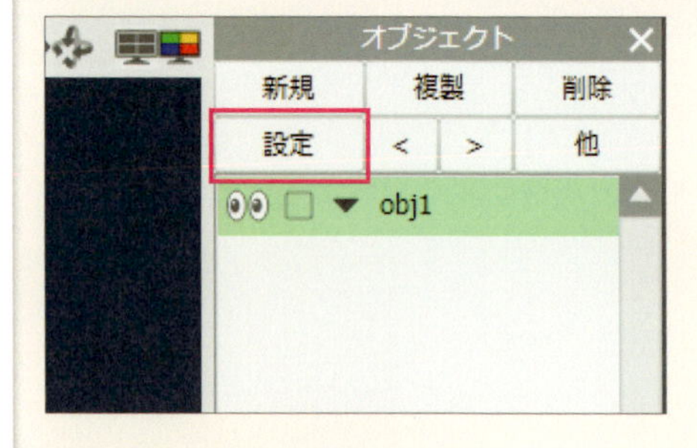

3

［ミラーリング］を設定する

左右対称のオブジェクトを作成するには、［左右を分離した鏡面］もしくは［左右を接続した鏡面］にチェックを入れます。

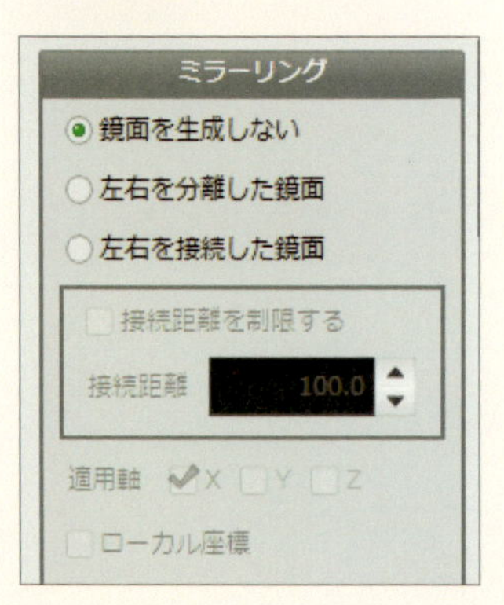

4

[左右を分離した鏡面]を使う

まず、[左右を分離した鏡面]にチェックを入れて、[適用軸]を「X」にします。

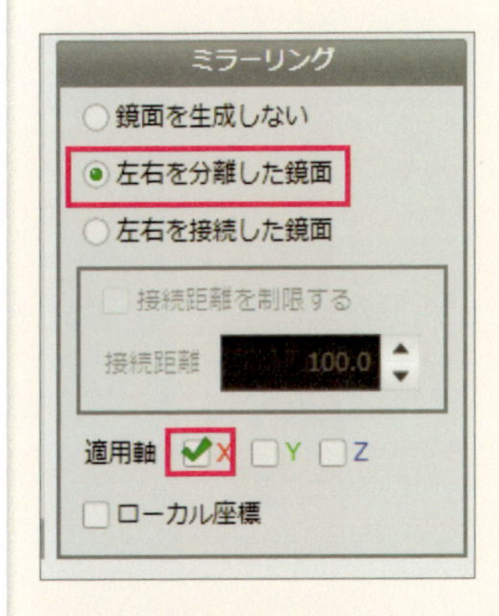

5

左右対称のオブジェクトが作成された

左右対称のオブジェクトが作成されます。[左右を分離した鏡面]を使うと、左右の形状が分離された状態でミラーリングされます。
この機能は、左右の形状の間に細い隙間を入れたい場合などに使用します。

6

[左右を接続した鏡面]を使用する

[左右を接続した鏡面]でミラーリングした場合、XYZの0座標からオブジェクトが離れてしまっていても、中央の頂点が接続された状態で左右対称のオブジェクトが作成されます。[左右を接続した鏡面]を使用する場合は、[接続距離を制限する]にチェックを入れて[接続距離]に数値を入れれば、入力した距離以上に離れている面は接続されません。中央で内側にへこんでいるような形状の場合は、この設定にします。

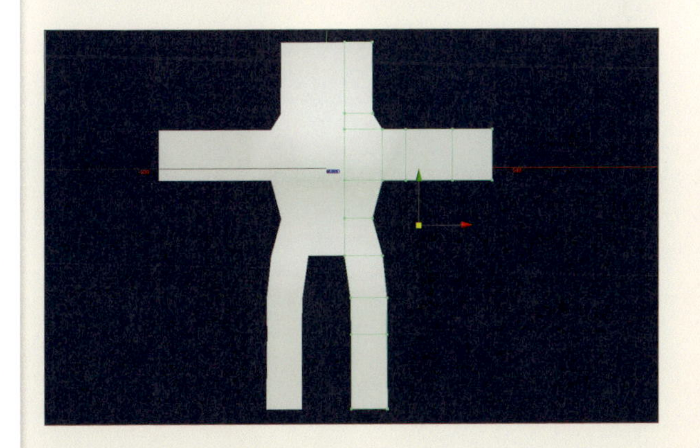

TECHNIQUE

048 左右対称に編集する

[編集オプション] の [左右対称に編集] モードを使用すると、オブジェクトの一方を編集するとY軸を中心とした対称位置の頂点や面が同じように編集されます。左右対称に同じ形状編集をしないといけない場合などに便利です。

方法 [左右対称に編集]を使う

編集したいオブジェクトを用意

ここでは、球体を左右対称に編集します。[左右対称に編集]が使える形状は、Y軸を中心として左右の頂点の並びが同一になっていないと対称に編集できません。オブジェクト設定でミラーリングを使って作成したオブジェクトなどに有効です（「ミラーリング」については106ページ参照）。

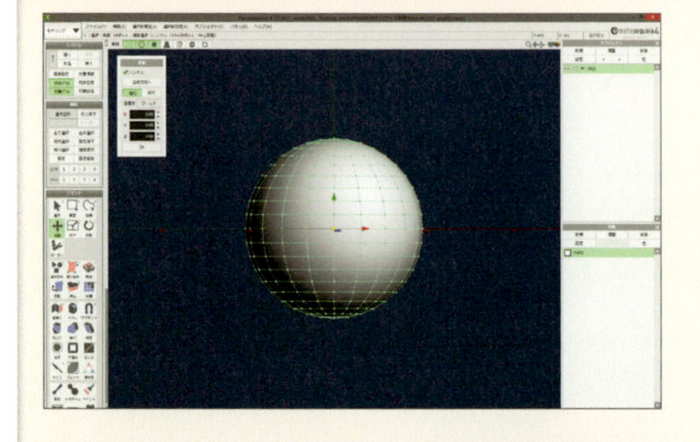

2

[左右対称に編集]をオン

[編集オプション] パネルで [左右対称に編集] をクリックして選択します。

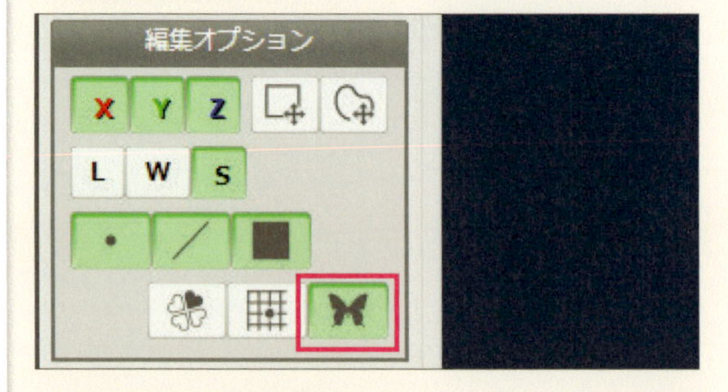

3

形状を編集する

球体の右側の頂点を移動すると、Y軸を中心に反対側の頂点も同時に移動して左右対称に形状が変化します。

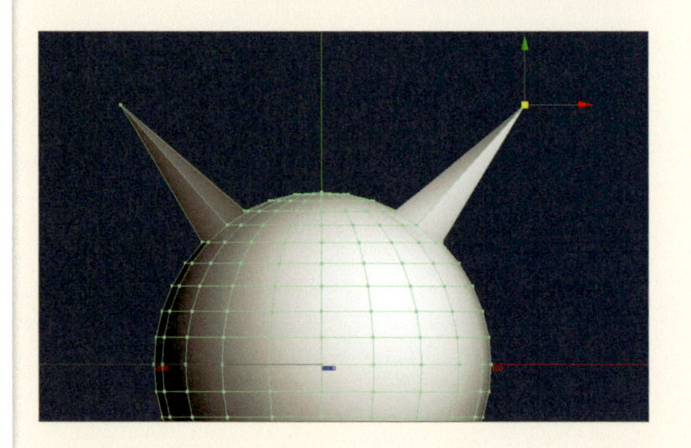

TECHNIQUE

049 角を丸める

機械などの形状のように角が立っている形状、いわゆるハードエッジと呼ばれる形状では、適度に角を丸めておかないとレンダリングした際、きれいなハイライトを生成することができません。大きく丸みを付けて、角部分に曲面を生成するために、[ベベル]を使って角を丸める方法を解説します。

方法 [ベベル]コマンドを使う

辺を選択する

[ベベル]を使って角を丸めたい辺を、[選択]コマンドで選択します。辺を選択する際には、なるべく隣接する角にある辺をすべて選択しておきます。

2

[ベベル]コマンドを選択

[コマンド]パネルで[ベベル]コマンドを選択します。

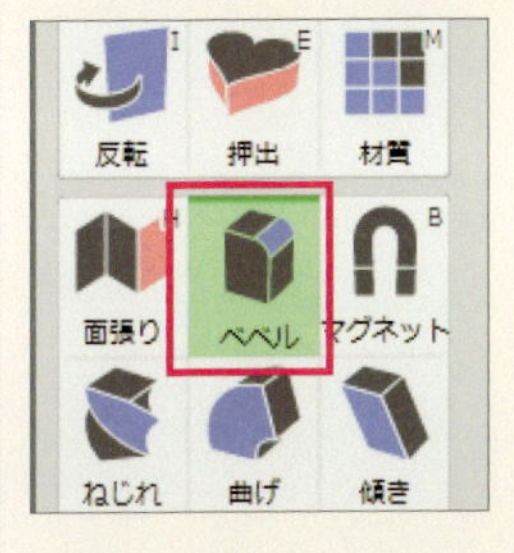

3

辺をドラッグする

マウスカーソルがベベルのアイコンに変化するので、選択した辺を上下にドラッグします。

4

ベベルを付ける

選択した辺の上でマウスをドラッグすると、辺が分割されてベベルが作成されます。目的の幅になったら右クリックしてベベルの幅を確定します。

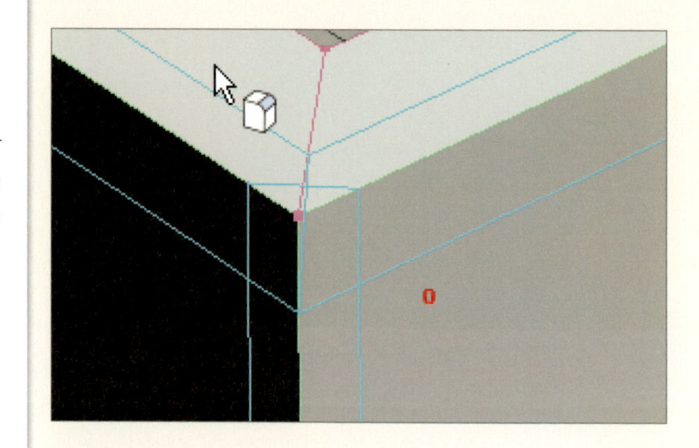

5

ベベルが作成された

選択した辺が拡張され、角が落ちた状態になります。

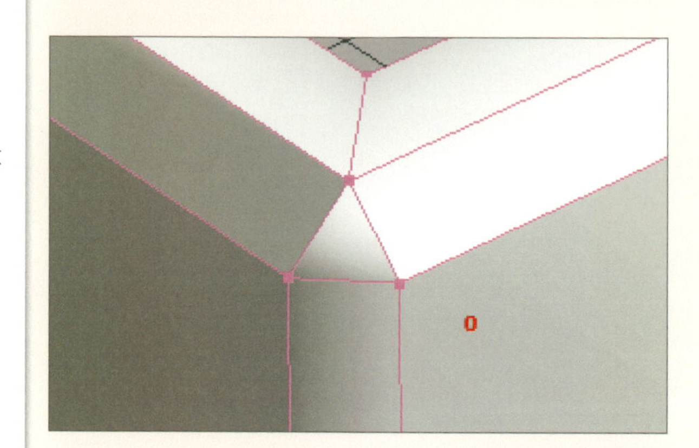

6

選択されていない辺との境界

ベベルを使用する時、角を落したい辺はすべて選択して、同時にベベルを付ける操作をするようにします。ベベルをかけた辺とベベルがかかっていない辺が接続されている場合、境界に図のような不自然な面のつながりができてしまうので注意が必要です。

7

ベベルを丸める

デフォルトの状態で辺にベベルをかけると、直線でベベルが作成されます。[ベベル] サブパネルにある [丸め] に値を入力することで、ベベルの形状を曲面にすることができます。

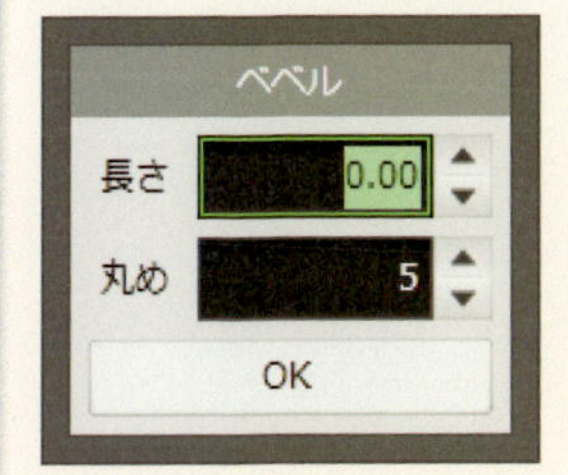

8

[丸め]の値による曲面の違い

[丸め] の値を大きくすればするほど、なめらかな曲面にすることができます。

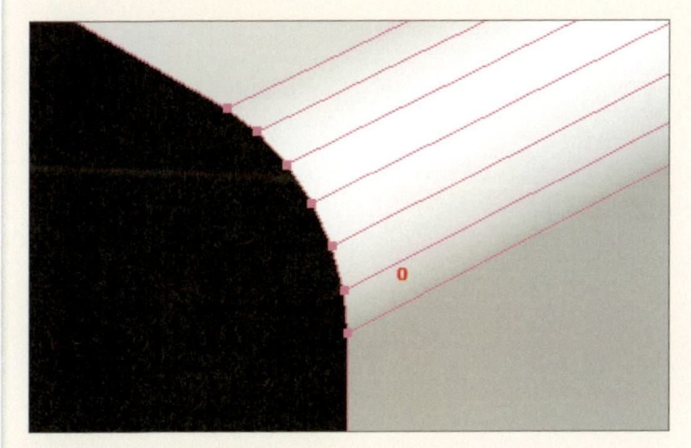

[丸め]＝5

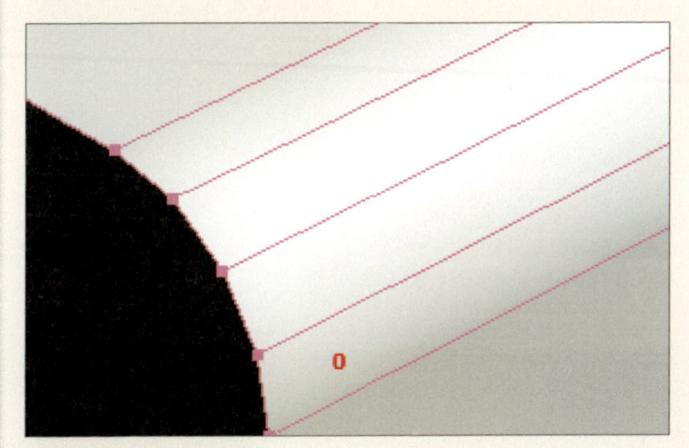

[丸め]＝3

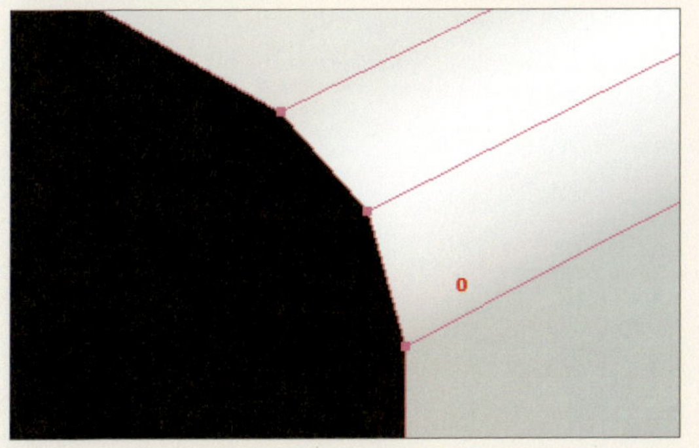

[丸め]＝1

TECHNIQUE

050 粘土のように部分的に変形する

基本図形を変形させる場合、1つの要素だけを選択した状態で加工すると、一部のみ極端に影響が出て不自然になってしまいますが、頂点や面を1つ1つ移動させて変形させるのも大変です。こういった場合[マグネット] コマンドを使うと、選択点を中心にグラデーション状に強度の推移を設定して選択することができます。

方法 [マグネット]コマンドを使う

[マグネット]コマンドを選択

[コマンド] パネルで [マグネット] コマンドを選択します。

選択の形状を選択する

表示された [マグネット] サブパネルで、マグネット選択する際の形状の種類を選びます。マグネットの形状が、選択した部分の中心からどの程度の強度で影響を与えるか、その範囲の推移を表しています。ここでは一番左側のマグネット形状を選択しました。

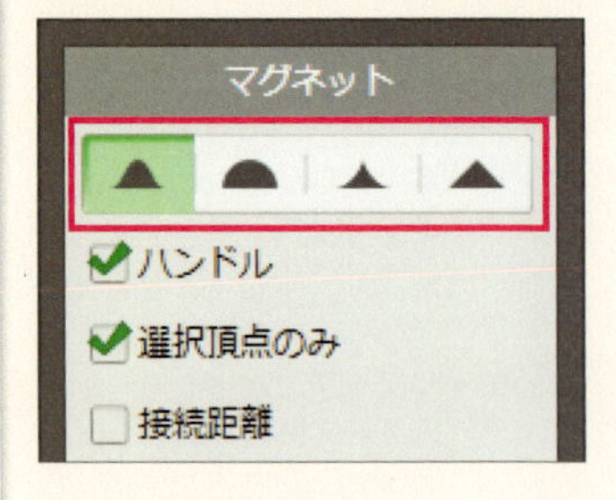

選択する対象を設定する

[マグネット] コマンドでは、選択されている頂点にだけマグネットの効果が影響するのか、マグネットでクリックした位置を中心に [影響範囲] で設定した範囲で選択されるのかを切り替えることができます。この切り替えは[選択頂点のみ] 項目のチェックをオンオフにすることで切り替えます。ここでは [選択頂点] のみをオフにした状態でマグネットを使います。

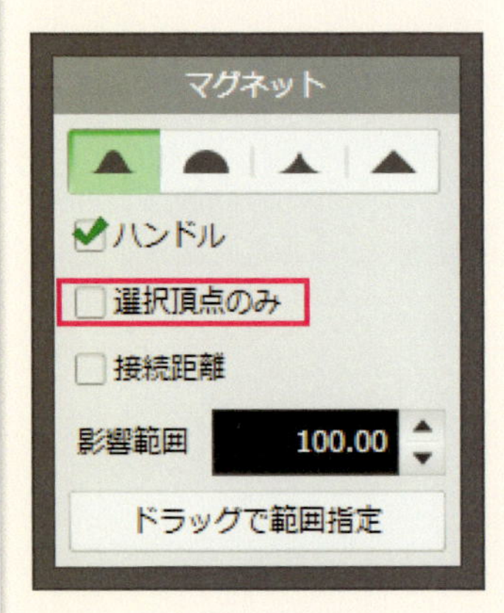

4

盛り上げたい部分をドラッグ

設定を決めたら、オブジェクトの盛り上げたい部分の中心をクリックしてドラッグします。

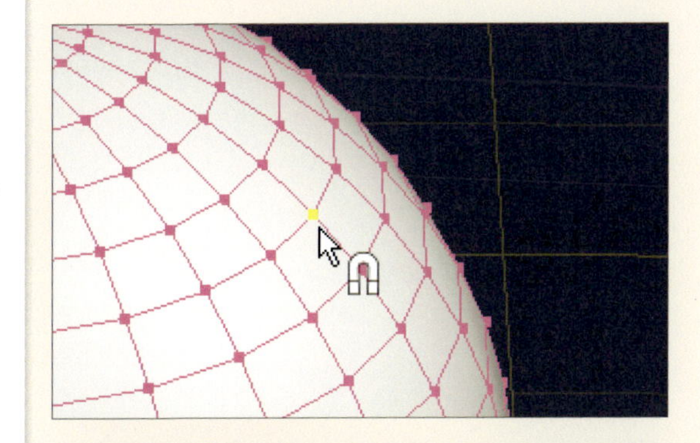

5

形状が盛り上がる

マウスをドラッグすると、クリックした位置を中心に、周りの要素も引っ張られながら盛り上がっていきます。

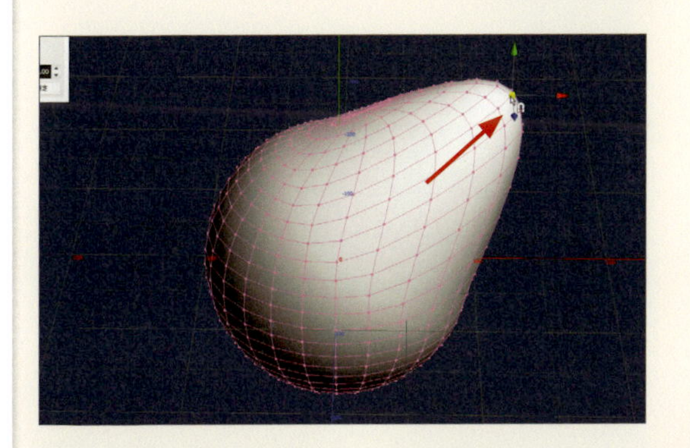

6

選択する範囲を調整する

マグネットが影響する範囲の大きさを調整するには、[影響範囲] の値で調整していきます。

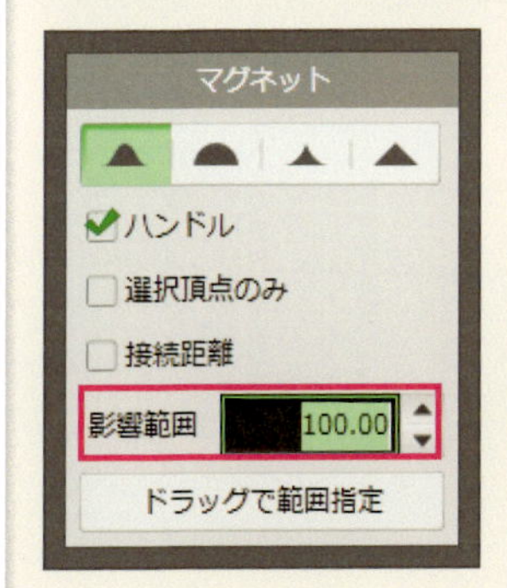

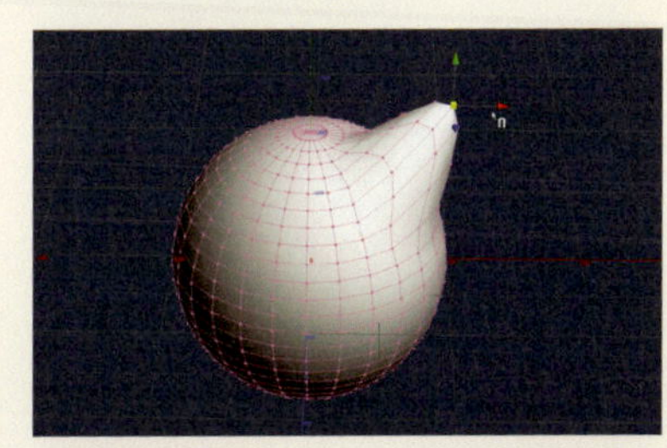

[影響範囲] = 50

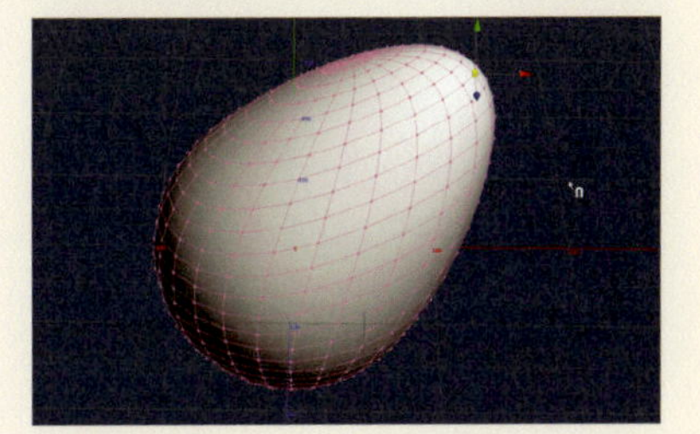

[影響範囲] = 150

7

ドラッグで影響範囲を設定

［マグネット］サブパネルの［ドラッグで範囲指定］をクリックすると、直感的にマグネットの影響範囲を設定することができます。

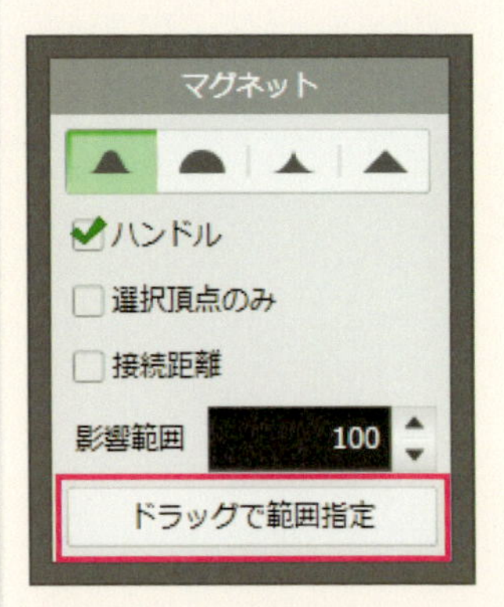

8

選択の中心でドラッグ

マグネットを使って変形させたい中心部分をドラッグすると大きさが変化する青い丸が表示されます。マグネットの影響を与えたい範囲の大きさまでドラッグします。

9

形状をドラッグする

影響範囲を決めたら一度ドラッグをやめて、変形したい中心位置をドラッグすると、設定した大きさの範囲内で頂点が選択され、変形します。

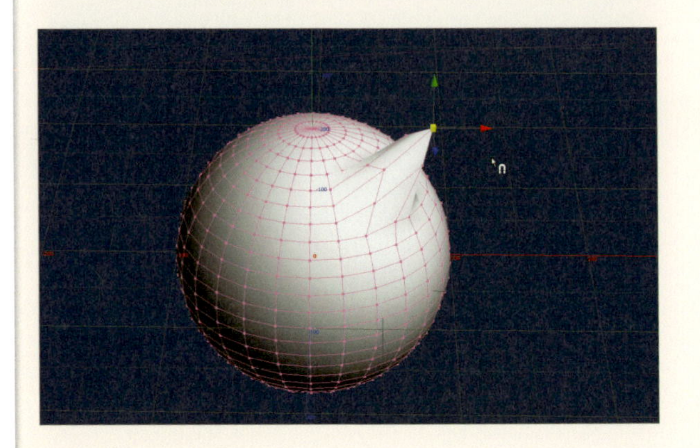

TECHNIQUE

051 ねじってドリルのような形状を作る

オブジェクト全体をねじって、ドリルのような形状を作成するには、[ねじれ] コマンドを使用します。

方法 [ねじれ]コマンドを使う

ねじるオブジェクトを選択

まず、ねじるオブジェクトを選択します。ここでは、[基本図形] の円錐から作成したオブジェクトを選択しました。円錐のU方向の値を8に設定し、V方向を5に設定した形状です。また、エッジを出したいのでオブジェクト設定で、[スムージング] の [スムージングを適用] をオフにしています。

[ねじれ]コマンドを選択

[コマンド] パネルで [ねじれ] コマンドを選択します。

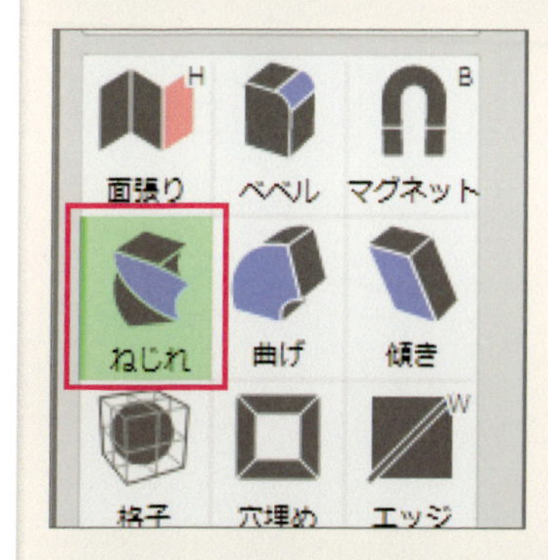

ねじれ軸が表示される

選択しているオブジェクトにねじれ軸が表示されます。この軸を中心に、オブジェクトがねじられます。ねじれ軸は、先端部と中心リングで構成されており、先端と中心リングの位置を変えることで、ねじる軸の角度を変えることができます。

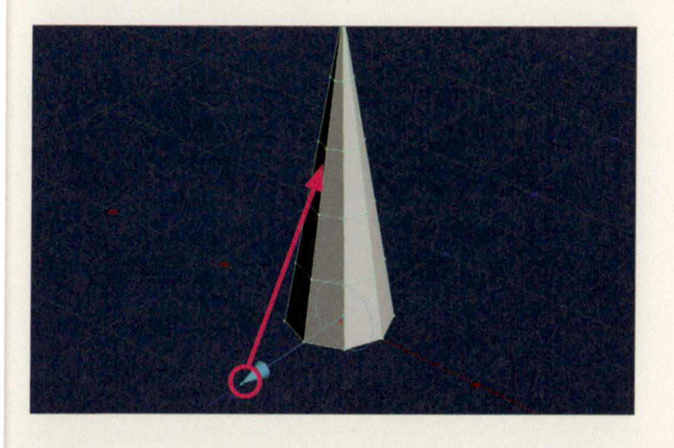

4

軸を垂直に移動させる

ねじれ軸の先端と中心リングをドラッグして移動し、オブジェクトの中心軸に沿って垂直になるように移動します。

5

ねじる角度を設定

ねじる角度を［ねじれ］サブパネルで設定します。回転させる角度を入力してOKボタンをクリックします。

6

オブジェクトがねじれた

これで設定した角度でオブジェクトがねじれ、ドリルのような形状を作ることができます。

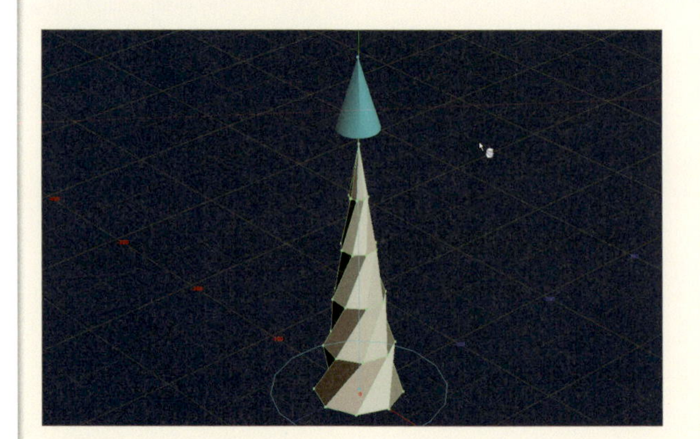

TECHNIQUE

052 立体的な文字を作成したい

メタセコイアでは、[基本図形]の他に3D形状の文字も作成することができます。文字のオブジェクトを作成するコマンドは[コマンド]パネルには用意されていないので、[オブジェクト]メニューの[作成]から[文字列の作成]を選択します。

方法 [文字列の作成]コマンドを使う

1 文字を作成する

文字の3Dモデルを作成するには、メニューバーの[オブジェクト]メニューの[作成]から[文字列の作成]を選択します。

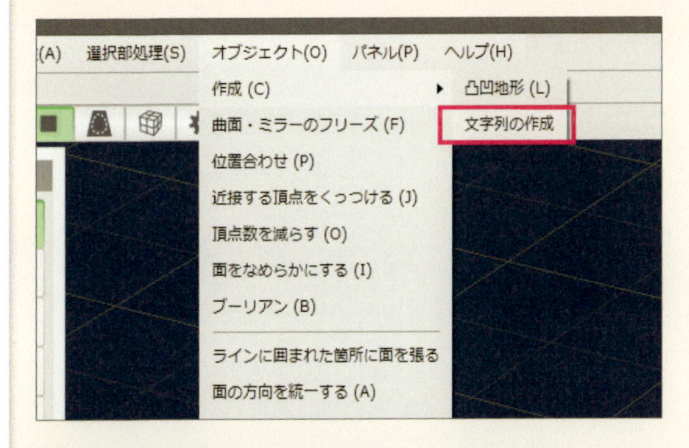

2 [文字列の作成]パネルが表示される

[文字列の作成]パネルが表示されるので、ここで作成する文字の内容、フォント、サイズを設定していきます。

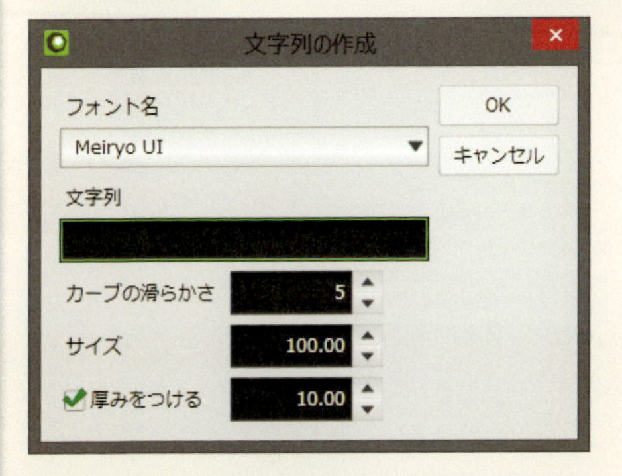

3 フォントを設定する

まず文字に使用するフォントを設定します。フォントを設定するには、[フォント名]のタブをクリックして、表示されるリストから使用するフォントを選択します。ここでは「Times new Roman」を選択しています。

4

文字を入力する

［文字列］の入力フィールドに、3Dオブジェクトとして作成したい文字列を入力します。ここでは「メタセコイア」と入力しました。

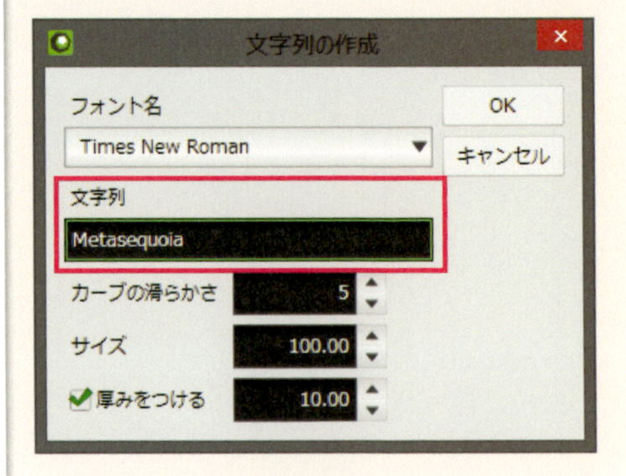

5

オブジェクトの曲面クオリティを設定する

次に作成する文字のオブジェクトの曲面の細かさを設定します。［カーブの滑らかさ］の数値で設定していきますが、値が小さいと粗い曲面のオブジェクトになります。数値を大きくすると、細かい滑らかな曲面になりますが、面数が多くなります。ここでは「8」に設定しました。

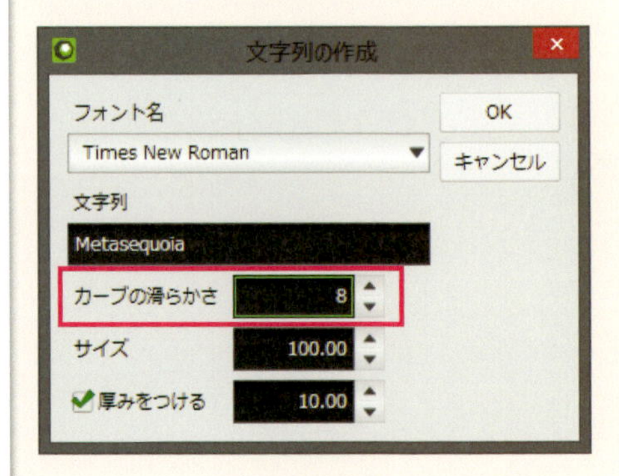

6

文字のサイズを設定する

文字の大きさは、作成した後で［拡大］コマンドを使って調整できますが、作成時の大きさを［サイズ］で設定しておきます。ここでは「100」に設定しました。

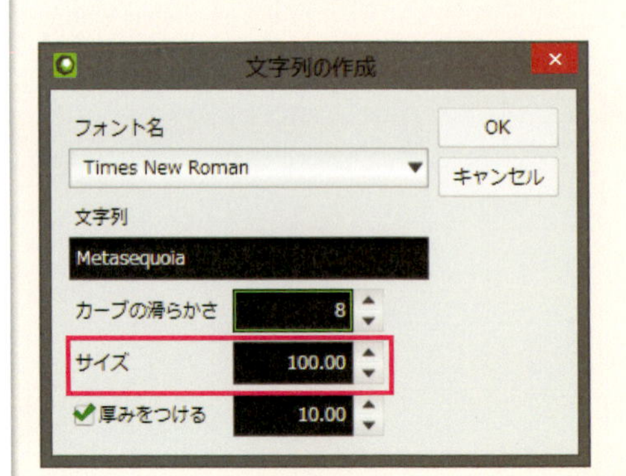

7

文字に厚みを付ける

作成する文字のオブジェクトの厚みは、[厚みをつける] にチェックを入れて、数値を入力します。

文字が作成された

設定ができたところで、OKボタンをクリックすると、厚みのある文字オブジェクトが作成されます。

9

日本語も立体化できる

作例では半角英数字で文字を作成しましたが、メタセコイアでは日本語のフォントを使用すれば、横書き日本語にも対応しています。

TECHNIQUE

053 オブジェクトを曲げる

作成したオブジェクトは曲げることもできます。オブジェクトを曲げる場合は［曲げ］コマンドを使用します。橋などのアーチ形状を作成したり、テキストを曲げてロゴを作成したりできます。

方法 ［曲げ］コマンドを使う

曲げるオブジェクトを選択する

曲げたいオブジェクトを選択します。

［曲げ］コマンドを選択

［コマンド］パネルで、［曲げ］コマンドを選択します。

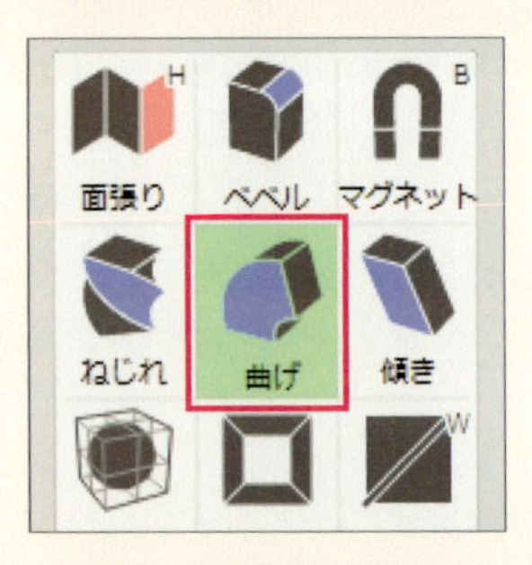

基準となる軸を作成する

カーソルが変化したら、曲げる基準軸を作成するため、オブジェクトの大きさにカーソルをドラッグして、基準軸を作成します。基準軸は、上下前後の方向から確認して、意図しない方向に曲がっていないか確認します。ずれている場合は、始点もしくは終点のポイントをドラッグすると位置を調整することができます。また、右クリックすると作成した基準軸を削除することができます。

4

ドラッグしてオブジェクトを曲げる

ビューの何もないところで、マウスをドラッグすると、ドラッグした距離に応じて選択しているオブジェクトが曲がります。作成した軸の始点を中心にして曲がっていきます。

5

曲げる方向を変える

オブジェクトを曲げる方向は、曲げる操作をした3D画面のビューの方向によって変わってきます。図はMを始点として基準点を作成し、ビューを［前面］にして曲げた場合です。

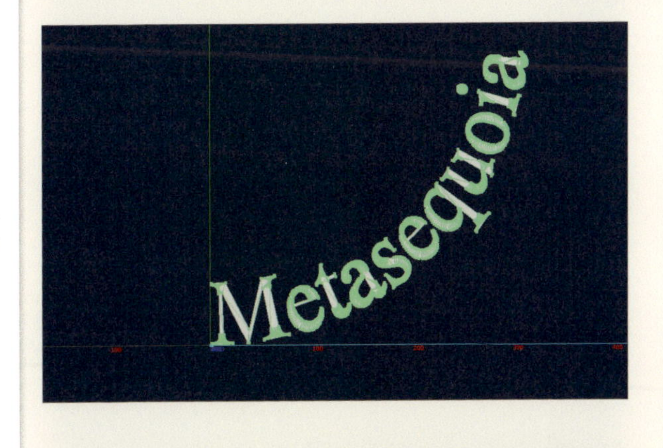

6

ビューを上にして曲げる

ビューを［上面］にして曲げると、Y軸を中心にして曲げることができます。

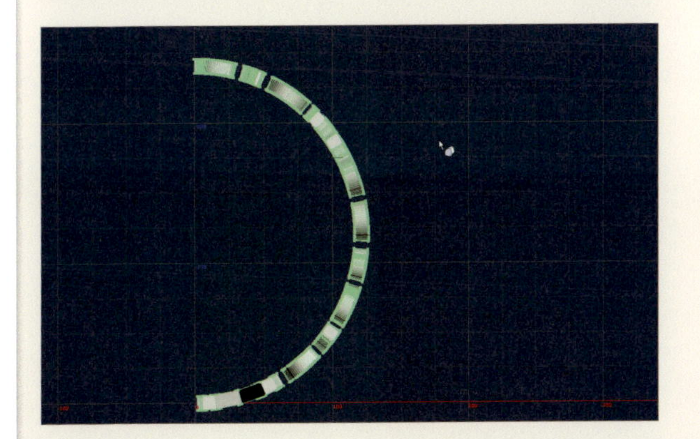

7 オブジェクトを途中から変える

［曲げ］コマンドの影響範囲は軸の長さによって変わります。図は、始点をeの位置、終点をMの位置に合わせたものです。

8 複数のカーブを作成する

［曲げ］コマンドを何回か続けていくことで、複雑な曲線にオブジェクトを曲げることもできます。まず基準軸をオブジェクトの半分まで設定し、一度曲げます。

9 基準軸を移動させて曲げる

次に、基準軸をオブジェクトの後ろ半分にドラッグで移動して曲げます。こうすることで、2つの曲線が組み合わさった曲線にオブジェクトを曲げることができます。

TECHNIQUE

054 ボトルや皿のような回転体を作成する

3DCGでは基本形状を加工して複雑な形状をモデリングしていくのが基本ですが、ボトルや皿のような形状は辺で作成した断面の形状を回転させてオブジェクトを作成できます。

方法 回転体を使用する

[面の生成]を使用する

回転体の断面形状を作成するため、[コマンド]パネルから[面の生成]コマンドを選択します。

2

辺を作成していく

[面の生成]サブパネルで、[2点から辺を作成]を選択します。

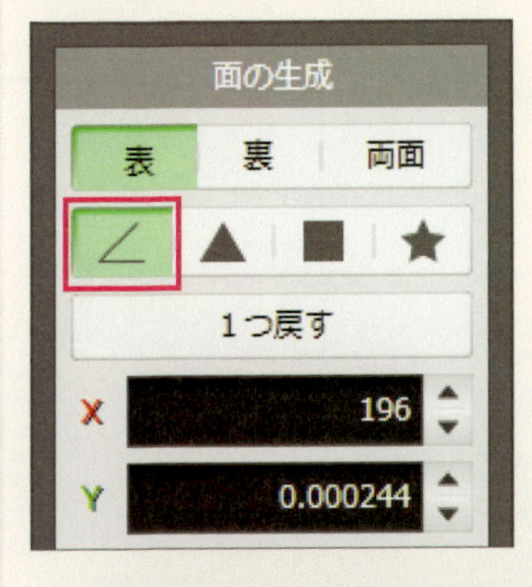

3

断面の形状を作成していく

辺で回転体の断面を作成していきます。図はボトルのような形状の断面を作成しました。断面は必ず回転体の断面の半分だけ作成し、中心となる部分はX=0にあるようにします。

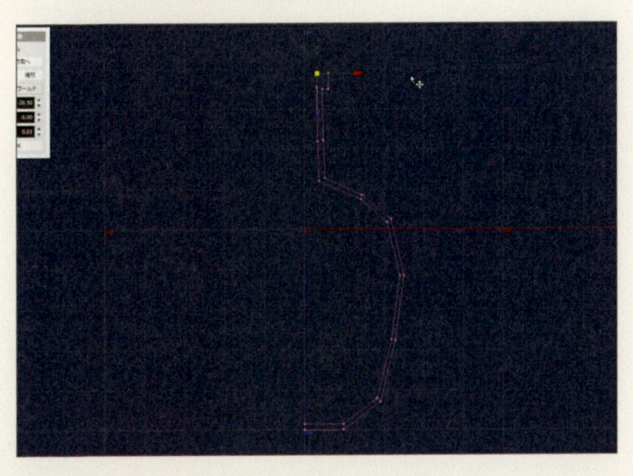

4

オブジェクトの設定を表示する

断面の形状ができたところで、[オブジェクト] パネルの [設定] をクリックして、設定画面を表示します。

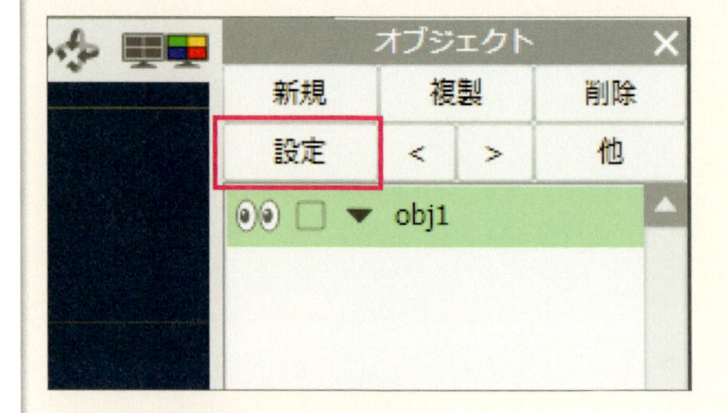

5

回転体を適用する

[オブジェクト設定] パネルの [回転体] で [回転体を適用] をクリックしてチェックを入れます。

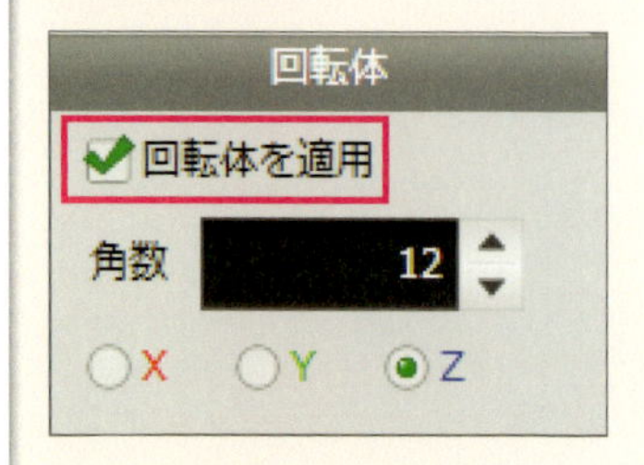

分割数を設定する

次に回転体を作成した時に生成される分割数を [角数] の値に入力します。角数が多くなるほど滑らかな曲面を持った回転体を作成することができます。ここでは「12」に設定しています。

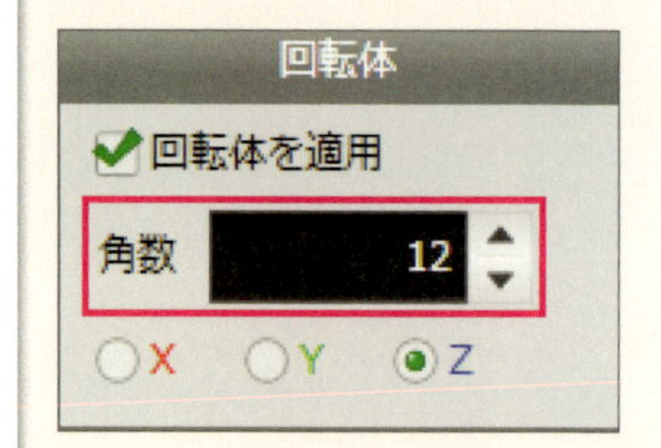

7

回転軸を設定する

最後に回転体を作成する時の軸の座標を選択します。作例は3D画面を［上面］に切り替えた状態で辺を作成しているので、「Z」軸を選択しています。

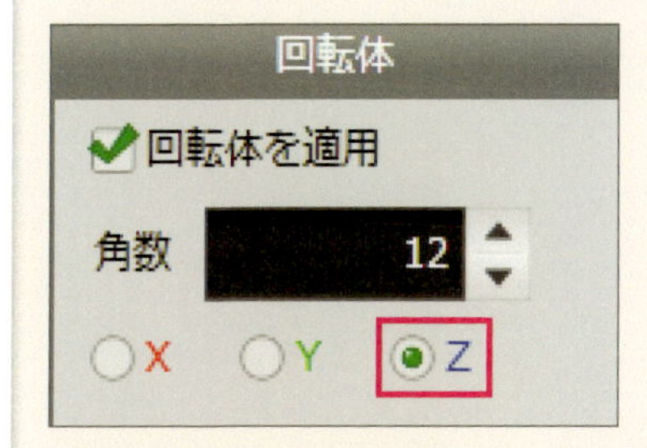

8

回転体が作成された

軸の設定ができたら、OKボタンをクリックすると、回転体が作成されます。

9

形状を修正したい場合

回転体を作成して、思った通りの形状にならなかった場合は、再び［オブジェクト設定］パネルを表示して、［回転体を適用］のチェックを外して、形状を修正していきます。

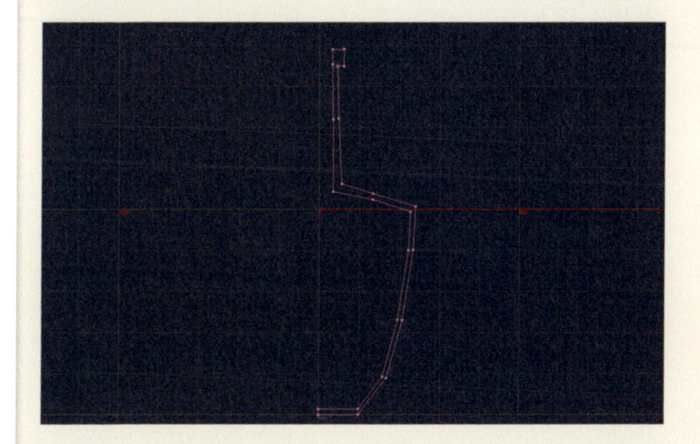

10

形状が修正された

辺の修正が終わったら、再び[オブジェクト設定]パネルの[回転体を適用]にチェックを入れれば、修正された回転体が表示作成されます。

11

回転体で作成できる形状

回転体を使って作成できる形状は、横に切断した時に円形になるような形状であれば回転体で作成することができます。また、[オブジェクト]メニューから[曲面・ミラーのフリーズ]を選択して適用すれば、マグネットや押し出しを使って様々な形状に加工することができるでしょう。

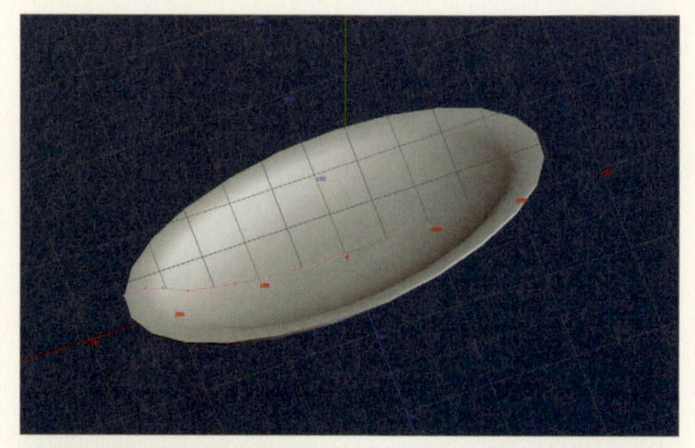

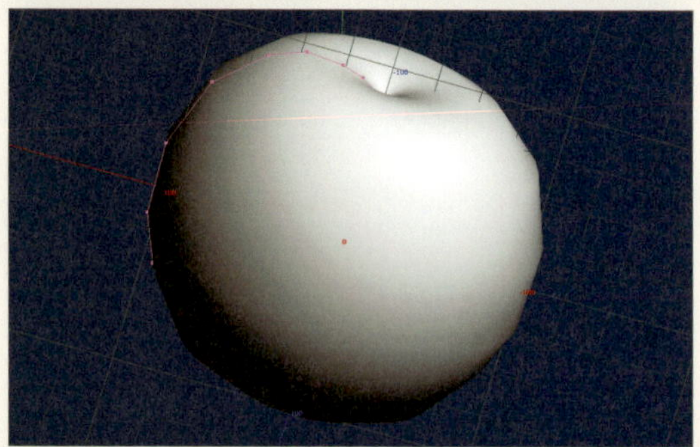

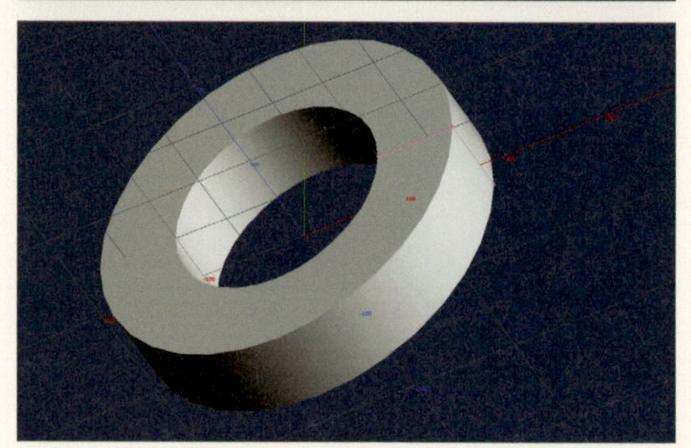

TECHNIQUE

055 パイプ形状を作成する

パイプや道路のように、断面形状がラインに沿って引き延ばされているような形状を作成するには、[パス複製] の機能を使用します。断面となるオブジェクトを作成し、それを複製しながら1つの形状につなげていきます。

方法 [パス複製]コマンドを使う

断面のラインを作成する

パイプ形状の断面となる円を［面の生成］コマンドの［2点で辺を作成］などを使って作成します。

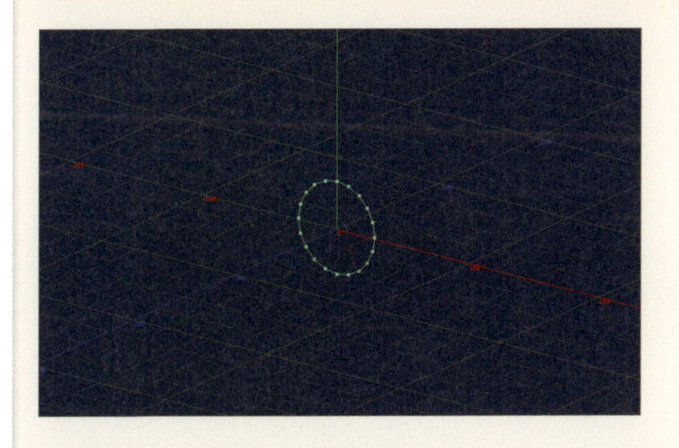

2

[パス複製]を選択

［コマンド］パネルから［パス複製］を選択します。

3

複製の間隔を設定する

［パスに沿って複製］サブパネルが表示されるので、［間隔］でラインを複製する間隔を設定します。ここでは「20」に設定しました。

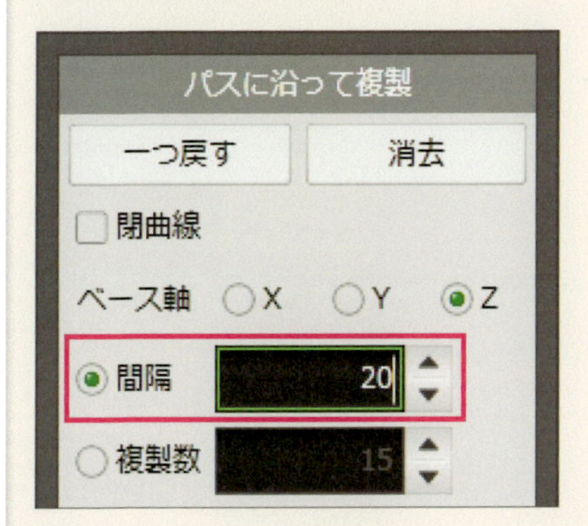

4

[ラインの掃引]にチェックを入れる

パイプ形状を作成するには、ラインを使って掃引体を作成するので、[ラインの掃引]にチェックを入れます。

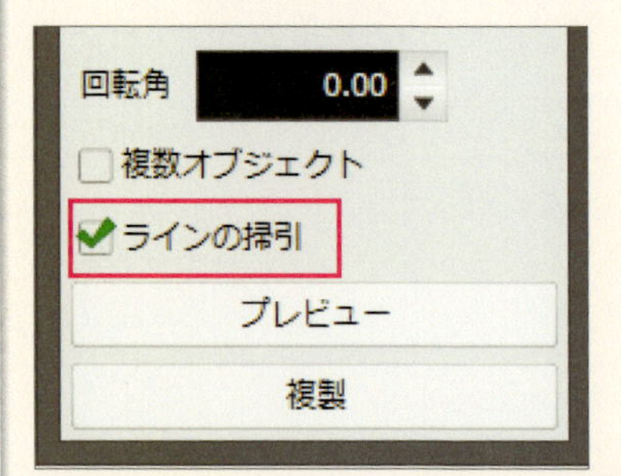

5

3D画面のビューを切り替える

パスを引きやすいように、3D画面のビューの方向を切り替えます。ここでは[上面]に設定しました。

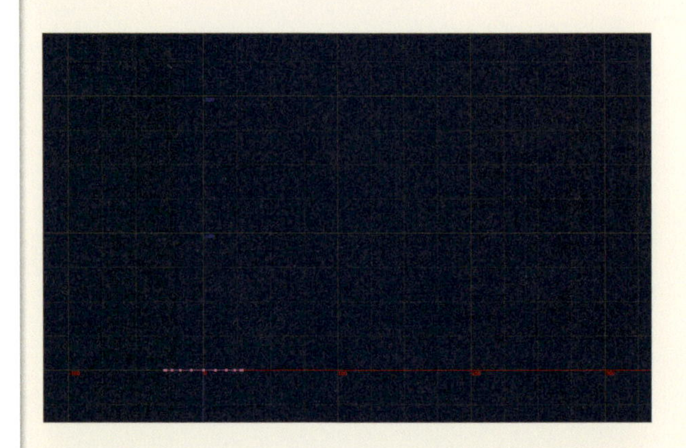

6

パスのポイントを作成していく

画面をクリックしながら、パスを描いていきます。3つのポイントで曲線が作成されいくので、位置関係をうまく調整して曲線を作っていきます。

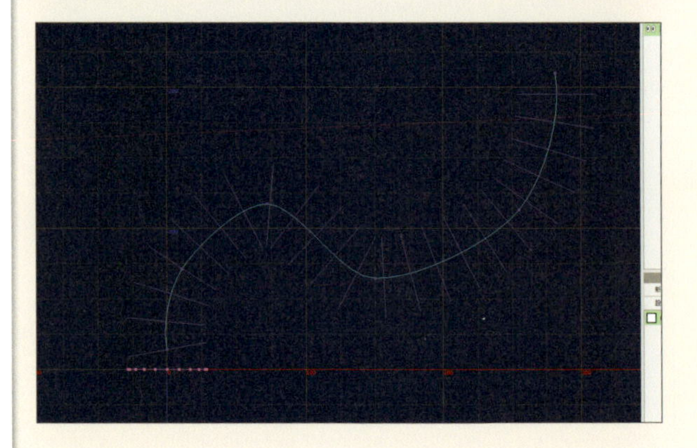

7

パスを修正・削除する

作成したポイントは、[パスに沿って複製] サブパネルの [1つ戻す] ボタンをクリックすると、作成したポイントを1つずつ消去することができます。また、[消去] をクリックすると、作成したパス全体が消去されます。

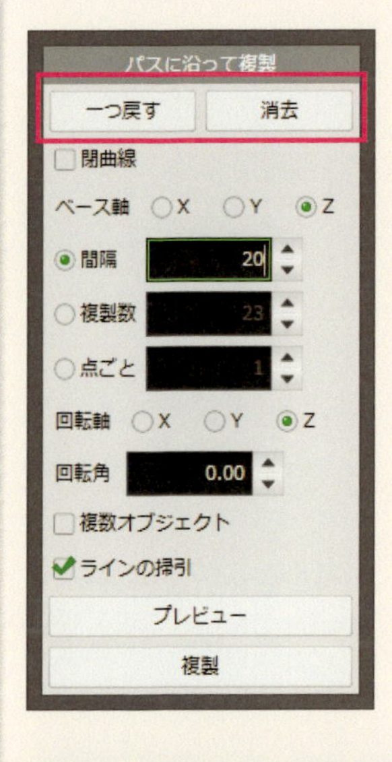

8

ポイントの位置を修正する

作成したポイントは、ドラッグすることで位置を修正することもできます。また、パス上をクリックするとポイントを追加することもできます。

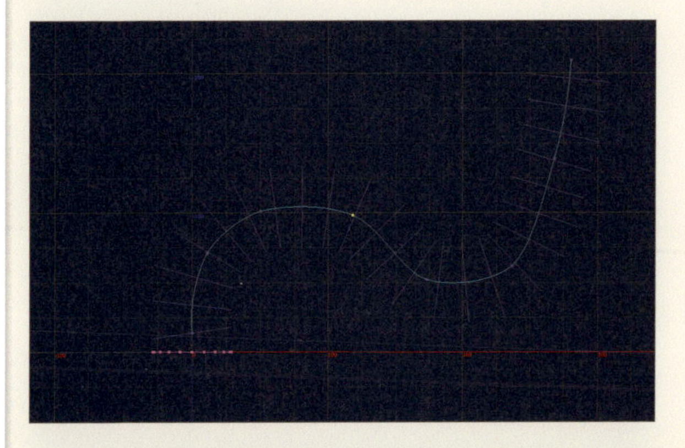

9

形状を確認する

作成したパス上に、複製されたラインが表示されるので、大体の形状は分かりますが、立体として形状を確認したい場合は、[パスに沿って複製] サブパネルの [プレビュー] ボタンを押して表示されるワイヤーフレームで確認します。

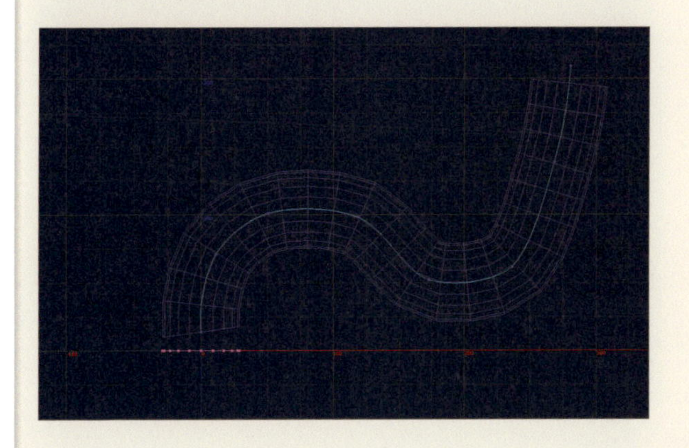

10
形状をフリーズさせる

パスに沿った形状ができたところで［パスに沿って複製］サブパネルの［複製］ボタンをクリックして、形状をフリーズさせます。

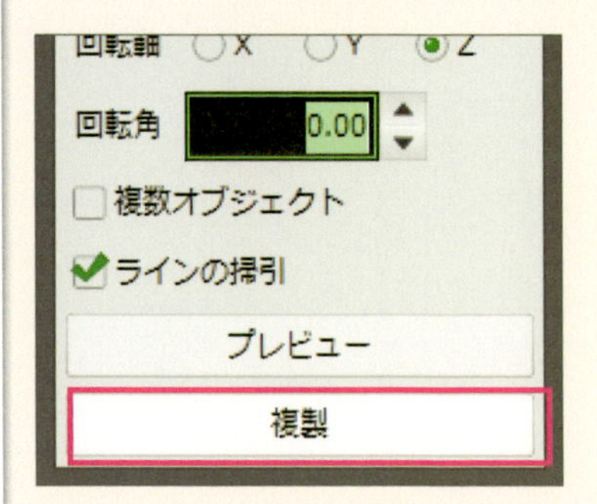

11
パイプ形状が作成された

断面のラインをパスに沿って伸ばしたパイプ形状が作成されます。作成された形状は、新しいオブジェクトとして作成されます。使用したラインは、もとのオブジェクトに残っているので、繰り返し使用することができます。

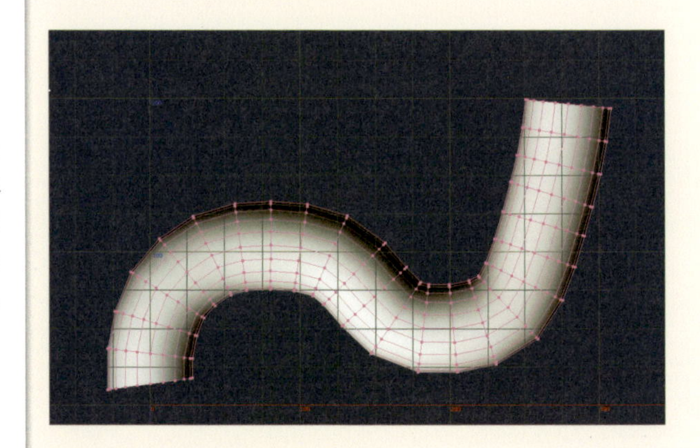

12
法線（面の裏表方向）を反転させる

作成したラインの状態によっては、作成されたオブジェクトの面の法線が内側を向いてしまっている場合もあるので、そのような時は、面をすべて選択して、メニューバーの［選択部処理］メニューから［面を反転］を選択します。法線方向を確認するには、［オブジェクト］メニューの［面の向きを色表示］を使用します。

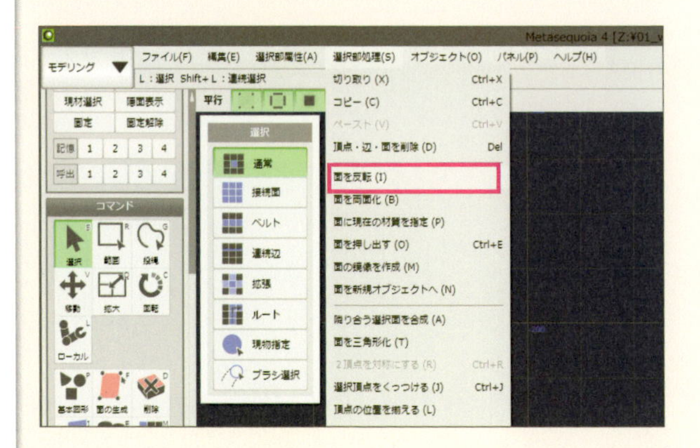

TECHNIQUE

056 形状をくり抜く

壁に開いた窓やコンクリートブロックのような穴のあいた形状は、オブジェクトの形状を利用して他のオブジェクトに穴をあける[ブーリアン]コマンドを使う方法が有効です。

方法 [ブーリアン]コマンドを使う

元の形状を作成する

ここでは穴の開いたコンクリートブロックを作成してみましょう。まずは右図のように直方体を作成します。

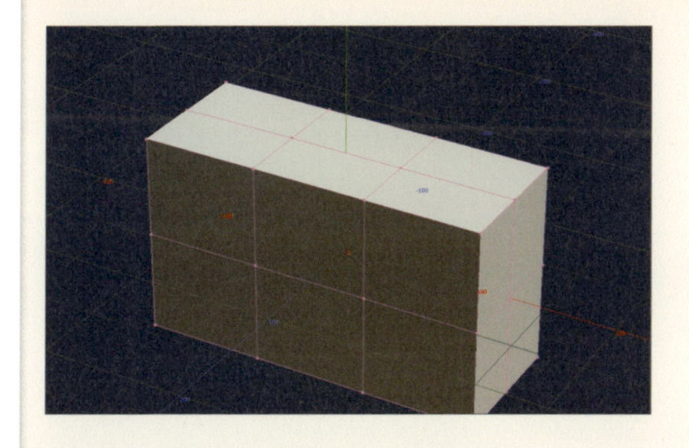

2

新しいオブジェクトを作成する

ブーリアンは、オブジェクト同士の組み合わせで形状を作成していくので、下の形状と切り抜く形状は別オブジェクトでないといけません。[オブジェクト]パネルで[新規]をクリックして、オブジェクトを作成します。

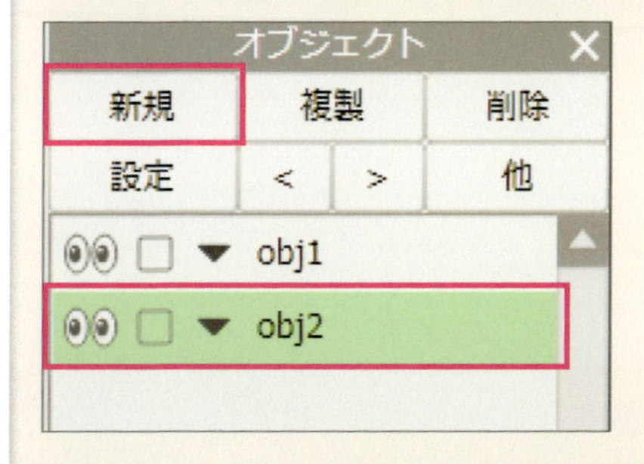

切り抜く形状を作成する

新しく作成されたオブジェクトを選択した状態で、切り抜くための形状を作成して重ねます。

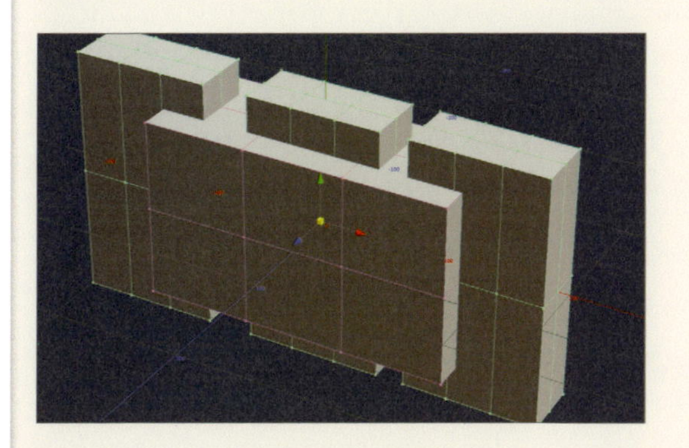

4

ブーリアンを選択

ブーリアンを操作するには、メニューバーの［オブジェクト］メニューから［ブーリアン］を選択します。

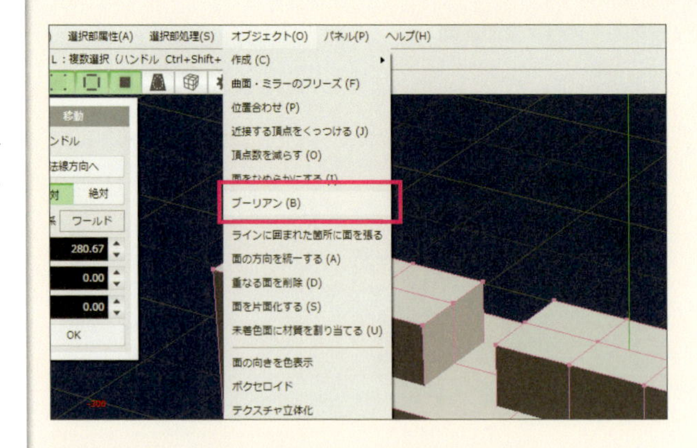

5

演算方法を選択

［ブーリアン］パネルが表示されるので、［演算方法］を「差」に設定します。

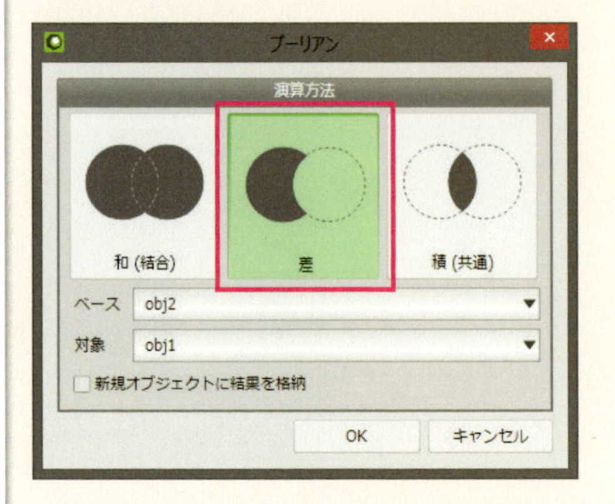

6

使用するオブジェクトを指定する

［ベース］に元のオブジェクトを指定し、［対象］に切り抜くためのオブジェクトを指定します。また、ブーリアンで生成されたオブジェクトは新たなオブジェクトとして作成したいので、［新規オブジェクトに結果を格納］にチェックを入れます。設定ができたら、OKボタンをクリックします。

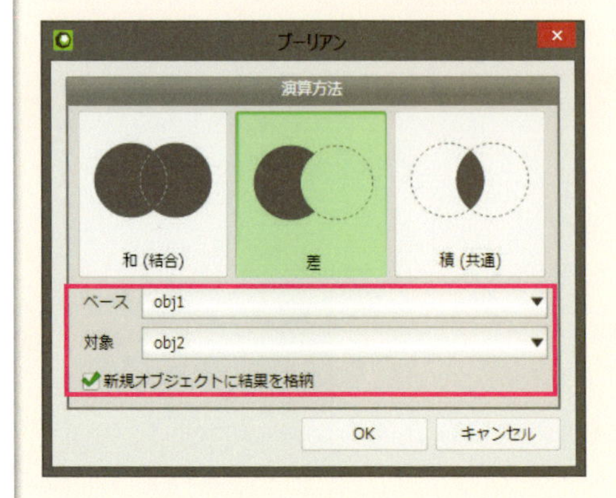

7

穴のあいたオブジェクトが作成された

[オブジェクト] パネルに新たにオブジェクトが作成されるので、ブーリアンに使用した2つのオブジェクトを非表示にすると、穴のあいたオブジェクトが作成されます。

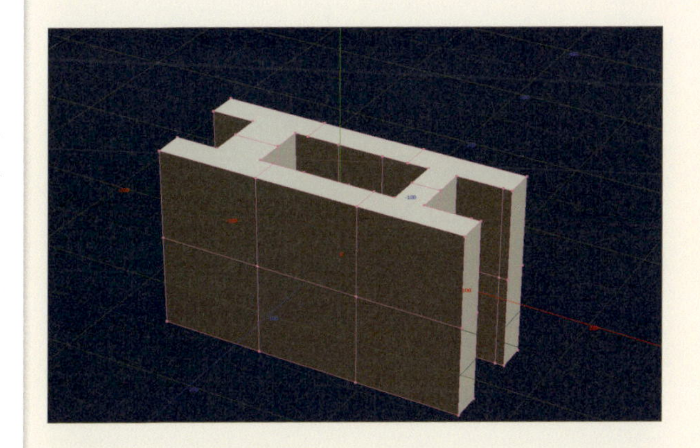

8

他の演算も試してみる

ブーリアンには、「差」の他に「和」と「積」があります。「和」は2つのオブジェクトを結合して、不要な交差部分は削除されます。「積」は重なった部分だけが新しいオブジェクトとして生成されます。

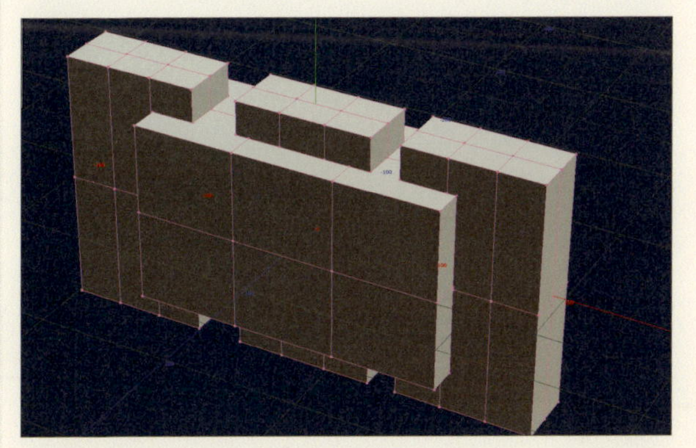

「和」

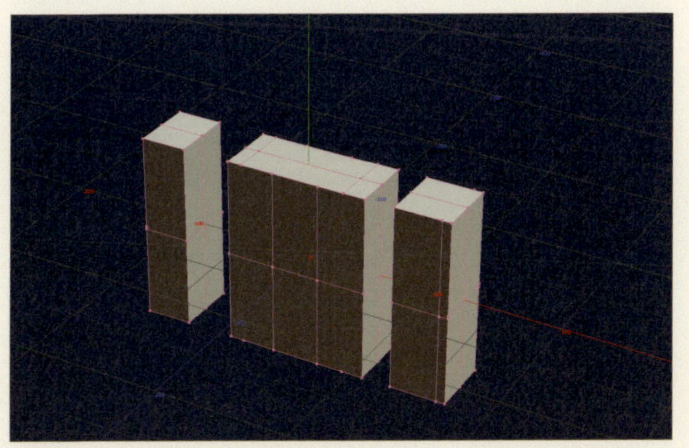

「積」

TECHNIQUE

057 辺から面を作成する

機械などのハードサーフェスのオブジェクトや、キャラクターや人物などの複雑な曲面を持つようなオブジェクトなどでは、辺から面を生成して形状を作成していくことも少なくありません。ここでは、辺から面を作成して形状を作っていく方法を解説します。

方法 [面張り]コマンドを使う

ベースとなるラインを作成する

[コマンド] パネルから [面の生成] コマンドを選択し、[2点で辺を作成]で、ラインを作成していきます。ここではキャラクターの目のような輪郭を作成しました。

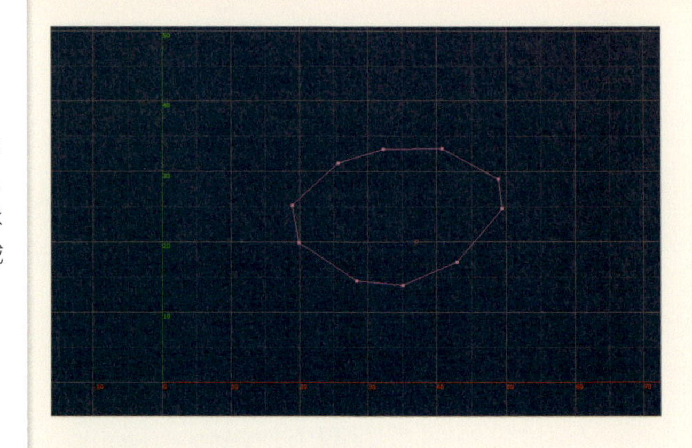

2

[面張り]を選択する

[コマンド] パネルで [面張り] を選択します。

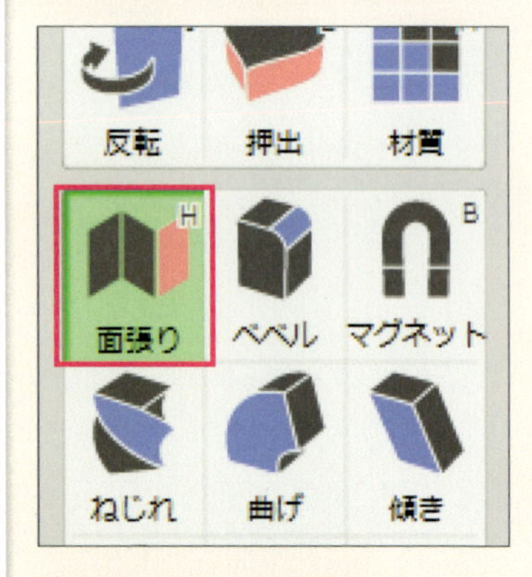

3

面の形状を選択する

[面張り] サブパネルで [四角形] を選択して、辺から生成する面の形状を設定します。

4

辺を選択

マウスカーソルが変化するので、面を作成したい辺をクリックして選択します。複数の辺から同時に面を作成したい場合は、Shiftキーを押しながらクリックして選択していきます。

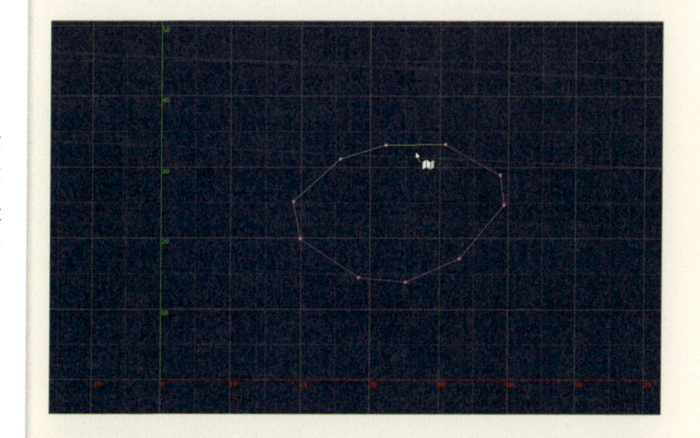

5

選択した辺をドラッグする

面を作成したい方向に、選択した辺をドラッグします。ドラッグした長さに面が作成されます。

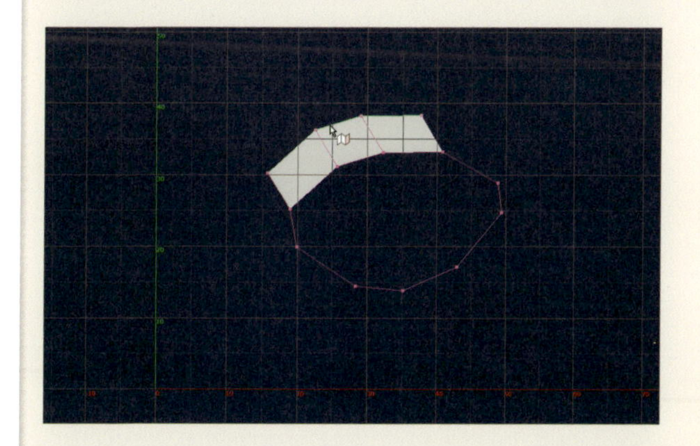

6

辺の方向が異なる場合

面張りは、一方向にしか面を拡張できないので、円周に沿って辺から面を作成したい場合などは、1辺ずつ面を伸ばして、後で頂点を接続していきます。

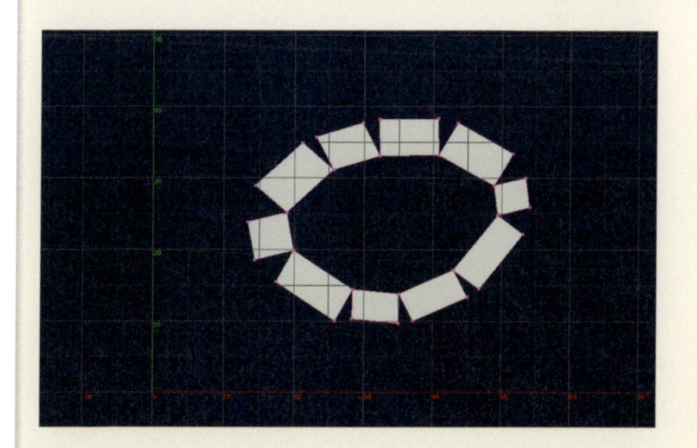

TECHNIQUE

058 離れた頂点を結合する

［面張り］コマンドで辺から面を作成した時など、面を作成した後で隣接する頂点同士を結合しないといけない場合が多く発生します。そのような場合は、［選択部処理］メニューの［選択頂点をくっつける］を使って結合します。

方法 ［選択頂点をくっつける］コマンドを使う

結合したい頂点を選択する

結合したい頂点をShiftキーを押しながら選択します。

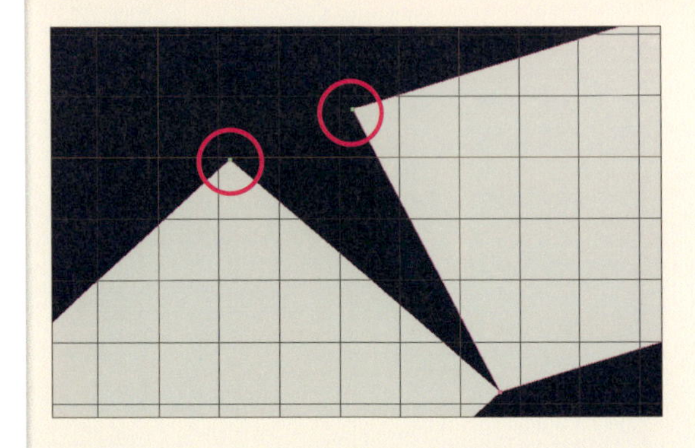

2

［選択頂点をくっつける］を適用する

メニューバーの［選択部処理］メニューから［選択頂点をくっつける］を選択します。連続して何回も操作する場合はショートカットキー、Ctrlキー+Jキーを使用します。

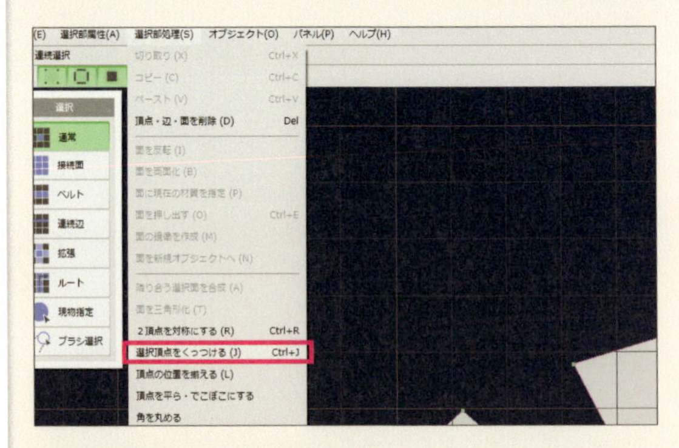

3

頂点が結合された

選択していた2つの頂点が1つに結合されました。

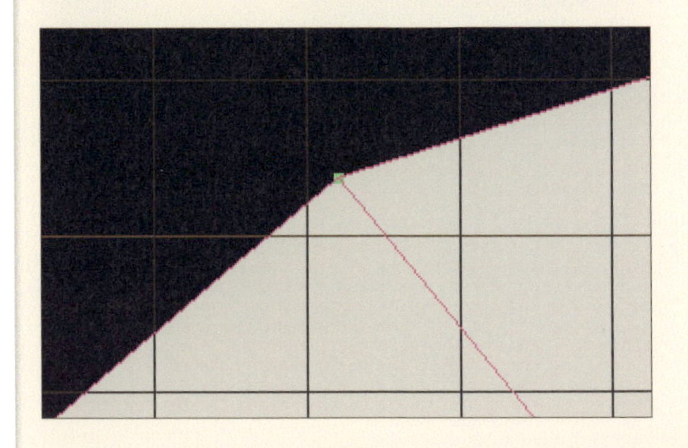

TECHNIQUE

059 重なっている頂点を結合する

面張りや押し出し、ミラーリングなどの作業を繰り替えしていくと、重なっているようでも実は分離してしまっている頂点が発生する場合があります。これらの頂点をそのままにしておくと、曲面化すると穴が開いてしまったり、3Dプリンタで出力する際にエラーが起きてしまいます。ある程度モデリングの作業が進んだところで、[近接する頂点をくっつける] コマンドなどを使って整理しておくとよいでしょう。

方法 [近接する頂点をくっつける]コマンドを使う

分離された頂点が近接してある場合

1つになっているような頂点でも、図のように拡大すると2つに分かれている場合もあります。

[近接する頂点をくっつける] を適用する

離れている頂点同士を [選択頂点をくっつける] コマンドで結合していってもいいのですが (136ページ参照)、数が多くなると手間がかかります。数が多い場合は、[オブジェクト] メニューの [近接する頂点をくっつける] を選択します。

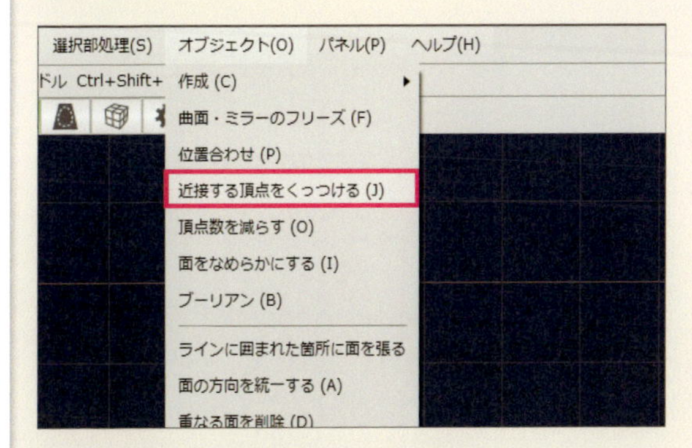

くっつける距離を設定する

[近接する頂点をくっつける] パネルが表示されるので、[くっつける距離] の数値入力でどれぐらい離れている頂点を結合させるかを設定します。頂点の密集度によって値は変わってきますが、大きな値を入れてしまうと本来離れていないといけない頂点まで結合されてしまうので注意が必要です。ここでは「1」を入力しました。入力したらOKボタンをクリックします。

4 メッセージが表示される

処理が終わると、いくつの頂点を処理したかが表示されます。

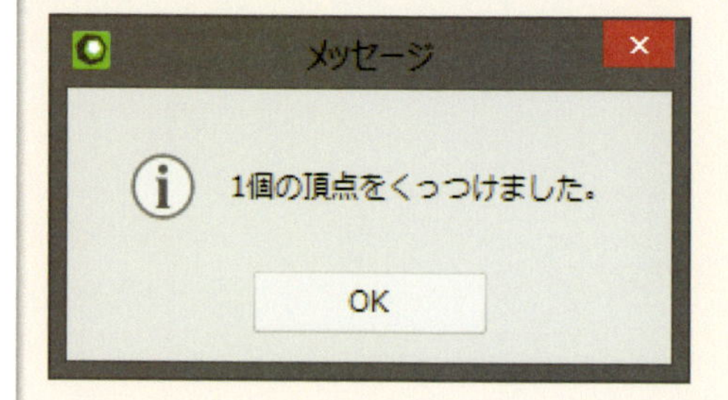

5 ずれていた頂点が1つにまとまった

［メッセージ］パネルのOKボタンをクリックすると、ずれていた頂点が結合されて1つの頂点になりました。

6 選択した範囲だけ処理する

デフォルトの状態では、オブジェクト全体から［くっつける距離］の値の範囲にある頂点同士を見つけて隣接する頂点に結合していきますが、［近接する頂点をくっつける］パネルの［選択部にのみ適用］にチェックを入れると、選択されている頂点だけから判断して頂点を結合します。

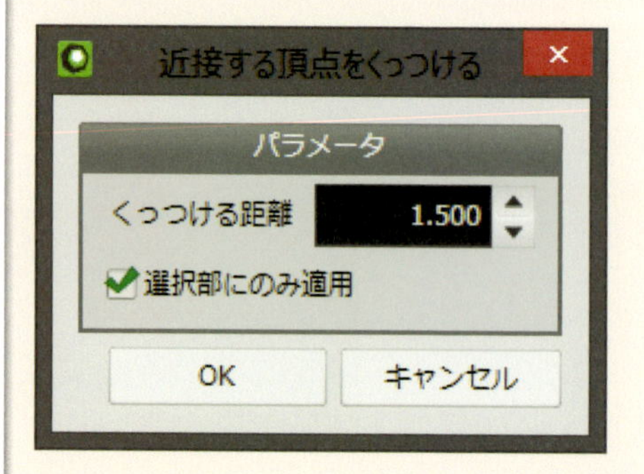

TECHNIQUE

060 オブジェクトの情報を調べる

ゲームの素材などをモデリングする際には、3Dモデルのポリゴン数（面数）が決められていることがあります。メタセコイアでは、[ドキュメント情報]を使ってオブジェクトの詳細な情報を得ることができます。

方法 [ドキュメント情報]を使う

[ドキュメント情報]を選択

面の数などを調べたいオブジェクトを表示した状態で、メニューバーの［パネル］メニューから［ドキュメント情報］を選択します。

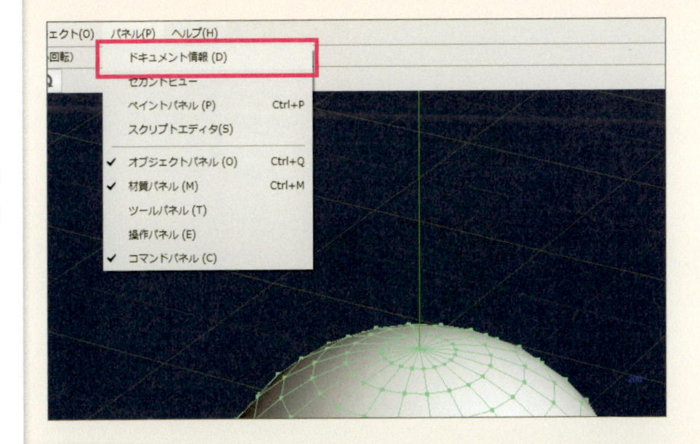

2

[ドキュメント情報]が表示される

［ドキュメント情報］パネルが表示され、様々な情報が表示されます。曲面化した時に形が崩れたり、他の3DCGソフトへデータを持っていった時にエラーがでるような場合は、ドキュメント情報から、ラインの有無や多角形面の有無などを調べます。

［総頂点数］…オブジェクトに含まれるすべての頂点数
［総面数］…オブジェクトに含まれるすべての面数
［ライン総数］…オブジェクトに含まれるラインの総数。ラインが存在すると、他の3DCGソフトではエラーが起きる場合があるので削除する
［曲面時総面数］…OpenSubdivなどの曲面制御をした時に生成される面数

ドキュメント情報

基本情報	
オブジェクト数	1
材質数	1
使用材質数	1

オブジェクト	
総頂点数	382
総面数	400
ライン総数	0
三角形面総数	40
四角形面総数	360
多角形面総数	0
曲面時総面数	0

OK

TECHNIQUE

061 面数を減らしたい

ディテールをモデリングしていくと、どうしても面数が多くなってモデリングしにくくなったり、ゲームなどの素材としての仕様を逸脱してしまう場合があります。そのような時は［頂点数を減らす］コマンドで処理します。

方法 ［頂点数を減らす］コマンドを使う

面を減らすオブジェクトを選択する

シーンにあるオブジェクトから、面数を減らしたいオブジェクトを選択します。今回は「Body」でクマの胴体部分を選んでいます。

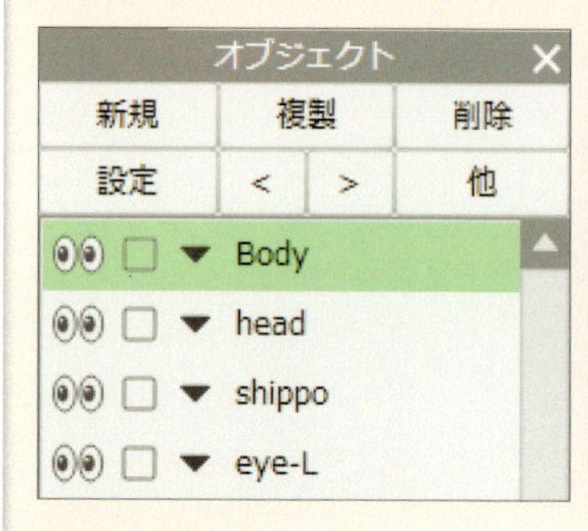

2

［頂点数を減らす］を選択する

メニューバーの［オブジェクト］メニューから［頂点数を減らす］を選択します。

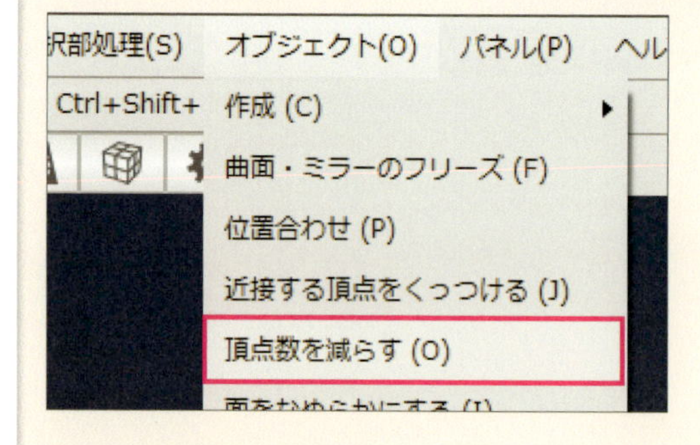

3

アルゴリズムを設定する

［頂点数を減らす］パネルが表示されるので、まず［アルゴリズム］を選択します。［アルゴリズム］には［高速］と［頂点数を指定］があります。

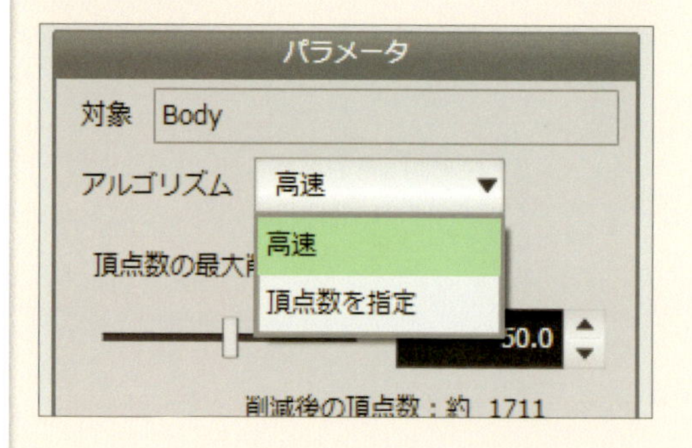

4

[高速]に設定する場合

アルゴリズムの[高速]では[頂点数の最大削減率]で設定した値をベースに、[最小エッジ長]、[最大エッジ長]、[許容変化角度]の設定値を考慮して、一番理想的な形状になるように頂点数の削減を行います。処理後のおおよその頂点数が[削減後の頂点数]に表示されますが、目安であり正確にこの頂点数になるとは限りません。

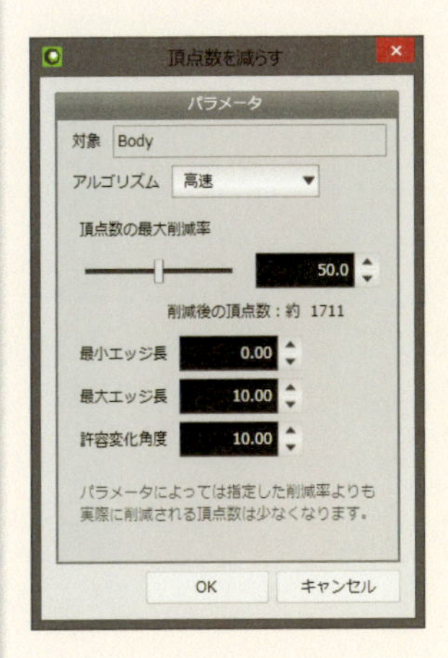

5

[高速]で削減を適用

まず、アルゴリズムを[高速]に設定して頂点を削減します。[頂点数の最大削減率]は「50%」、[最小エッジ長]を「0」、[最大エッジ長]を「10」、[許容変化角度]を「10」に設定しました。

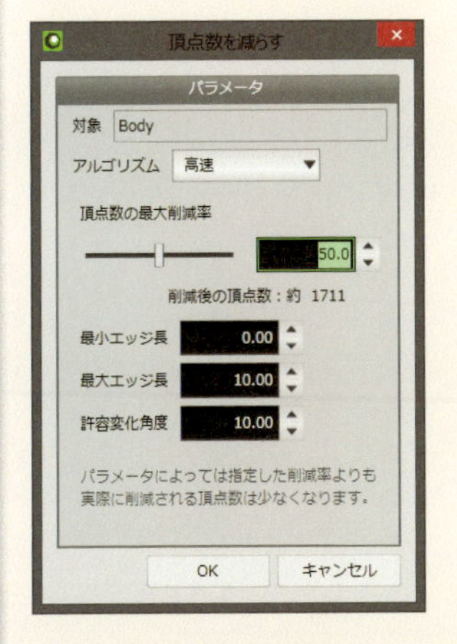

6

頂点が削減された

[頂点を減らす]パネルのOKをクリックすると、頂点が削減されます。ここではボディ部分だけ頂点を削減しています。形状の輪郭を崩さずうまく半分の頂点数になりました。

7 ［頂点数を指定］に設定する場合

アルゴリズムの［頂点数を指定］では、［削減後の頂点数］で設定した頂点数になるように頂点を削減します。正確な頂点数を設定できますが、形状によっては輪郭がくずれたり、多角形面が生成されてしまうこともあります。

8 ［頂点数を指定］で削減する

［頂点数を指定］では、［高速］の削減率と同じ程度に［削減後の頂点数］を「1700」に設定しました。

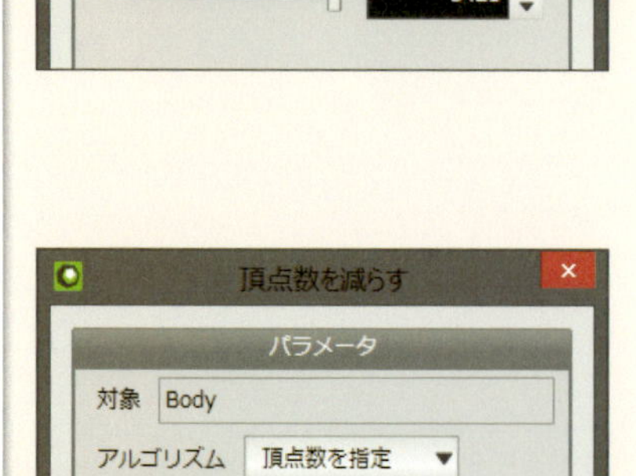

9 頂点が削減された

OKボタンを押すと頂点が削除されます。［高速］よりもオリジナルの面構成が維持されています。

TECHNIQUE

062 穴のあいた面を塞ぐ

間違えて削除してしまい形状に穴があいてしまったり、面を再構成するために削除した箇所を修復するには、[穴埋め] コマンドを使用します。

方法 [穴埋め]コマンドを使う

穴を塞ぐ

ここでは、右図のようにあいてしまった穴を塞いでみます。

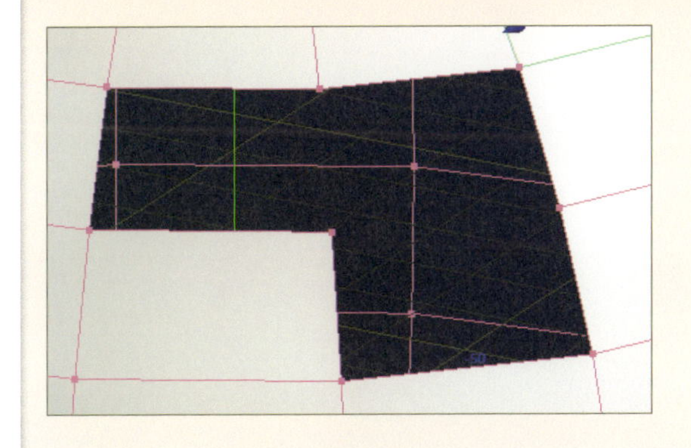

2

[穴埋め]コマンドを選択

[コマンド] パネルで [穴埋め] コマンドを選択します。

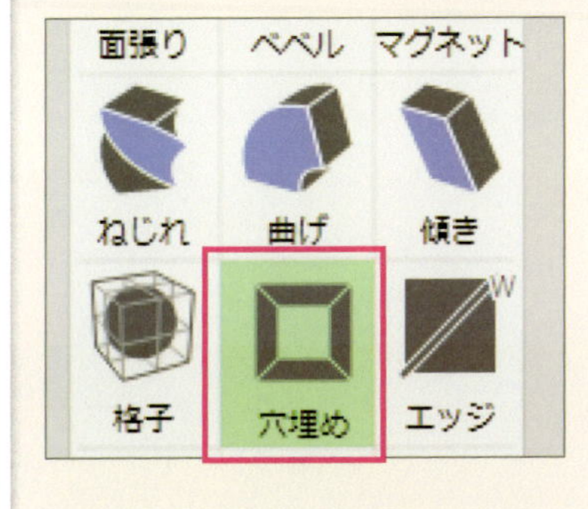

3

サブパネルで[穴埋め]を選択

[穴埋め] サブパネルが表示されるので、[穴埋め] を選択し、[多角形] に設定します。[中心に頂点を配置]や[三角形分割]に設定すると、このオブジェクトのような四角形面で構成された穴の場合、変形等が難しくなるので、[多角形] で穴を埋めて、後から辺を追加していく方法を考えます。

4

穴をクリック

穴を構成している辺にマウスを合わせると、穴を構成している辺が黄色に変わります。色が変わったところでクリックします。

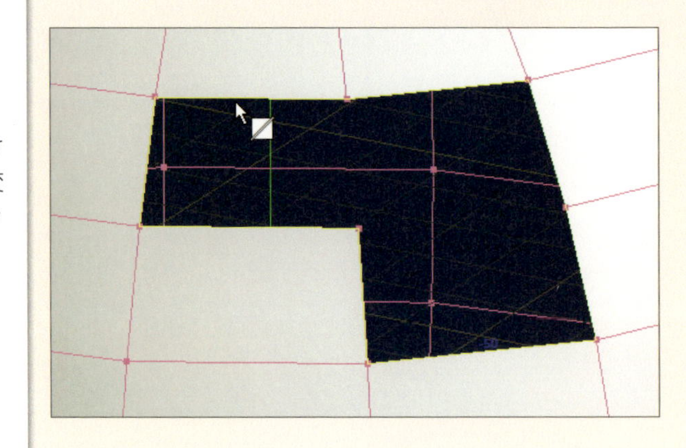

5

穴が塞がった

辺をクリックすると穴の部分に面が作成され穴が塞がります。

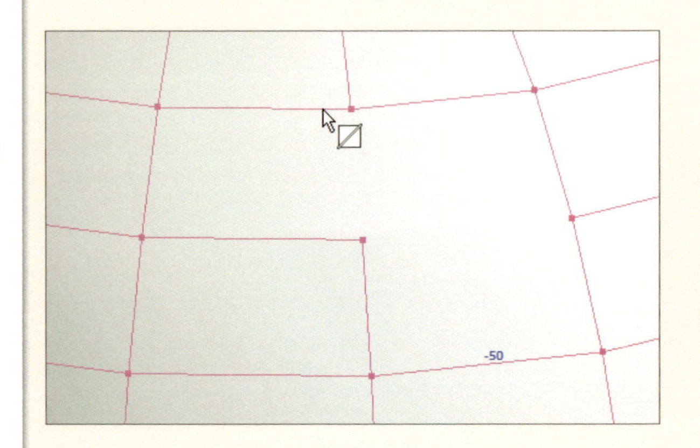

6

辺を作り直す

このままでは辺が途切れた形状になってしまうので、[エッジ] コマンドを使って辺を新たに作成し、周囲の面のトポロジー(面の並び)がきれいに揃うようにします(辺の作成については76ページ参照)。

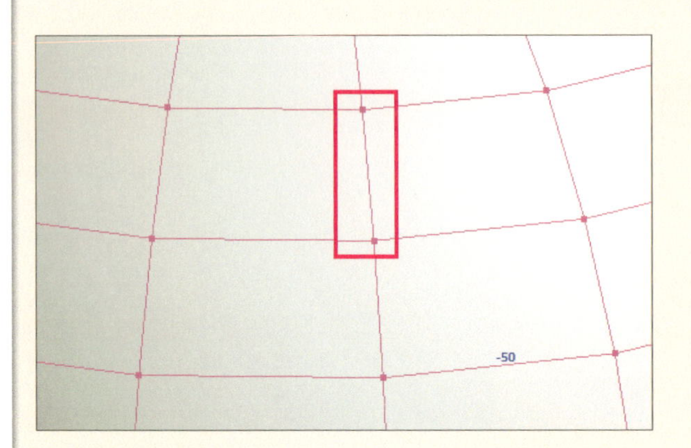

TECHNIQUE

063 離れた辺をブリッジさせる

オブジェクトからオブジェクトに渡る、橋のような構造のように、離れた位置の辺と辺をつなげるには[穴埋め]コマンドの[ブリッジ]を使います。

方法 [ブリッジ]でつなぐ

辺と辺をつなぐ

ここでは、図のような2つのオブジェクトの辺と辺をつなぎます。

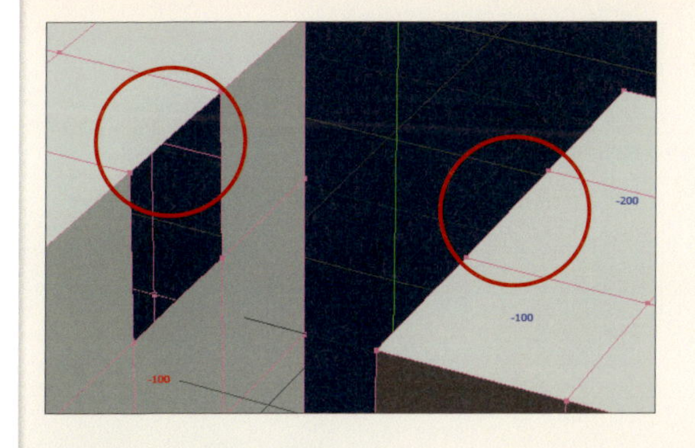

2 [穴埋め]を選択

[コマンド] パネルで [穴埋め] コマンドを選択します。

3 サブパネルで[ブリッジ]を選択

[穴埋め] サブパネルが表示されるので、[ブリッジ] を選択します。

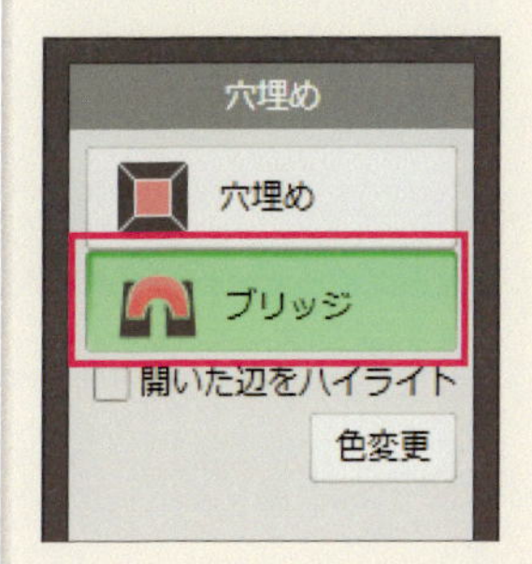

4

接続する辺をクリックする

接続する辺を順番に、両側ともクリックします。

5

分割数を設定する

2つ目の辺をクリックすると、[ブリッジ] パネルが表示されるので、ブリッジで作成される面の分割数と張力を設定して、OKボタンをクリックします。[張力] は、分割の辺ができる位置を調整することができます。[回転] を使ってブリッジをねじるときなどに調整します。

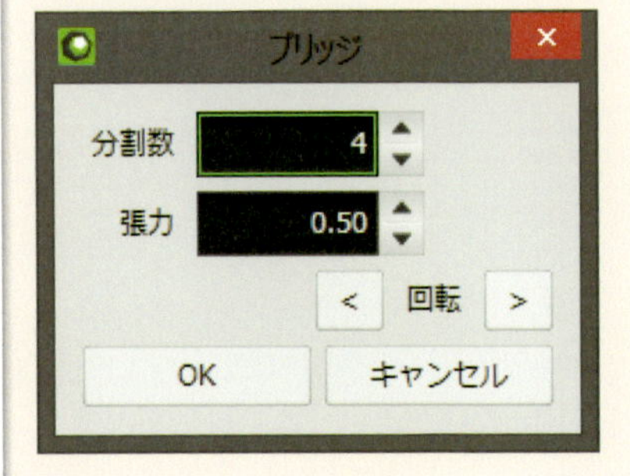

6

辺と辺がつながった

OKボタンを押すと、クリックで指定した辺と辺が面でつながりました。

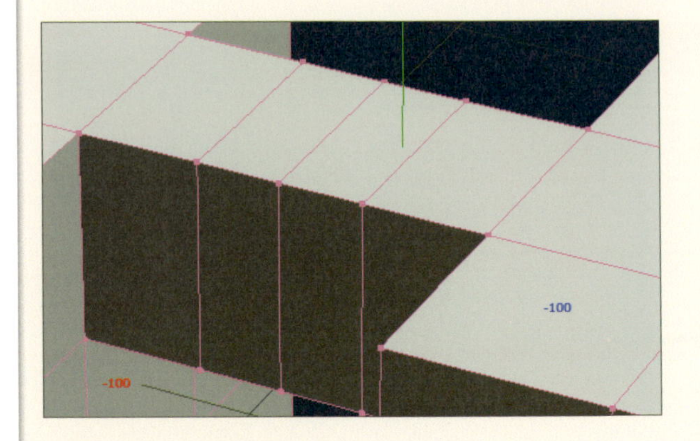

7

回転をかける

［ブリッジ］サブパネルの［回転］の矢印をクリックするたびに、作成された面の回転角度が変化します。図のようなねじれたつなぎを作成することができます。

8

角度のついた辺をつなぐ

［張力］の設定を調整することで、角度の付いた辺と辺を、曲がったブリッジでつなぐことができます。［張力］の値が大きくなると、急な角度で曲がった曲面になり、小さくなると滑らかな面になります。

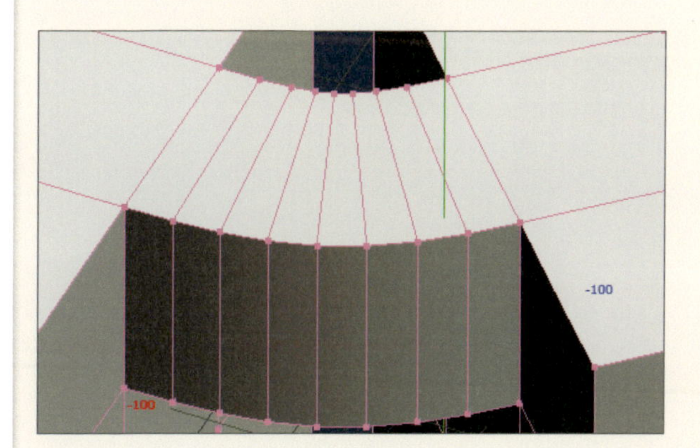

[張力] =0.45

[張力] =0.6

TECHNIQUE

064 辺の方向を揃える

四角形面の対角線に辺が入るような、三角形を多用したモデリングでは、辺の並び方によっては形状を思った方向に曲げられなかったり、変形すると形が崩れてしまう場合があります。そのような場合は、[エッジ] コマンドの [交換] を使って辺の流れを修正していきます。

方法 [交換]を使う

1

不規則な流れの辺を確認する

ここでは、右図のように辺の流れの規則が崩れているオブジェクトの辺を、修正していきます。

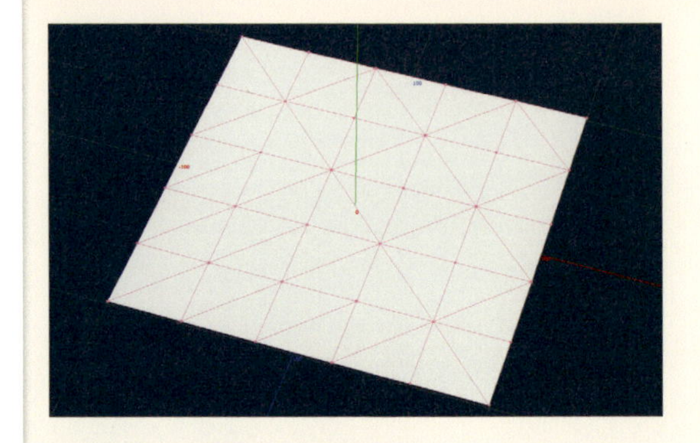

2

[エッジ]コマンドを選択

[コマンド] パネルで [エッジ] コマンドを選択します。

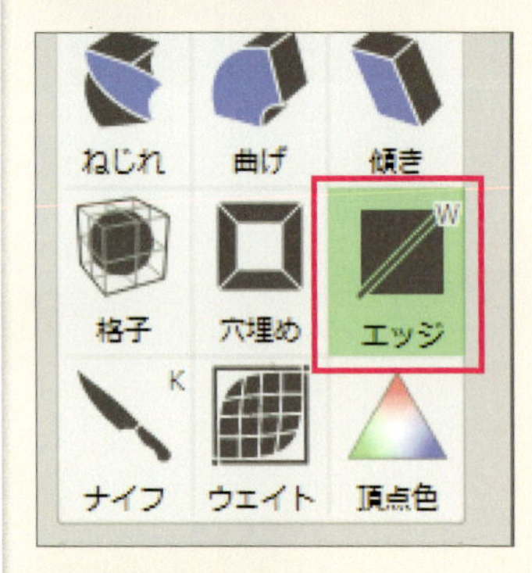

3

[交換]を選択

[エッジ] サブパネルで、[交換] を選択します。流れを変えたい辺が複数ある場合は、[連続で追加] にチェックを入れておきます。

4

方向を変えたい辺をクリック

流れを不規則にしている、方向を変えたい辺をクリックします。

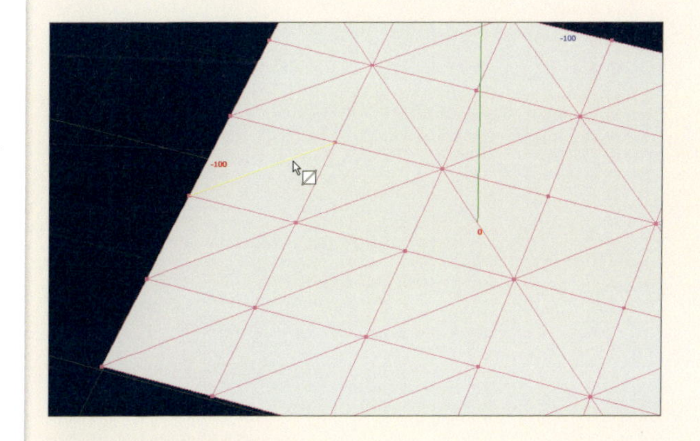

5

辺の方向が変わった

辺をクリックすると、辺の方向が変わります。

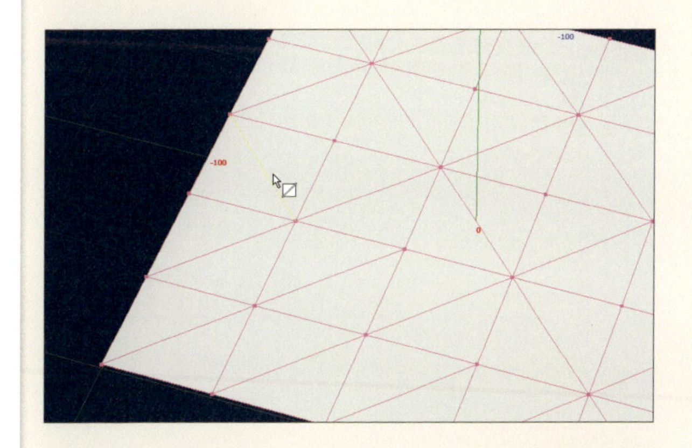

6

連続的に変更していく

他の辺も連続的にクリックしていき、辺の流れを変更して整えていきます。

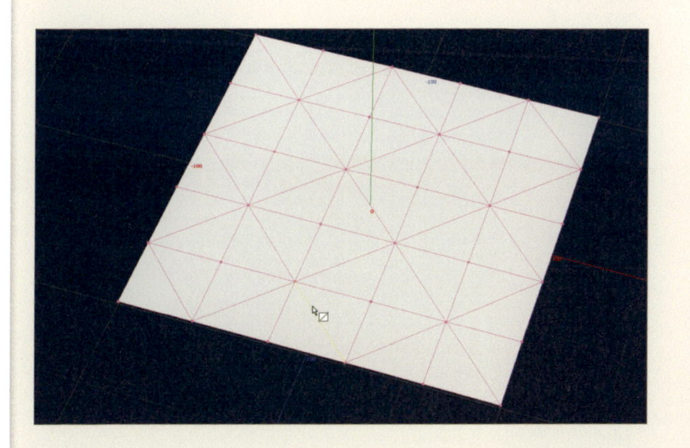

TECHNIQUE

065 格子を使って変形させる

メタセコイアではオブジェクト全体を格子で覆い、その格子の形状を変形させることでオブジェクトの形状を変形させることができます。形状の全体的な比率を変えたりする場合に使用します。

方法 [格子]コマンドを使う

1

変形するオブジェクトを選択する

[選択] コマンドを使って変形させたいオブジェクトを選択します。

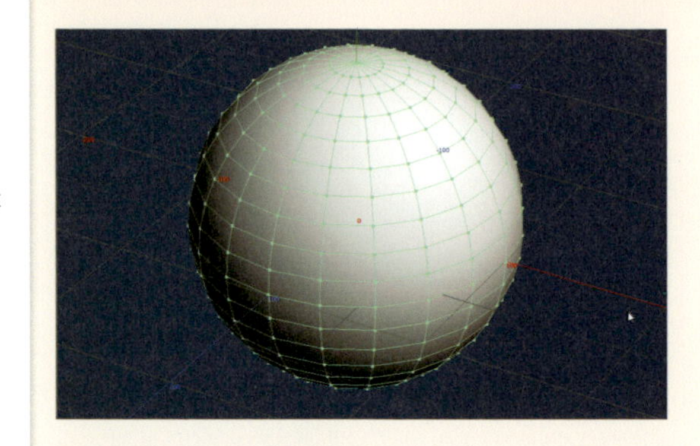

2

[格子]コマンドを選択する

[コマンド] パネルで [格子] コマンドを選択します。

3

格子が作成される

オブジェクトの周りに格子が作成されます。この格子を変形させることで、格子に囲まれたオブジェクトを変形させます。

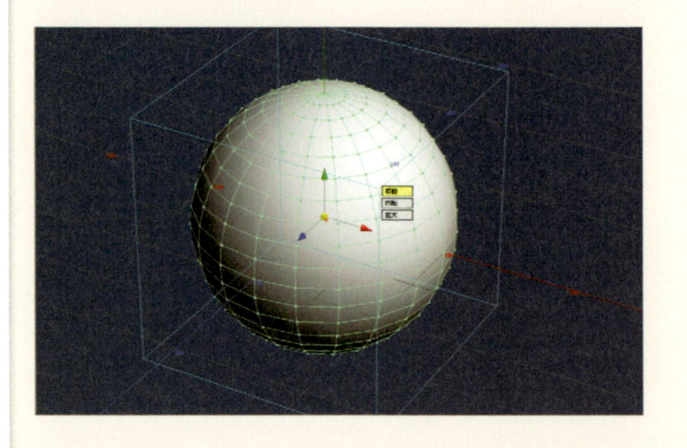

4

格子を設定する

［格子変形］サブパネルが表示されるので、［初期配置］をクリックして選択し、［詳細設定］をクリックして設定画面を表示します。

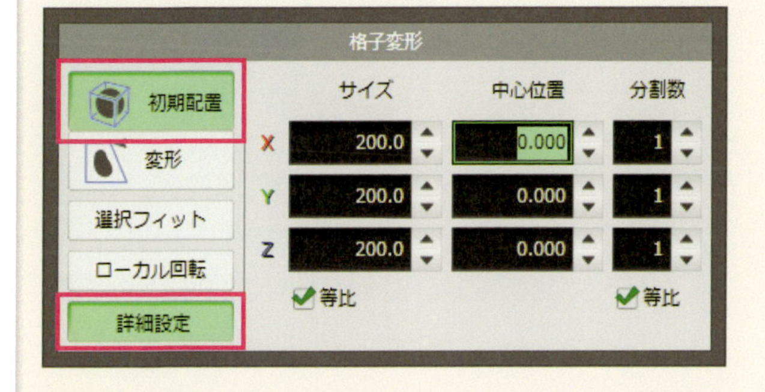

5

格子の分割数を設定する

［格子変形］サブパネルの［分割数］の値で格子の分割数を設定します。デフォルトでは「1」に設定されているので、細かい変形ができません。値を上げて、格子の分割数を多くし、細かい変形ができるようにします。ここでは各軸「3」に設定しました。分割数の設定をすると、3D画面上の格子の分割数がリアルタイムで変わっていくので、オブジェクトの形状に合わせて調整していくことができます。

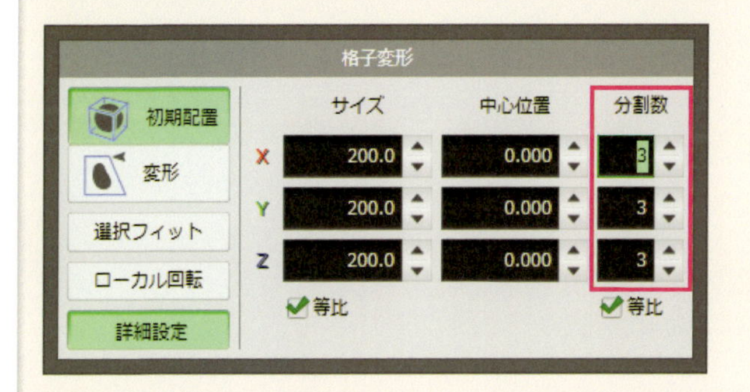

6

［変形］をクリック

格子の分割数を設定できたら、［格子変形］サブパネルの［変形］をクリックします。もし、格子とオブジェクトの位置関係がずれてしまっている場合などは、［変形］をクリックする前に［選択フィット］をクリックして位置をオブジェクトに合わせます。

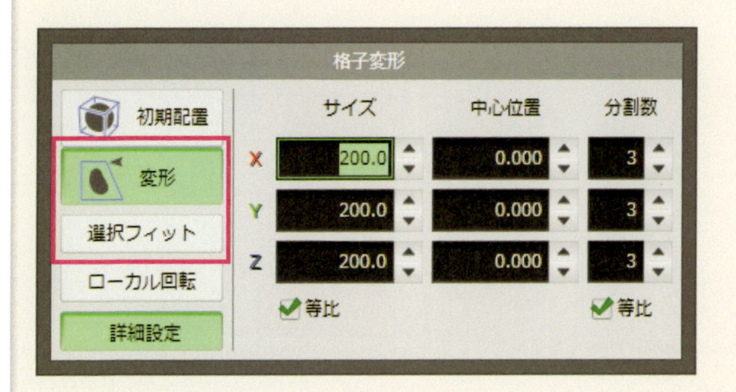

7

格子のポイントを選択する

［変形］を選択すると、オブジェクトを覆っている格子にポイントが表示されます。このポイントをドラッグしてオブジェクトの形状を編集していきます。

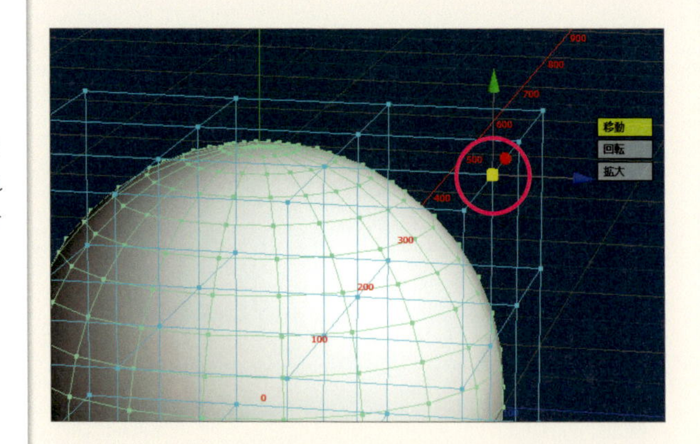

8

格子に合わせてオブジェクトが変形した

格子のポイントを移動させると、その位置に応じて、囲まれているオブジェクトも変形します。

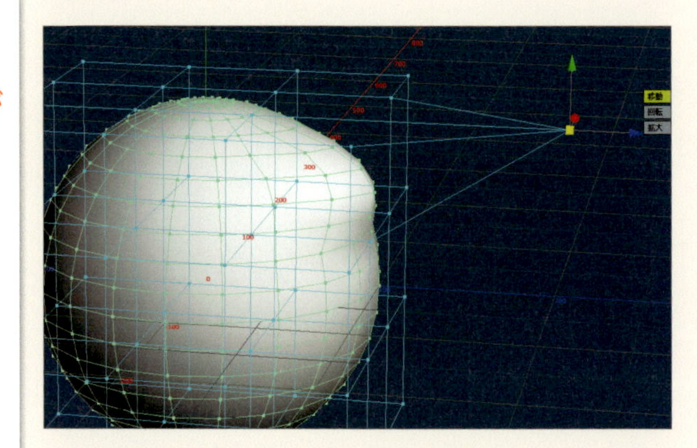

9

複数のポイントを動かす

格子のポイントは、Shiftキーを押しながらクリックしていくと、複数のポイントを選択することもできます。

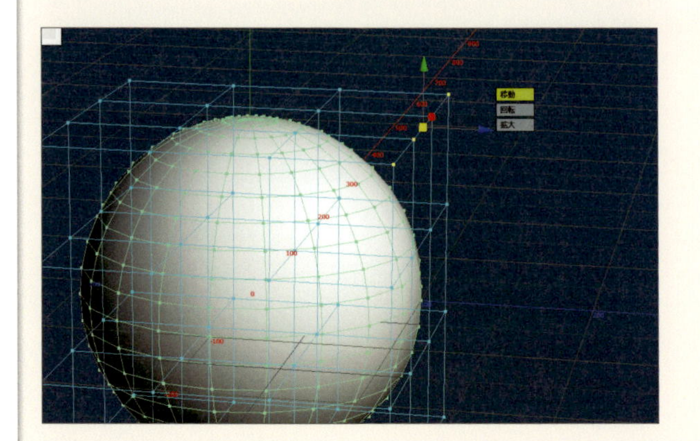

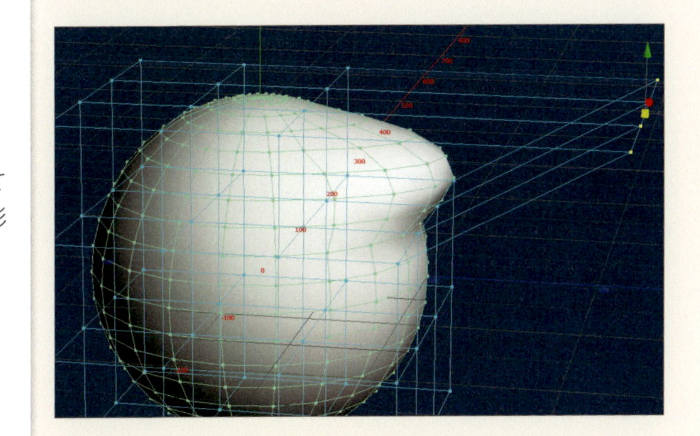

10

広い範囲でオブジェクトが変形する

広い範囲で格子のポイントが移動しているので、オブジェクトも大きく変形します。

11

範囲でポイントを選択する

[編集オプション] パネルで、[範囲指定] もしくは [投げ縄] をクリックしてオンにしておくと、指定範囲で格子のポイントを選択できるので、選択したポイントの範囲を拡大、回転させながら、よりきれいにオブジェクトの輪郭を修正していくことができます。

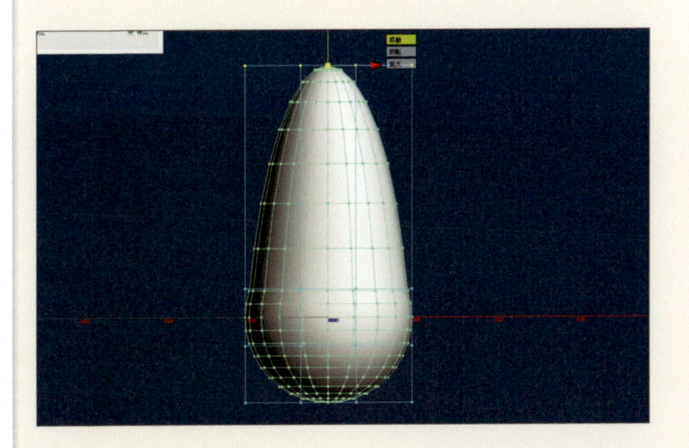

12

上方向に引き延ばす

オブジェクトの上部だけを引き延ばしたい場合は、格子の上部にあるポイントを範囲指定で選択して移動します。

13

くびれをつける

オブジェクトにくびれをつけたり、太らせたりしたい場合は、範囲指定で、格子を修正したい位置の一列すべてのポイントを選択し、モードを［拡大］にして範囲の大きさを調整します。

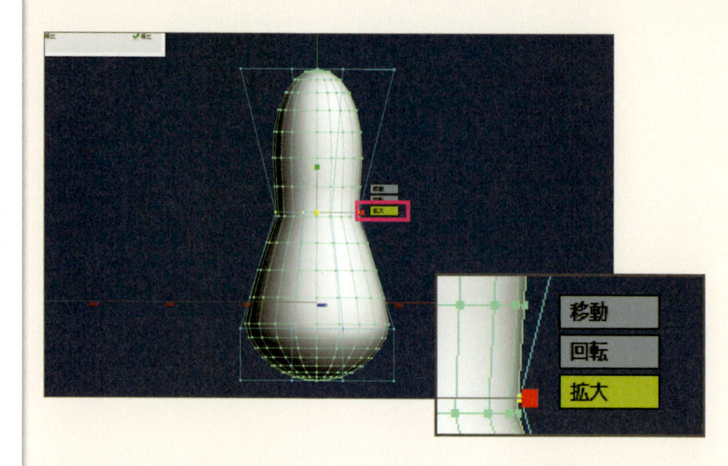

MEMO

ポイントを列ごとに調整する

格子を使ったオブジェクトの変形では、なるべく範囲選択を使ってポイントを面の状態で選択して編集していくときれいな形状になります。ポイントを1つ1つ動かしていくと、時間もかかる上にあまりきれいな変形にはなりません。

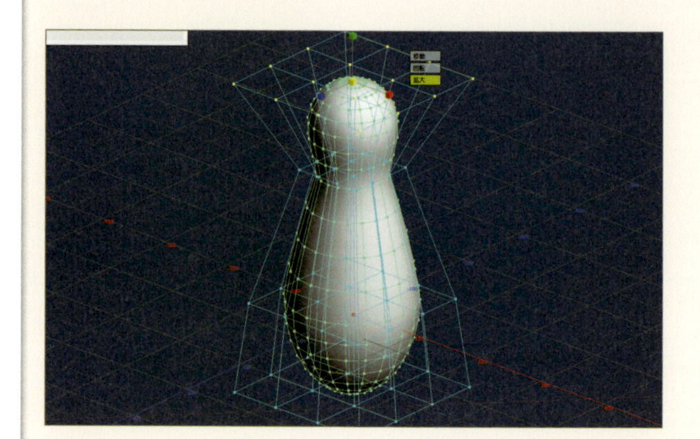

TECHNIQUE

066 オブジェクトに厚みを付ける

オブジェクトを構成している面は厚みをもっていません。しかし洋服などのような一枚の布や板でできている形状も本来は厚みが付いているはずです。特に3Dプリンタで形状を出力する場合、オブジェクトに厚みのない面はエラーとなり、プリントすることができません。厚みのない面に厚みを付けるには、[厚みを付ける]コマンドを使用します。

方法 [厚みを付ける]コマンドを使う

1 厚みを付けるオブジェクトを選択する

厚みを付けたいオブジェクトを選択します。ここでは、面から作成したシャツのオブジェクトを選択しました。

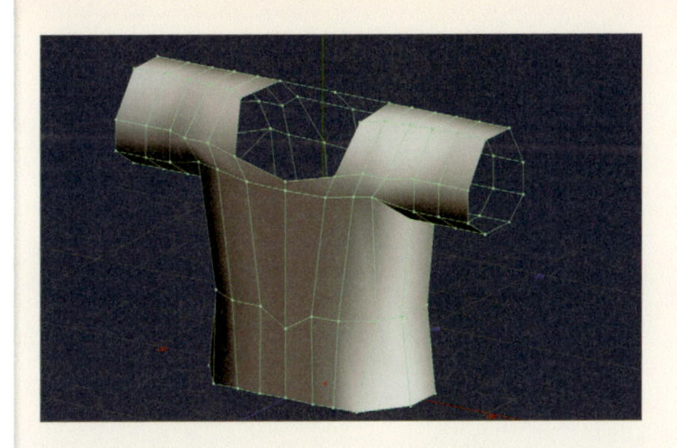

2 [厚みを付ける] コマンドを選択する

メニューバーの [選択部処理] メニューから [厚みを付ける] を選択します。

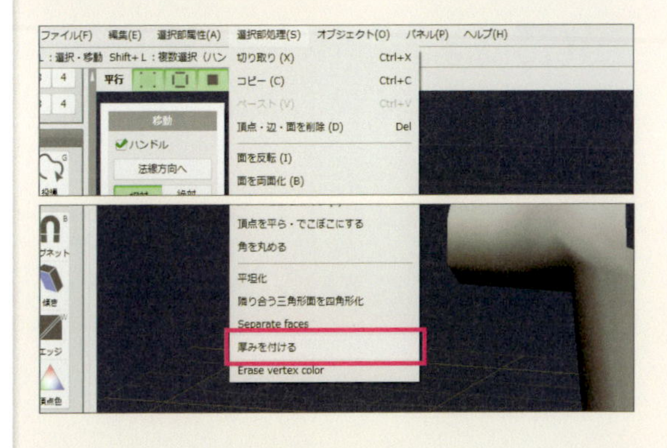

3 [厚みを付ける]パネルが表示される

コマンドを選択すると、[厚みを付ける] パネルが表示されます。オブジェクトに厚みを付けるには [厚み] に値を入力します。ここでは「1」に設定しました。厚みを設定したらOKをクリックします。

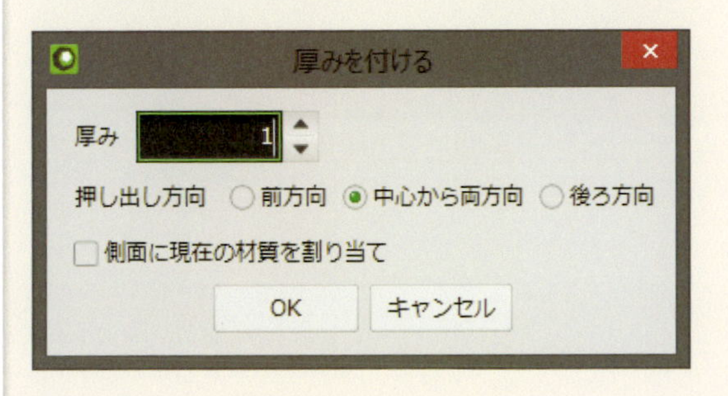

4

オブジェクトに厚みが付いた

OKを押すと、[厚み] で設定した量だけオブジェクトに厚みが付きます。

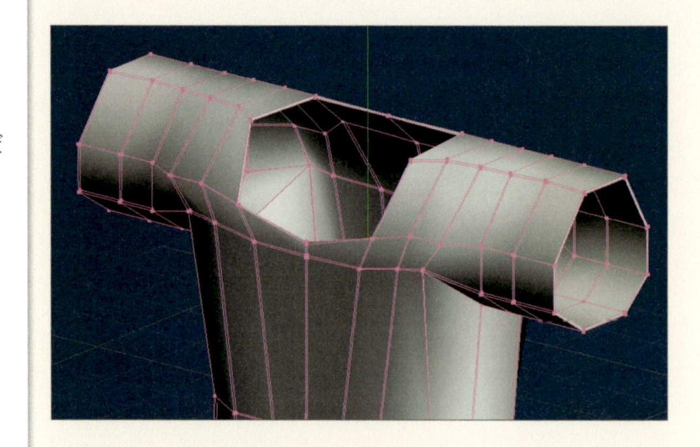

5

厚みを付ける方向

[厚みを付ける] パネルでは厚みを付ける際に、外側に押し出すのか、内側に押し出すのか設定することができます。[前方向]は法線方向(表面の方向)へ押し出します。[中心から両方向]は表と裏の方向へ設定した値の半分ずつ押し出されます。[後ろ方向] は裏側 (内側) に押し出します。モデリングしたシルエットをなるべく壊したくない場合は[後ろ方向]、シャツのようにボディの面にオブジェクトが接触しているような場合は [前方向] を選択するとよいでしょう。

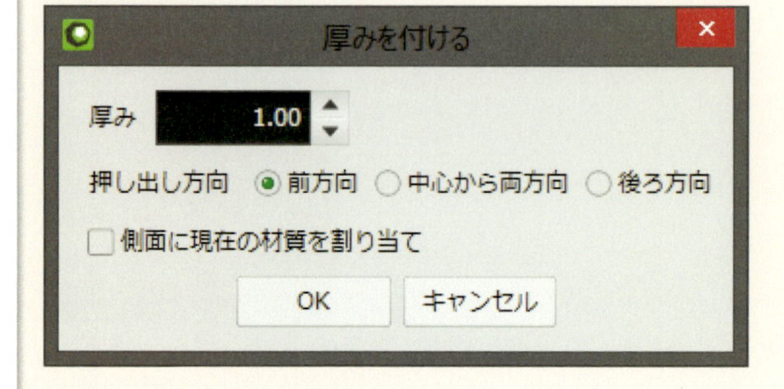

6

曲面化する

厚みを付けると、袖などの断面部分が硬い感じがしますが、[曲面制御] などで曲面化すると厚みがありつつ、柔らかい形状になります ([曲面制御] の方法については102ページ参照)。

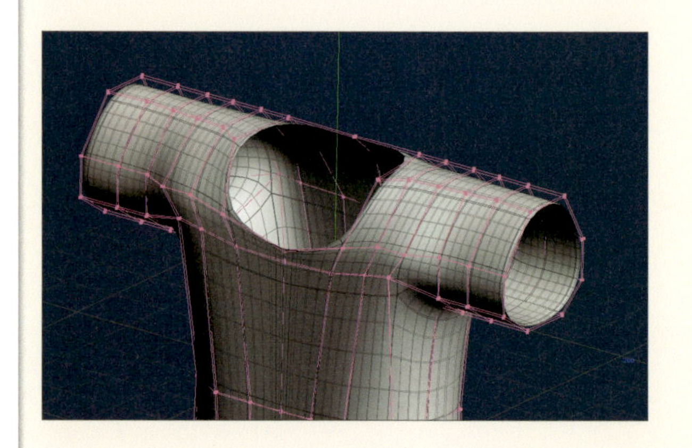

TECHNIQUE

067 彫刻で細かいシワを作成する

メタセコイアには、ブラシを使って粘土を削ったり盛ったりしながらモデリングする［彫刻］コマンドが用意されています。いわゆるスカルプティングという手法ですが、細かいシワなどのディテールや、機械や建造物の筋彫りなどを作成する場合に便利です。

方法 ［彫刻］コマンドを使う

1 加工するオブジェクトを用意する

［彫刻］コマンドを使ってディテールをモデリングするオブジェクトを用意します。ここでは、シャツのモデルにシワを作成していきます。

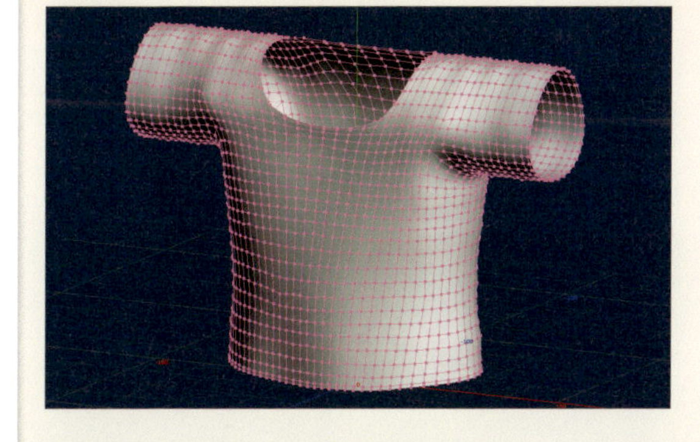

2 表示を面だけにする

オブジェクトに頂点や辺が表示されていると、［彫刻］コマンドが使いにくいので、頂点と辺の表示をオフにします。すっきりと見やすくなりました。

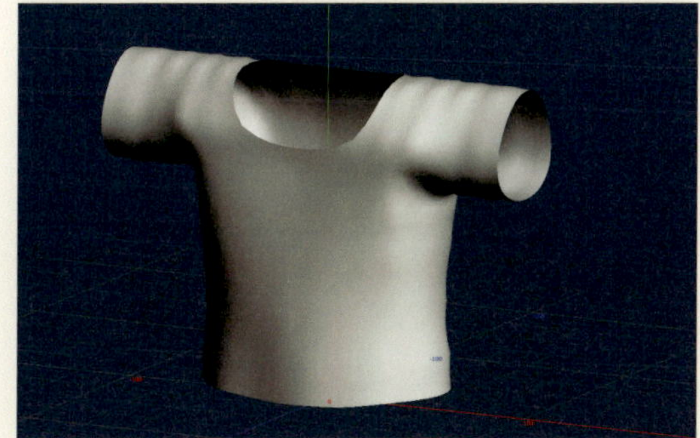

3 ［彫刻］コマンドを選択する

［コマンド］パネルで［彫刻］コマンドを選択します。

4

［彫刻］サブパネルが表示される

［彫刻］ サブパネルが表示されます。上部にある［描く］［滑らか］［膨らます］［平らに］［つまむ］ の5つのモードを切り替えながら、オブジェクトを加工していきます。

5

［描く］を使う

オブジェクトに模様を描きたい場合は、［描く］ を使います。5つのモードとも、［ブラシの形状］、［ブラシサイズ］、［筆圧］ を調整しながら操作していきます。［面の自動分割］ にチェックを入れておくと、ブラシで描画する際に自動的に面を細分割して細かい加工ができるようになります。

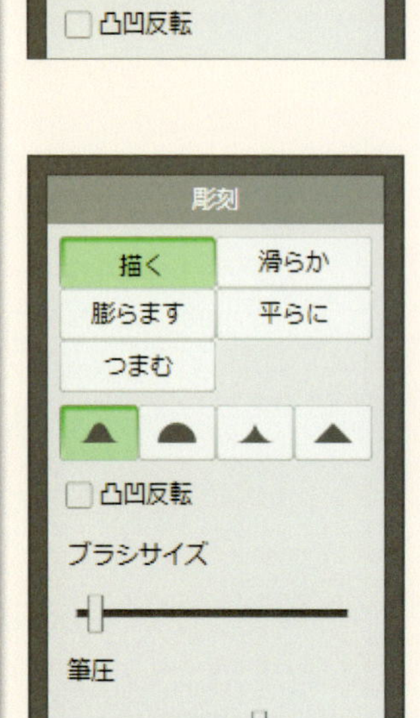

6

ブラシ形状の違い

ブラシの形状には4つ種類があります。描く内容に応じて切り替えていきます。

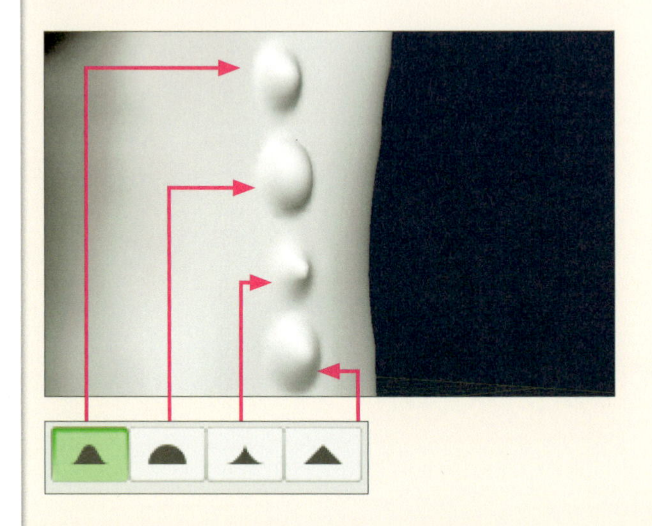

7

凹凸を反転させる

デフォルトの状態では、ブラシで描いた時には面が盛り上がる状態になっていますが、[凸凹反転] にチェックを入れると、ブラシで彫る状態になります。図は上がオフ、下がチェックを入れた状態です。

8

枝のような形状は [膨らます] を使う

部分的に形状を引っ張って枝のような形状を作成するには、[膨らます] を使います。面から外側に向かってドラッグすると、枝のように盛り上げることができます。

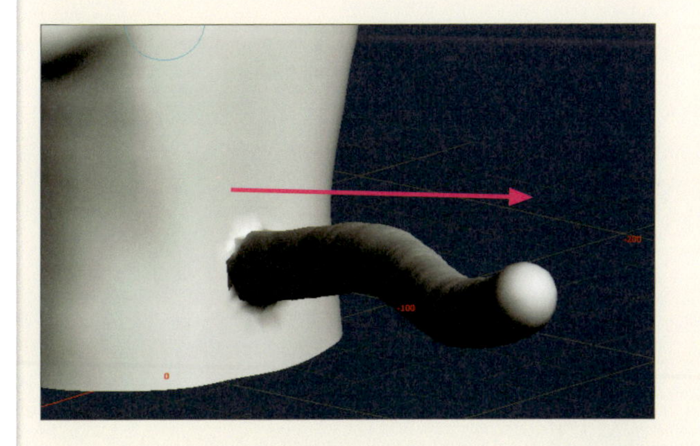

9

輪郭を変えたい場合は [つまむ] を使う

[つまむ] を使うと、ブラシの大きさに合わせて面を引っ張ることができます。大きく輪郭を変えたい時などに便利です。

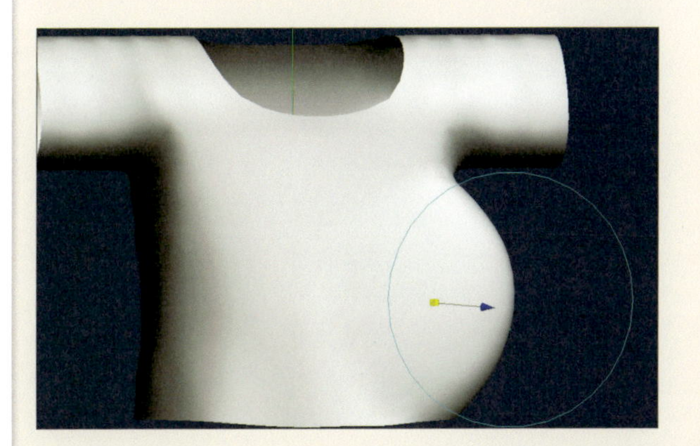

10

縫い目を描いていく

シャツに縫い目を描いてみます。図はモードを［描く］にして、ブラシの形状を一番左に設定、［凸凹反転］にチェック、［ブラシサイズ］を最小にして設定しています。

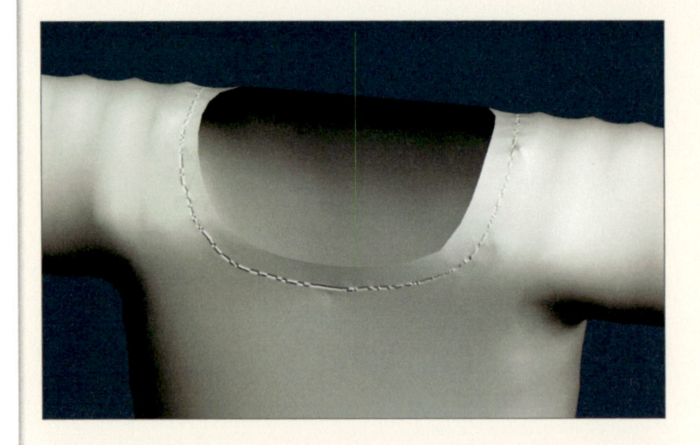

11

彫りを滑らかにしていく

メタセコイアの［彫刻］コマンドは、スカルプト専門のソフトに比べるときれいに彫れるわけではないので、モードを［滑らかに］にして、描いた部分をなぞって滑らかにしていきます。

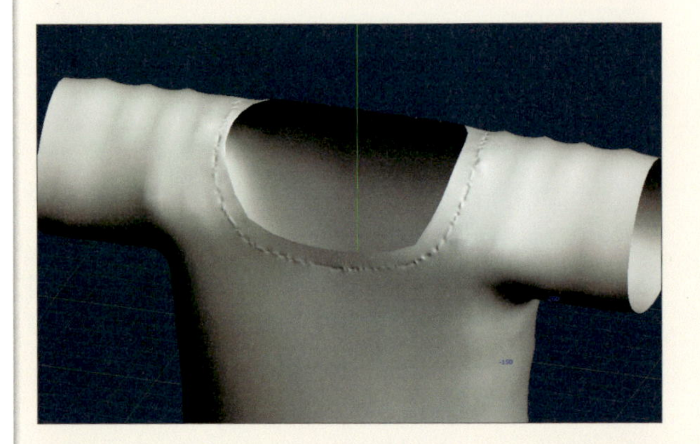

12

［つまむ］を使ってシワを寄せる

布のシワのような形状は、モードを［つまむ］に設定し、［ブラシ］サイズを大きめに設定、［筆圧］を真ん中ぐらいにしてシワを寄せていきます。［彫刻］コマンドでは、長いストロークで描くというよりも、たたくような感じでポイントで変形させていくとうまくいきます。

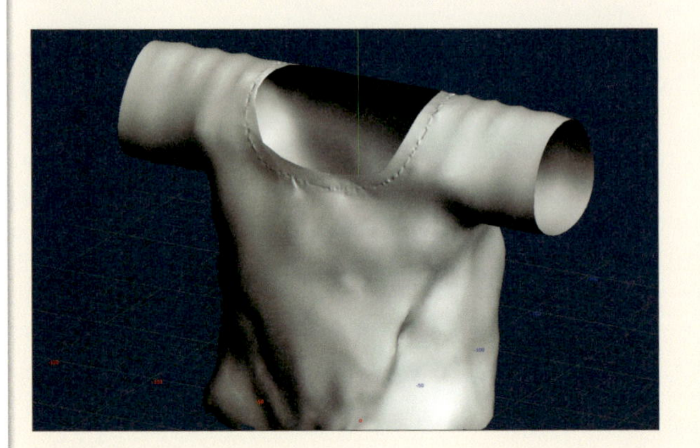

TECHNIQUE

068 流体（水しぶきなど）を作成する

水しぶきや流体など有機的な形状を作成するには、［メタボール］を使用すると簡単に作成することできます。メタボールは、張力を持った球体を組み合わせて球体を融合させながら形状を作成していきます。

方法 ［メタボール］コマンドを使う

［メタボール］コマンドを選択する

メタボールを使うには、［コマンド］パネルで［メタボール］を選択します。

2

サブパネルが表示される

［メタボール］サブパネルが表示されます。メタボールとして使える形状は、［基本図形］と同様の形状が用意されています。

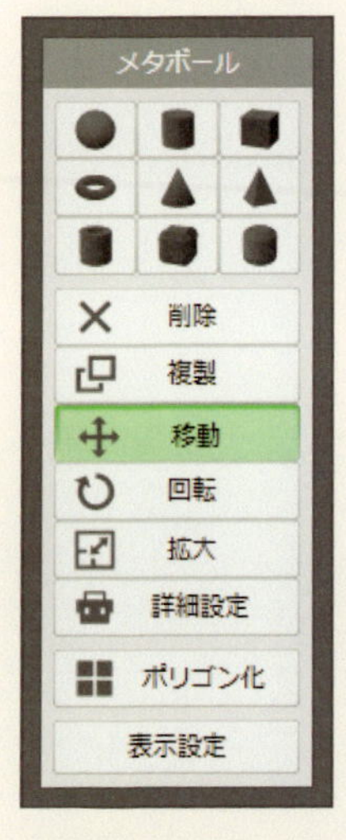

3

球体で形状を作成する

ここでは、球体のメタボールを使ってオブジェクトを作成していきます。［メタボール］サブパネルで球体を選択します。

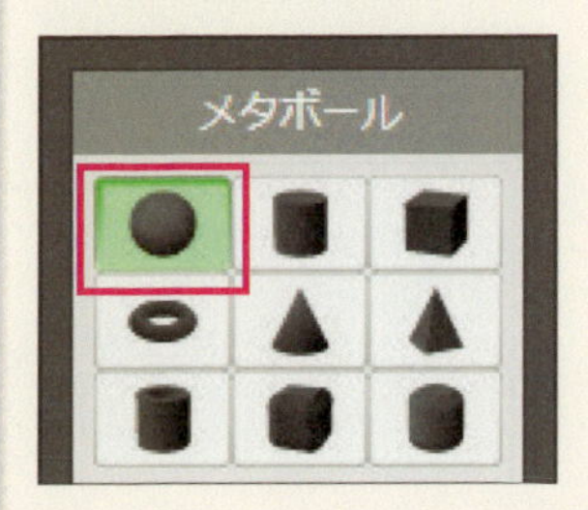

4

3D画面にメタボールを配置する

球体のメタボールアイコンを選択した状態で、3D画面をクリックすると、球体のメタボールが作成されます。

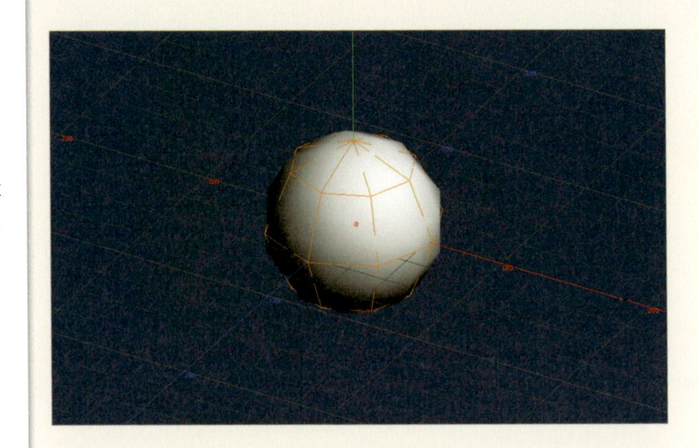

5

2つ目のメタボールを配置する

メタボールは複数のメタボールを組み合わせることで､形状が作成されます。最初に作成されたメタボールの横をクリックしてもう1つメタボールを作成すると、2つの球体がくっついて、繭のような形状が作成されます。

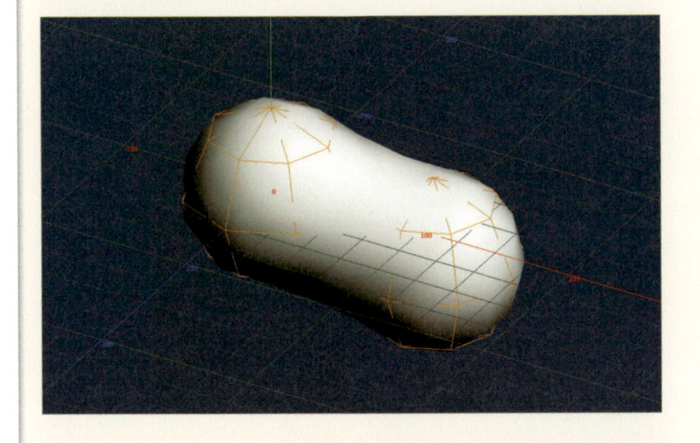

6

メタボール同士の距離を変える

メタボール同士の距離を変えることで、融合の度合いを変えることができます。メタボールを移動するには、[メタボール] サブパネルの [移動] を使用します。

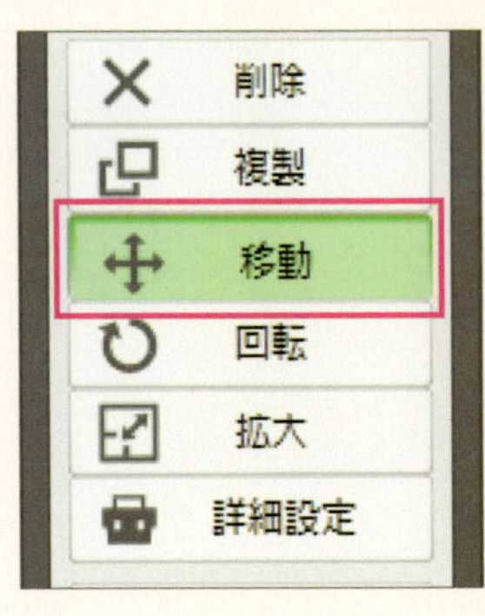

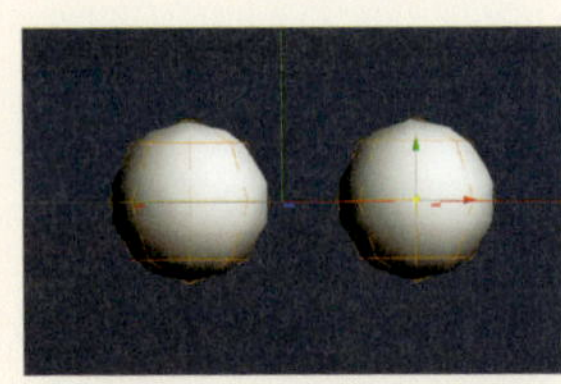

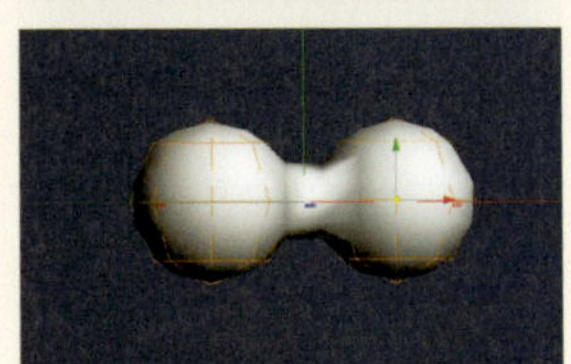

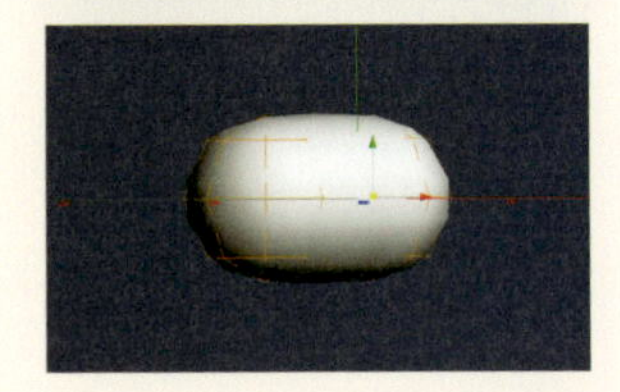

7

融合する強さを変える

メタボールが融合する時の強さを数値で変えることができます。その場合、[濃度] でメタボール1つ1つの融合する力を変えると、より変化のある形状を作成することができます。[濃度] は [詳細設定] で設定できます。

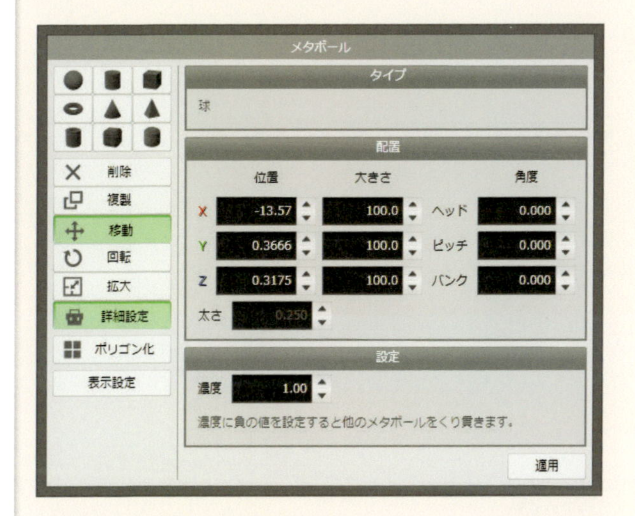

8

片方の濃度を強くする

[濃度] の値を変更したいメタボールをサブパネルの [移動] を使ってクリックして選択し、[濃度] の値を調整していきます。調整したら [適用] ボタンをクリックすると、選択されているメタボールに設定が反映されます。図は右側のメタボールの [濃度] を「3」に設定しています。

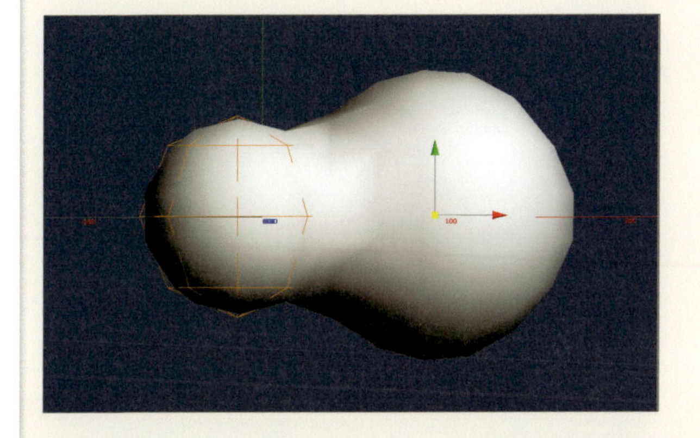

9

くりぬき形状を作成する

メタボールの「濃度」を負の値にすると、隣接するメタボールをくり抜くことができます。図は右側のメタボールの [濃度] を「-3」に設定し、隣接する拡大したメタボールをくり抜いたものです。

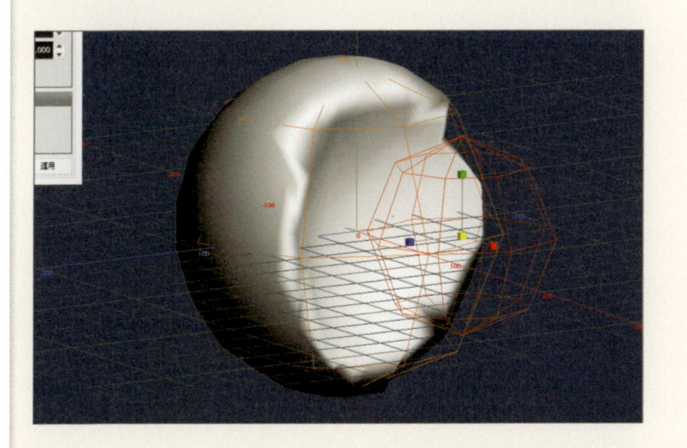

10

ミルククラウンを作成する

基本的な構造が理解できたら、メタボールを使って、有機的な形状を作ってみます。ここでは簡単なミルククラウンを作ってみましょう。ベースとなる輪をメタボールの［ドーナツ型］形状を使って作成します。図では［太さ］を「0.15」に設定しています。

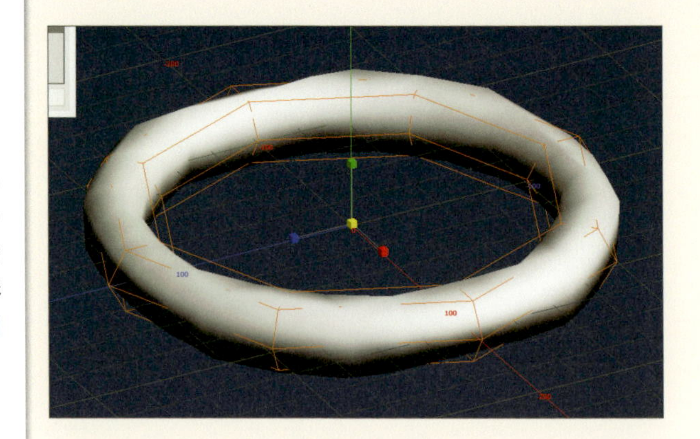

11

球を使ってしぶきを作る

球のメタボールをドーナツ型の上に追加してしぶきを作成していきます。

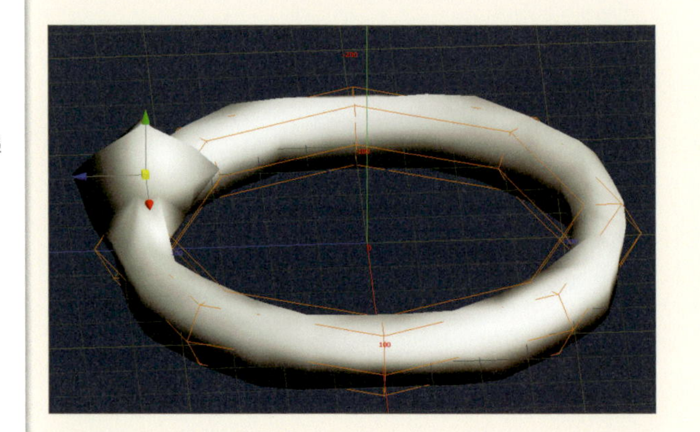

12

メタボールを複製して伸ばす

しぶきの部分を上にのばしてくために、サブパネルの［複製］を選択し、球のメタボールをドラッグします。ドラッグすると、球が複製されるので、クリック＆ドラッグを繰り返し、しぶきを伸ばしていきます。「拡大」や「移動」を使って形のバランスを整えていきます。

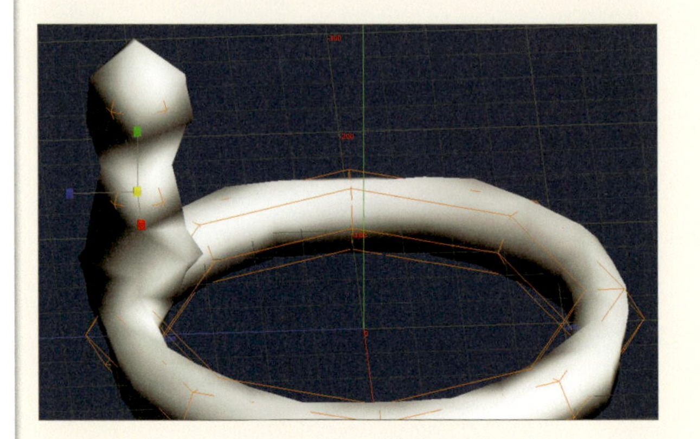

13

さらに複製していく

配置した球のメタボールを、サブパネルの「複製」を使って複製し、ドーナツ型上に配置していきます。

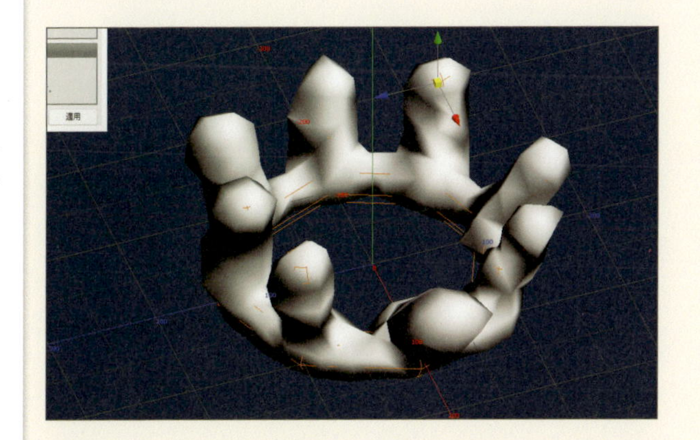

14

解像度を上げる

この状態では細かいディテールがわからないので、解像度を上げます。サブパネルの［表示設定］をクリックして［メタボールの表示設定］パネルを表示し、［格子の間隔］の値を小さくしていきます。ここでは「10」で設定しています。

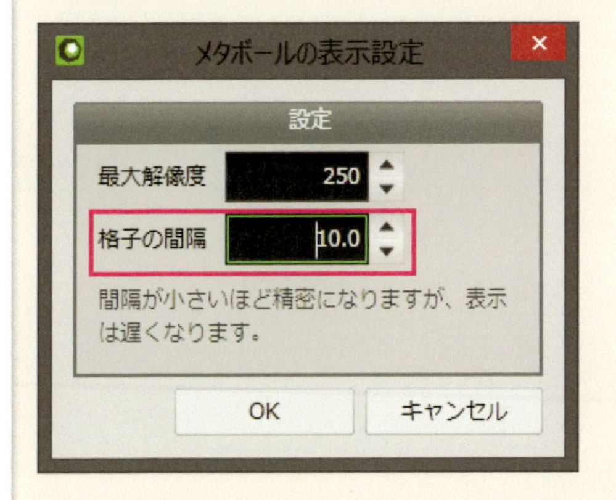

15

ディテールがわかるようになった

形状の輪郭がはっきりしてくるので、この状態でメタボールの位置や［濃度］の値を調整していきます。

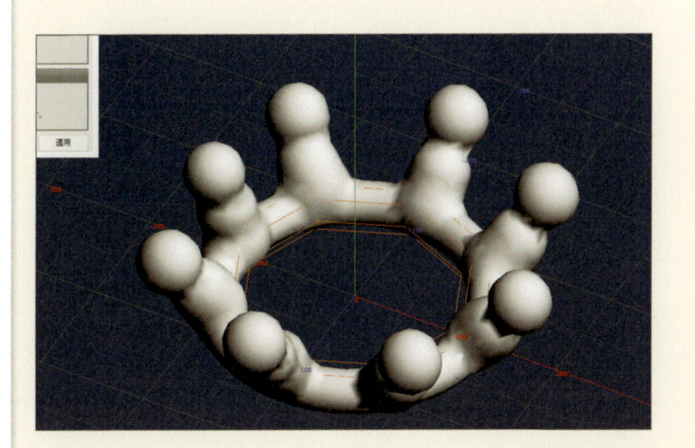

16

水面を作成する

最後に水面を作成します。水面のような平面のメタボールは用意されていないので、直方体を使って作成します。

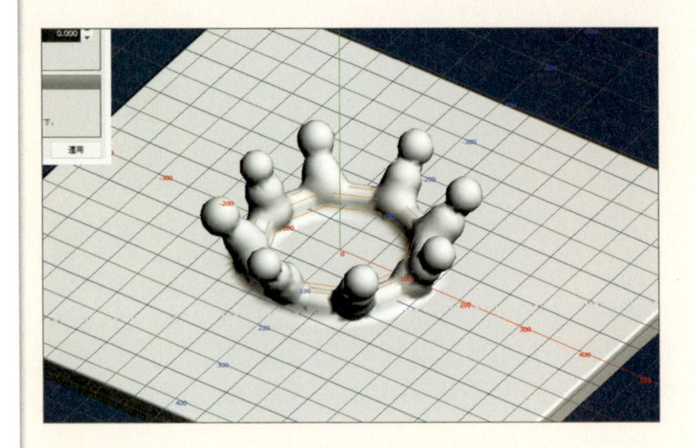

17

ポリゴン化する

モデルデータとして、他のソフトなどで使用したい場合はメタボールをポリゴン化する必要があります。ポリゴン化する場合は、サブパネルの［ポリゴン化］ボタンをクリックして、［メタボールのポリゴン化］パネルを表示し、［格子の間隔］を設定します。ここでは表示設定と同じ「10」に設定しました。

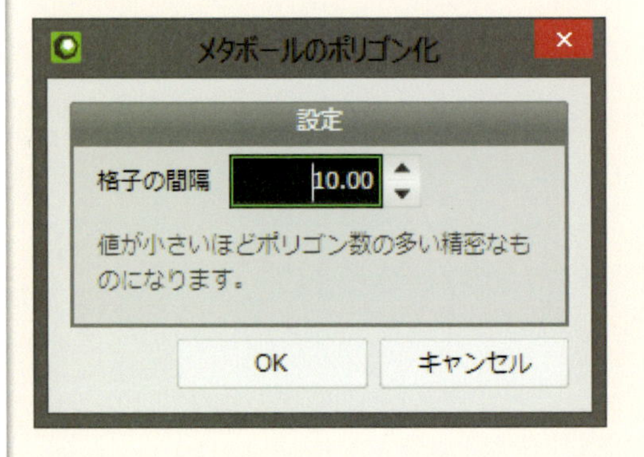

18

メタボールがポリゴン化される

OKボタンをクリックすると、メタボールがポリゴン化されて1つのオブジェクトとして生成されます。

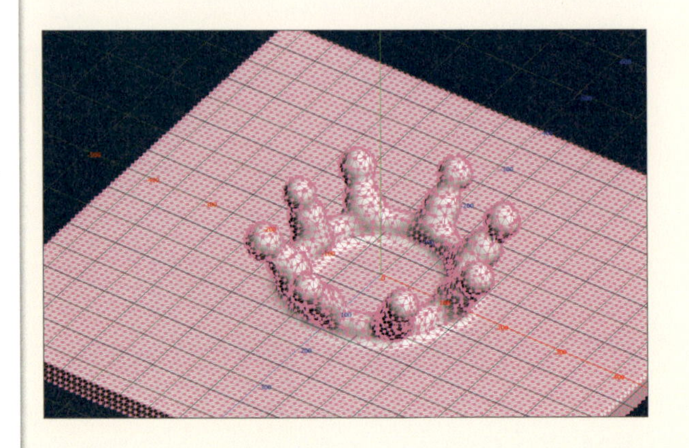

TECHNIQUE

069 オブジェクトを計測する

3Dプリンタで出力するためのモデルなど、正確な寸法を知りたい場合があります。そのような場合は、[計測] コマンドを使用すると便利です。

方法 [計測]コマンドを使う

[計測]コマンドを選択する

オブジェクトを計測するには、[コマンド] パネルで [計測] コマンドを選択します。

2

長さを計測する

オブジェクトの長さを計測する場合は、[計測] コマンドの [長さ] を選択します。長さを測りたい位置の始点をクリックします。頂点や辺付近では自動的に計測始点がスナップされます。

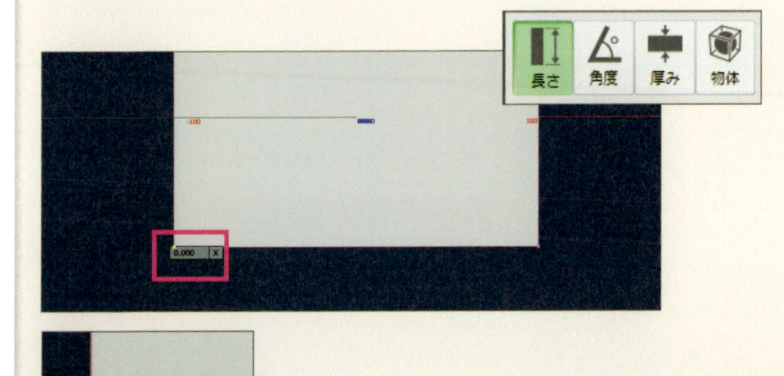

3

計測の終点を設定する

計測の始点をクリックすると、黄色い線が表示されるのでマウスを動かして、計測の終点となる位置でクリックします。クリックすると黄色の線が青に変わり、線の中央に長さの値が表示されます。

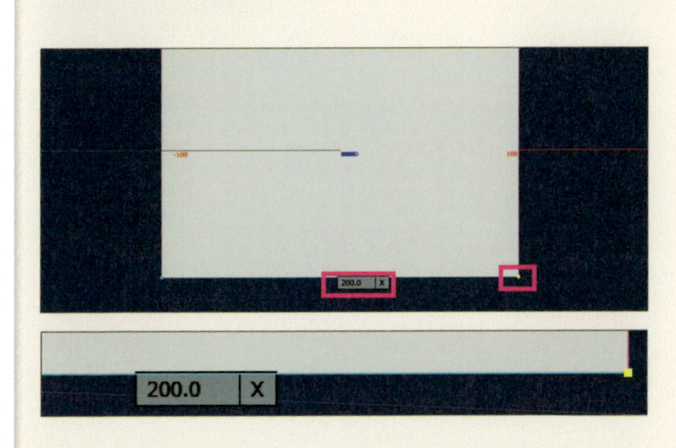

4

計測結果をリセットする

計測した結果をリセットして消去したい場合は、サブパネルの［消去］をクリックします。

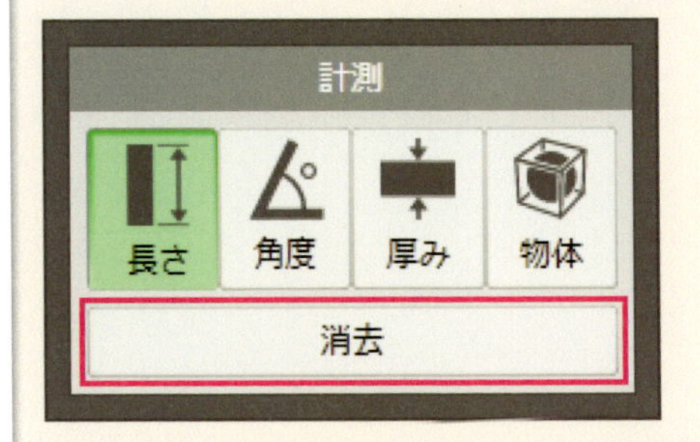

5

角度を計測する

角度を計測するには、サブパネルの［角度］を選択します。角度は3点を使って計測するので、計測したい角に形を合わせるようにクリックしていきます。

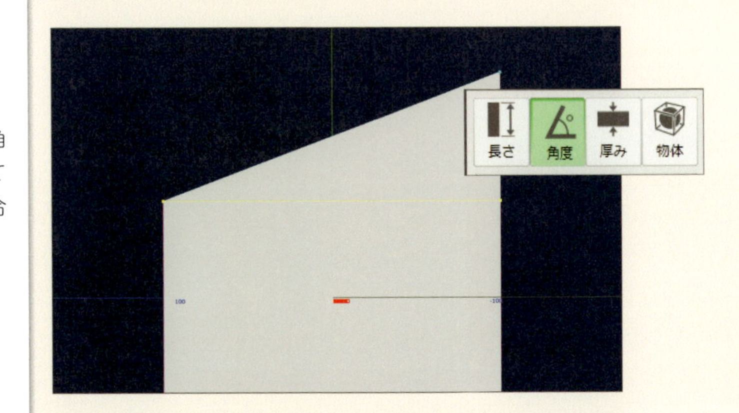

6

角度が表示される

3点をクリックすると、2つの線に挟まれた角の角度が表示されます。

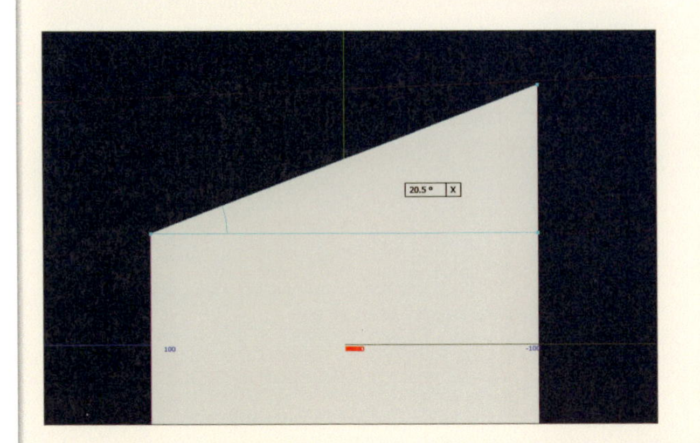

角度を合わせる

計測で作成したラインは、移動などの他のコマンドに切り替えても維持されるので、作成したラインに合わせて頂点を移動して辺の角度を修正することもできます。オブジェクトの長さは、簡単に設定することができますが、角度は設定が難しいのでこの［角度］を使うと簡単に欲しい角度に設定することができるようになります。ただし、オブジェクトの内側にしか計測のポイントを設定することができないので注意が必要です。

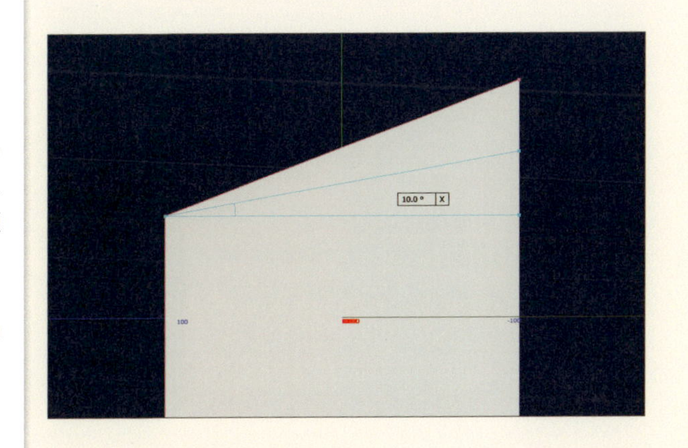

厚みを計測する

[計測] コマンドではオブジェクトの厚みも計測することができます。厚みを計測するには、サブパネルで［厚み］を選択します。厚みを計測する方法には[法線]と[視線]があります。[法線]は、クリックした部分の面の法線方向（面に直交する方向）の厚さ、［視線］は3D画面が向いている方向の厚さが表示されます。

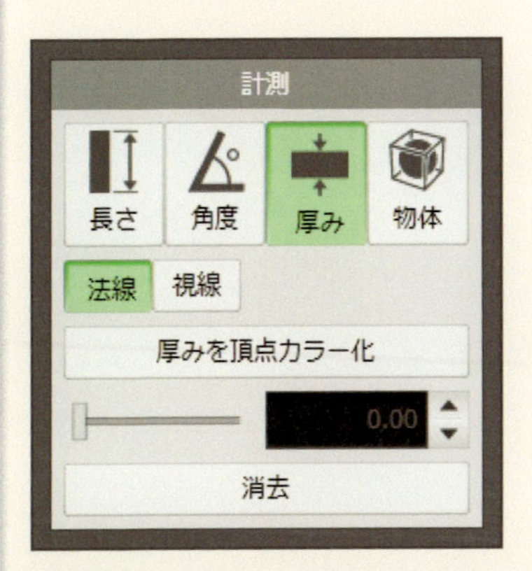

9

厚みを知りたい場所をクリック

厚みを計測するには、計測の方法を[法線]、もしくは［視線］にして厚みを計測したい部分をクリックします。右図は［法線］に設定して、計測したものです。

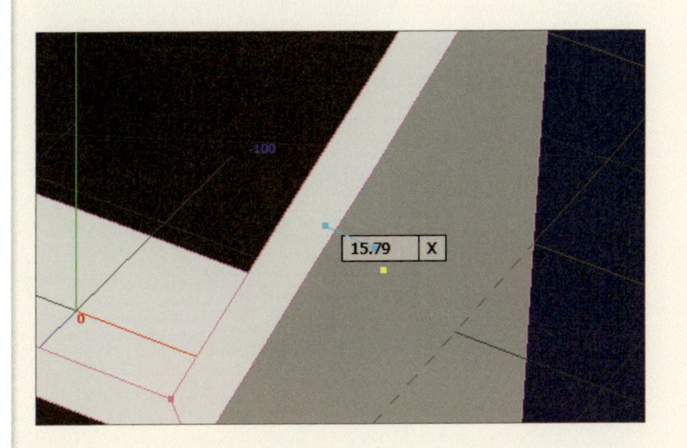

10

色で厚みの違いを計測する

［厚みを頂点カラー化］をクリックしてオンにすると、色で厚みの違いを表示することができます。同じ厚みの部分は同じ色になるので、厚みが変化している部分はグラデーションに表示されます。

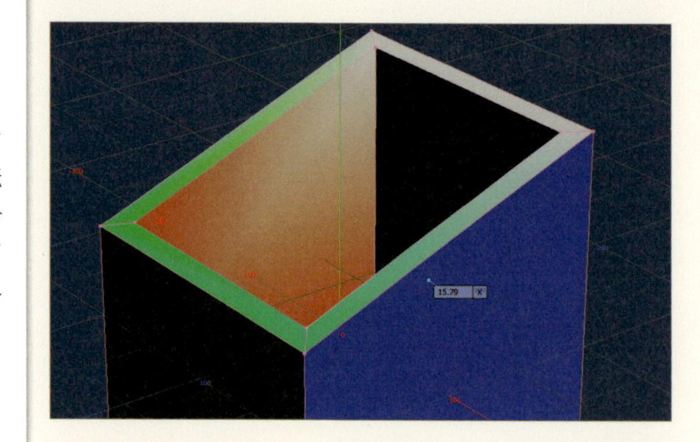

11

オブジェクト全体の大きさを計測する

オブジェクトの大きさを、全体的に計測したい場合は、［物体］を使って計測します。サブパネルで［物体］を選択し、大きさを計測したいオブジェクトをクリックします。クリックすると、オブジェクトにフィットした青いケージが表示され、XYZそれぞれの長さが表示されます。

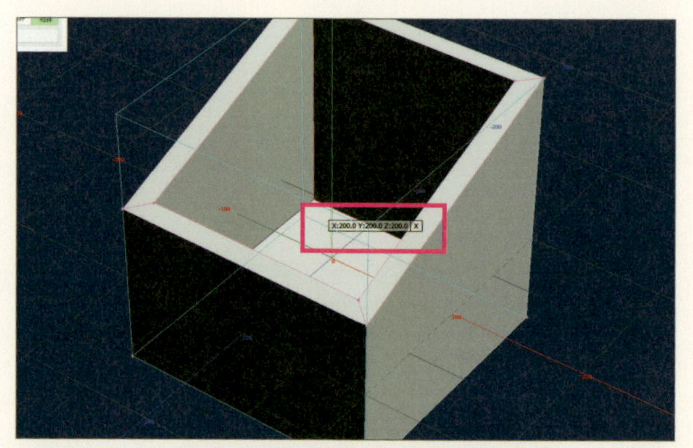

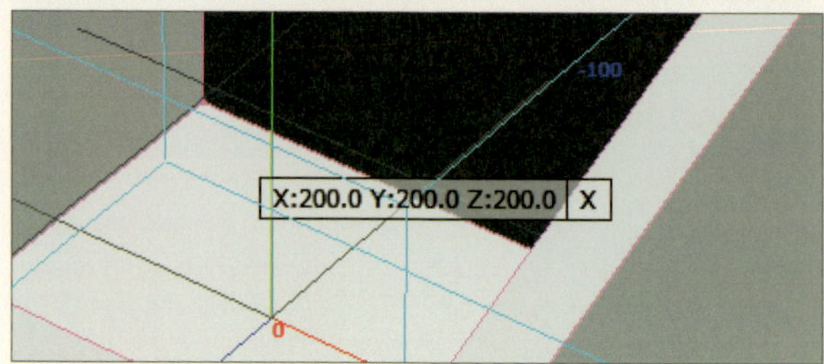

TECHNIQUE

070 別オブジェクトを挿入する

複数のオブジェクトを組み合わせて1つのモデルを作成する場合、別のファイルで作成したオブジェクトを、作成中のファイルに挿入することができます。

方法 [オブジェクトの挿入]コマンドを使う

[オブジェクトの挿入]を選択

オブジェクトを挿入したいファイルを表示したままで、[ファイル] メニューから[オブジェクトの挿入] を選択します。

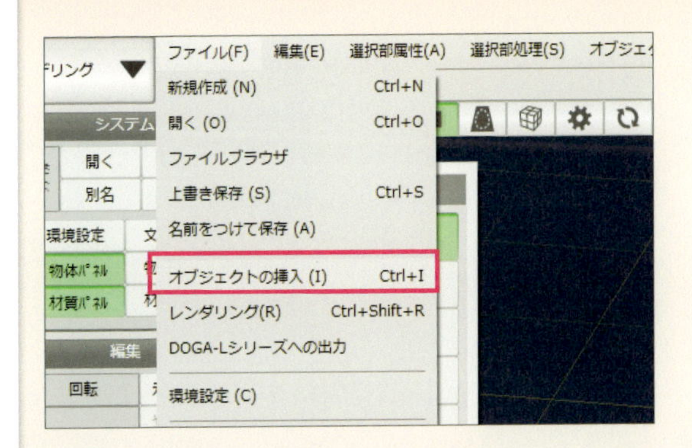

2

挿入するオブジェクトを選択

[オブジェクトを挿入]パネルが表示されるので、挿入するファイルを選択します。挿入できるファイルは、mqoファイルだけでなく、メタセコイアの入出力に対応したファイルであれば挿入することができます。ここではmqoファイルを選択しています。

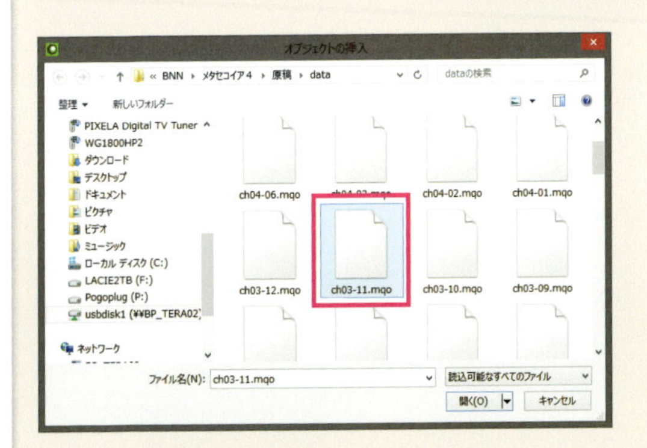

オブジェクト名の競合を解消

挿入するmqoファイルに、現在開いているファイルに含まれるオブジェクトと同じオブジェクトが存在した場合、それをどのように処理するか [同名オブジェクトの処理] パネルが開くので、そこで選択します。合成すると、同名のオブジェクトが1つにまとめられます。大抵の場合は、[新規オブジェクト] をクリックして、別オブジェクトとして読み込みます。また複数のオブジェクトがある場合は [すべて新規オブジェクトとして] を選択します。

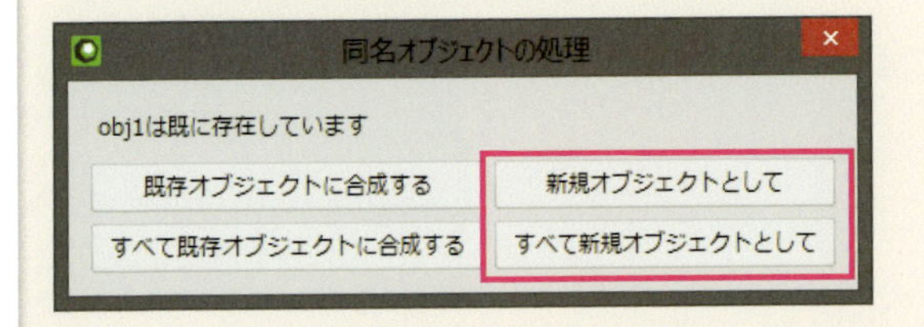

4

オブジェクトが挿入された

選択したファイルに含まれていたオブジェクトがobj2として挿入されました。

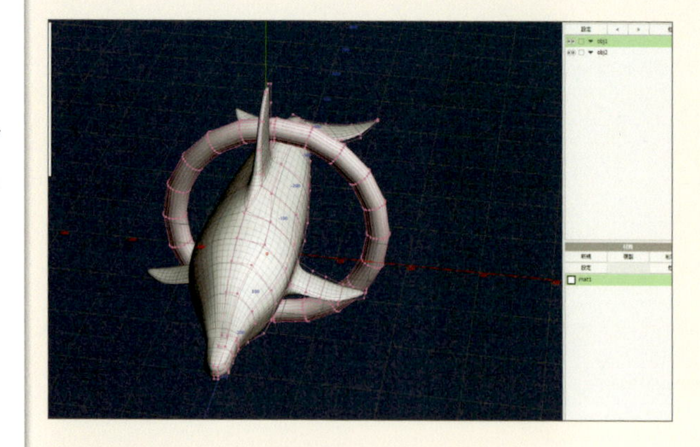

5

他のフォーマットの場合

mqoファイル以外のフォーマットを挿入する場合は、ファイルフォーマットに応じたインポートパネルが表示されます。読み込むサイズを変更したり、座標軸の向きを変えたりできます。図はobjファイルのインポート設定です。

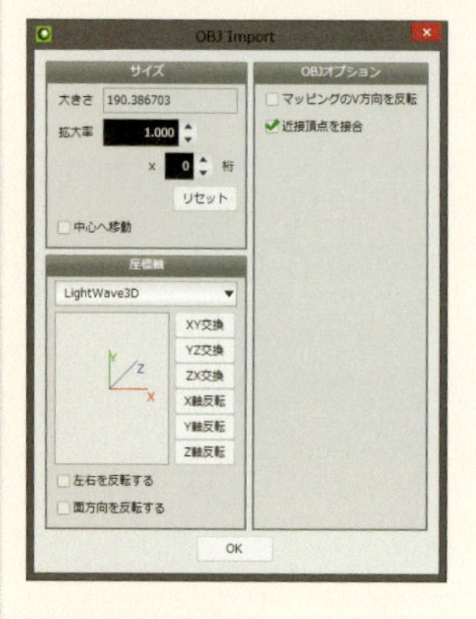

6

別オブジェクトとして読み込まれた

mqoファイル以外のファイルフォーマットを読み込んだ場合は、新しくオブジェクトが作成され、そこに挿入されます。

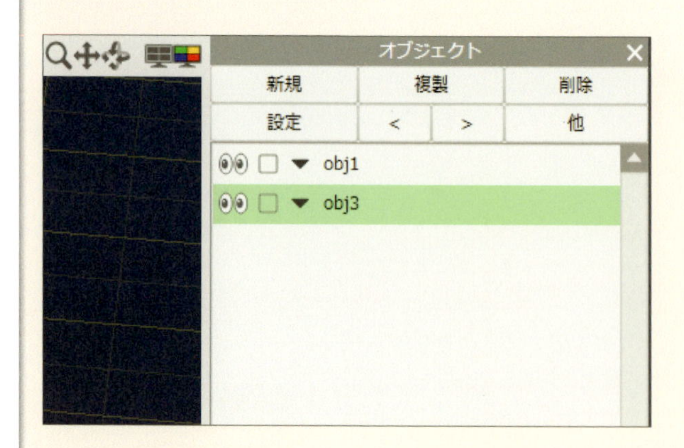

TECHNIQUE

071 画面に下絵を表示させる

設定画や設計図がある場合、その内容に合わせて正確にモデリングしないといけないこともあります。そのような場合は3D画面に設計図などの画像を表示し、参照しながらモデリングすることができます。

方法 ［下絵］コマンドを使う

1 表示したいビューに切り替える

下絵を使ってモデリングする場合は、3D画面を平行投影にして、前面や上、右といった視点に切り替えておきます。ここでは［左面］を表示します。

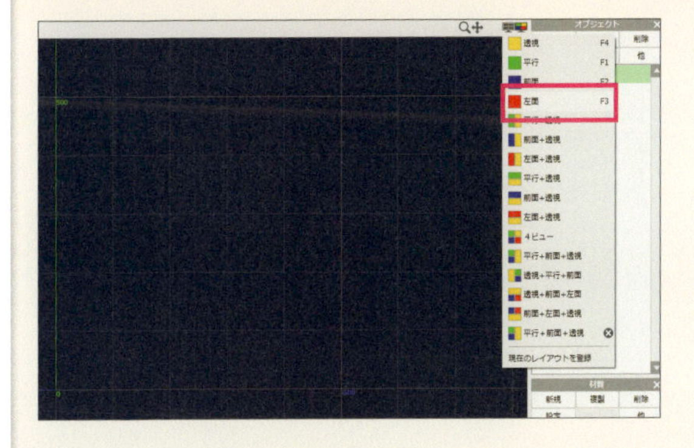

2 ［下絵］コマンドを選択

［コマンド］パネルで、［下絵］コマンドを選択します。

3 ［読込］が表示される

3D画面に［読込］が表示されるので、そこをクリックします。

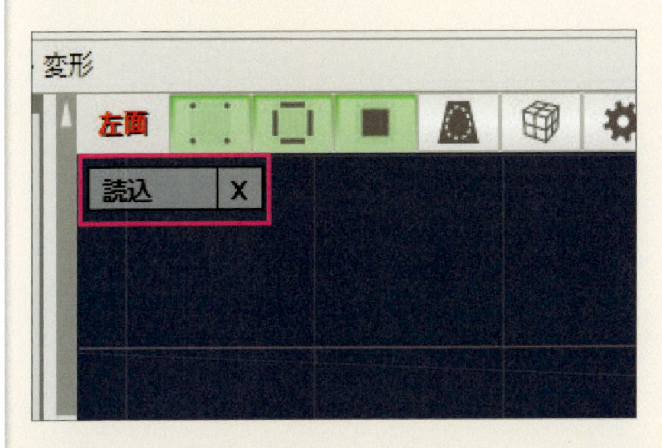

4

表示する画像を選択する

下絵として表示する画像を選択するパネルが表示されるので、画像ファイルを選択して［開く］ボタンをクリックします。読み込める画像ファイルは、bmp、ppm、tga、png、jpg、psd、tiff、ddsといったファイルを使用することができます。

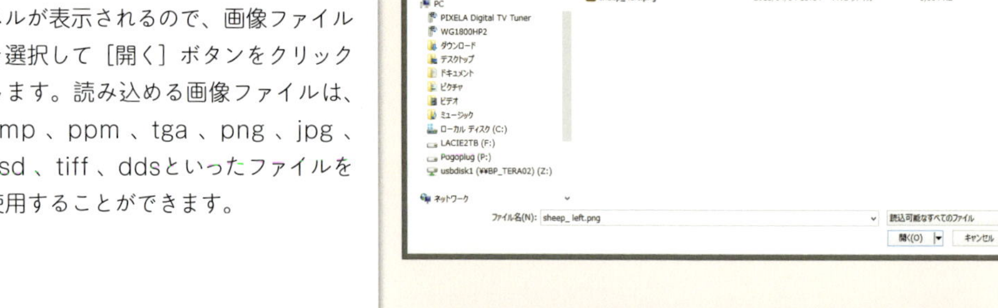

5

画像が表示される

3D画面に読み込んだ画像が表示されます。

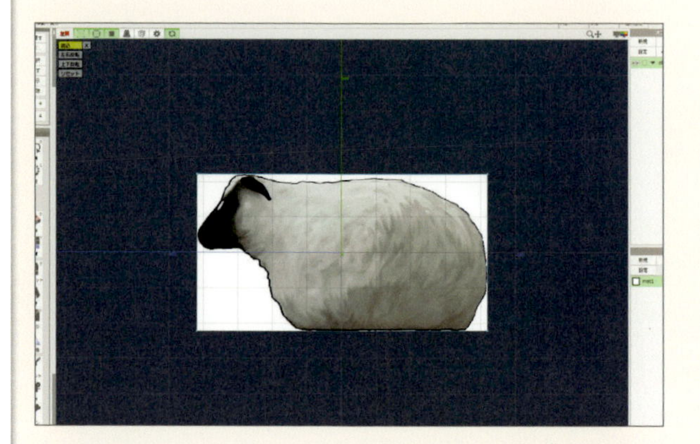

6

下絵を移動させる

下絵として読み込んだ画像は移動させることもできます。移動させる場合は、［下絵］コマンドを選択した状態でマウスを画像の上に持っていき、マウスカーソルが移動のカーソルに変化した状態でドラッグすると、任意の位置に画像を移動させることができます。

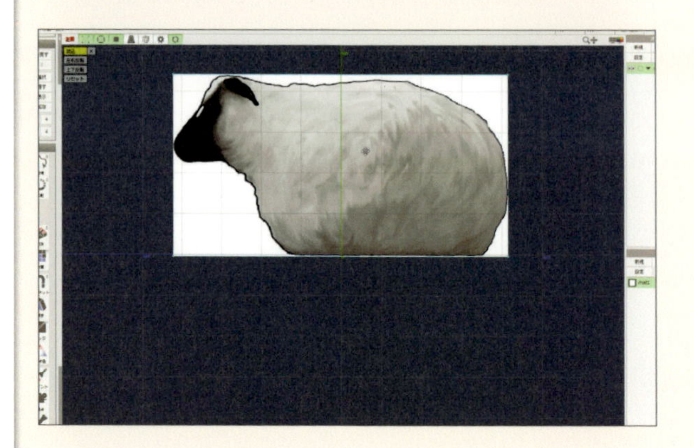

7

下絵の大きさを変える

下絵の画像の大きさを変えることもできます。大きさを変える場合は、カーソルを下絵の4隅に表示されているポイントに合わせてドラッグします。

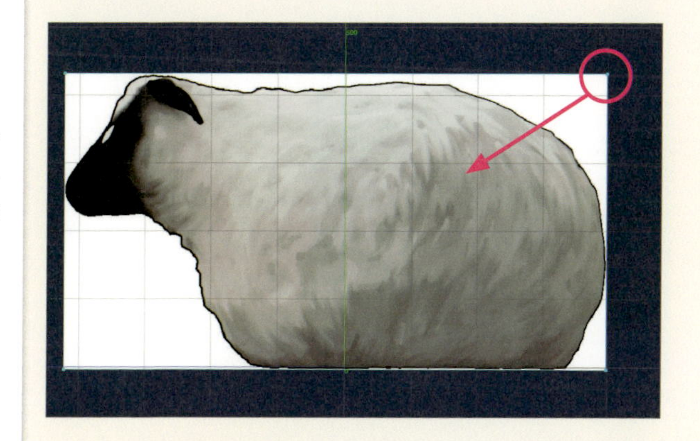

8

下絵を反転させる

下絵の画像を反転させることもできます。反転させる場合は、3D画面に表示されている［読込］ボタンの下に表示されている［左右反転］［上下反転］のボタンをクリックすることで下絵を左右もしくは上下に反転させて表示することができます。

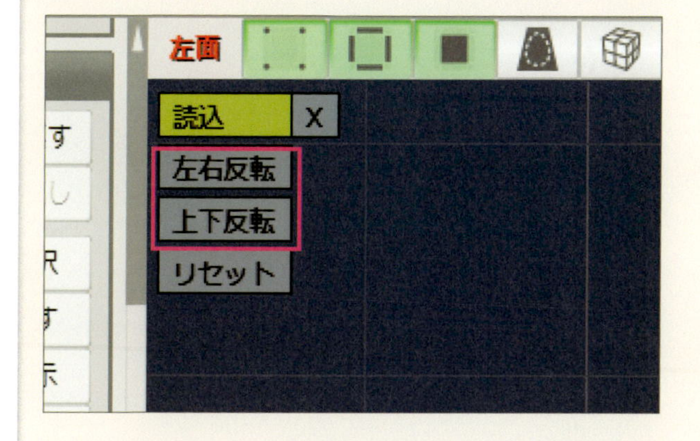

9

下絵はビュー毎に表示できる

下絵は、4画面表示している場合でもビューの方向に合わせて違う画像を下絵として表示することができます。それぞれのビューで［読込］ボタンをクリックして画像を選択し、画像を表示します。

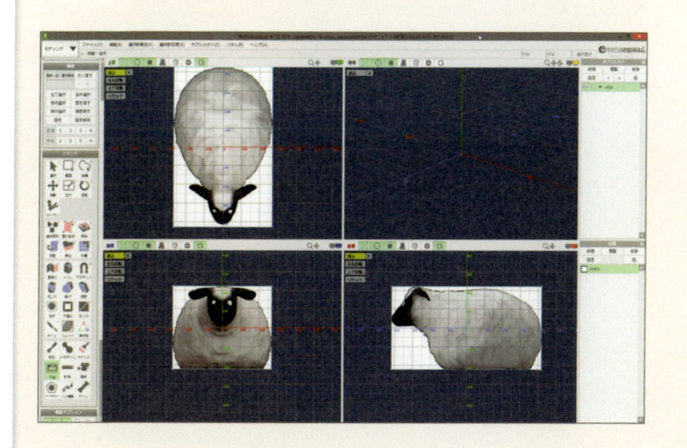

TECHNIQUE

072 キャラクターにポーズをとらせる

キャラクターのモデルを作成する時に、頂点の位置を調整しながらポーズを取らせるのはとても手間のかかる作業になります。キャラクターにポーズをとらせる場合は、Tポーズと呼ばれる標準ポーズでモデリングし、ボーンを使って変形させてポーズをとらせます。

方法 [ボーン]コマンドを使う

キャラクターのオブジェクトを用意

Tポーズでモデリングしたキャラクターのオブジェクトを用意します。このキャラクターにボーンを入れてポーズを作成していきます。

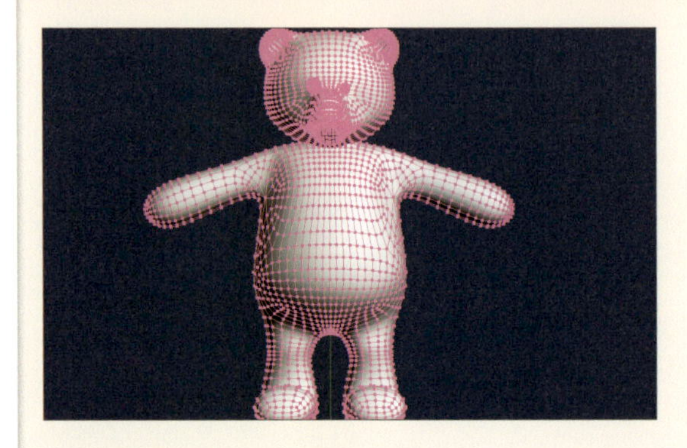

2 [ボーン]コマンドを選択する

[コマンド] パネルで [ボーン] コマンドを選択します。

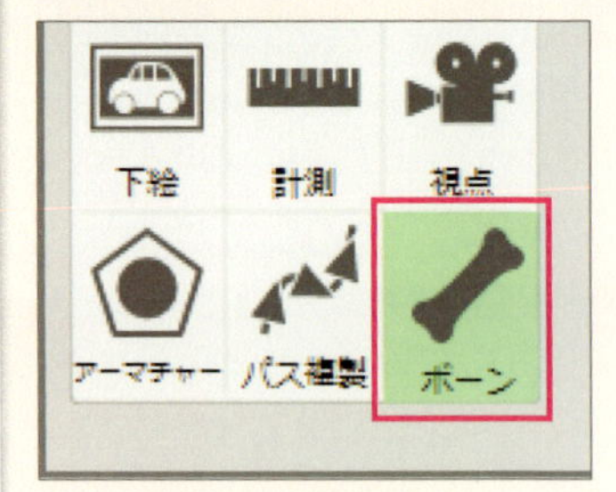

3 [ボーン]サブパネルが表示される

[ボーン] サブパネルが表示されます。ボーンを設定する手順は、まず [リギング]でボーンを作成し、[スキニング]で変形させる面の設定を行います。ボーンのテンプレートも用意されていますが、ここではゼロからボーンを設定していきます。

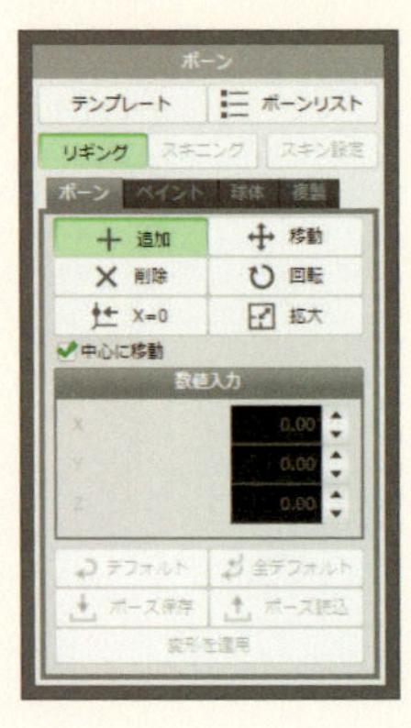

方法 ボーンを作成する

1

[ボーン]タブの[追加]を選択

キャラクターにボーンを入れていきます。ボーンを作成するには、サブパネルの［リギング］を選択し、［ボーン］タブの［追加］を選択します。

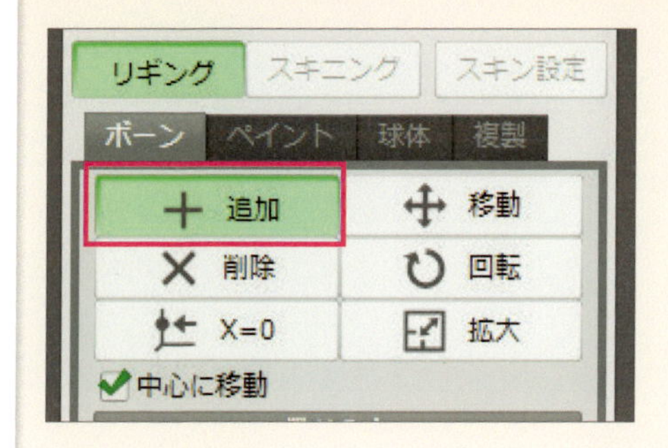

2

最初のボーンを入れる

最初にキャラクターの腰のあたりにボーンを作成します。腰のあたりをクリックして、マウスをドラッグしてボーンの長さを決めます。ドラッグを止めるとその位置でボーンの長さが確定します。

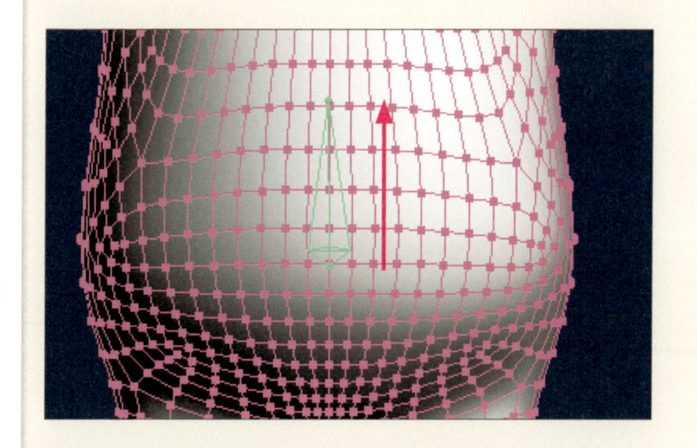

3

ボーンを延長する

ボーンは複数によって構成されていないと、オブジェクトを曲げたりすることができません。キャラクターの関節に合うようにボーンを入れていきます。ボーンを延長するには、［追加］を選択した状態で、最初に作成したボーンの先端ポイントにマウスカーソルを合わせ、ポイントが黄色に変化した状態でドラッグしていきます。この操作を繰り返し、必要な数だけボーンを増やしていきます。右図では腰から頭まで、５つのボーンを作成しました。

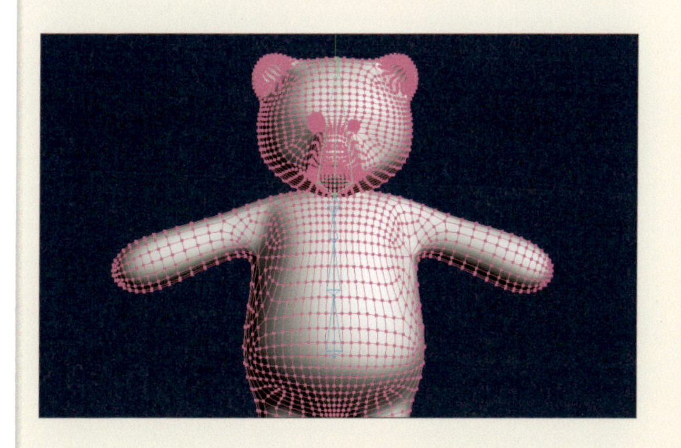

4 ボーンの位置を整える

ボーンを連続で作成していくと、前から見ると分かりませんが、横からみると曲がっていたりすることがあります。そのような時は、[ボーン] タブの[移動] を選択して、ボーンの先端ポイントをドラッグして位置を調整していきます。

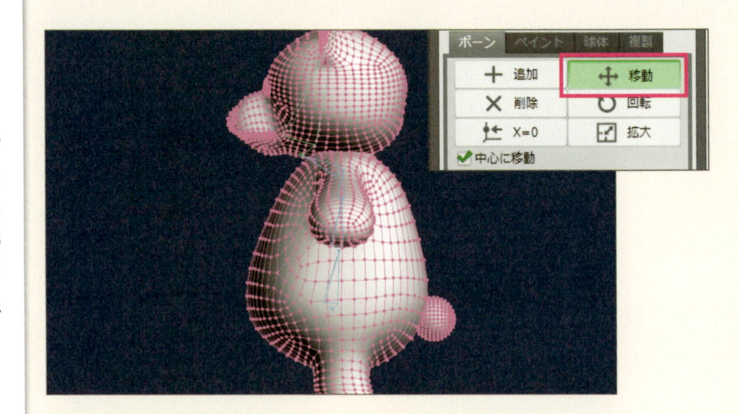

5 ボーンはなるべく中央に入れる

サブパネルの［中心に移動］にチェックを入れておくと、オブジェクトの中央にボーンが作成されますが、それでもずれているところは真っ直ぐになるように[移動] で位置を調整しました。

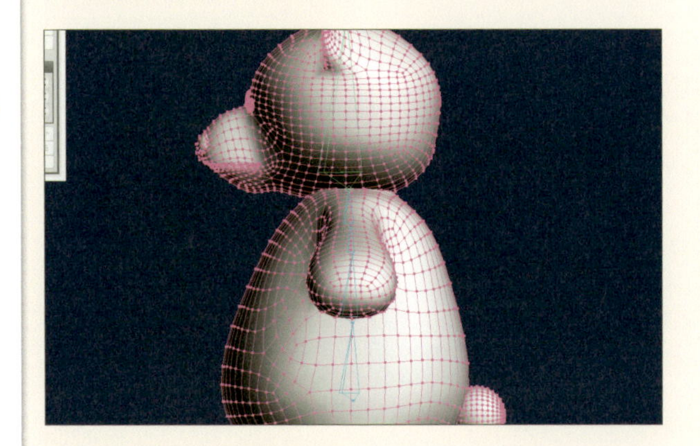

6 ボーンの分岐を作成する

腕のような構造では、肩となる部分のように、幹となるボーンから枝のボーンを分岐させる必要があります。分岐は、［追加］を選択した状態で、分岐を作りたいボーンの先端もしくは始点ポイントからドラッグして枝のボーンを作成していきます。

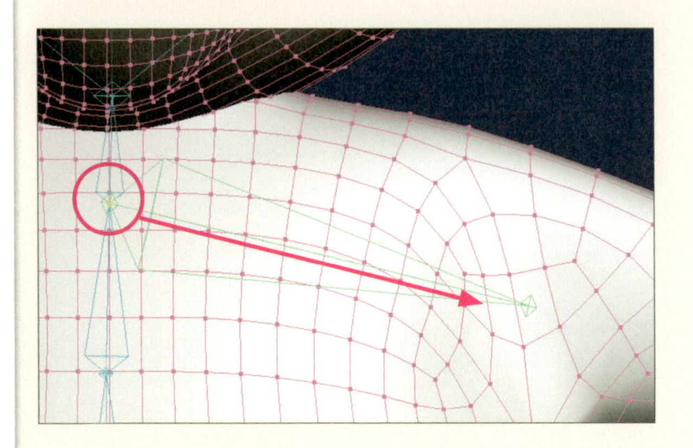

7

全身にボーンを入れていく

ボーンの延長と分岐を繰り返しながら、キャラクター全身にボーンを入れていきます。

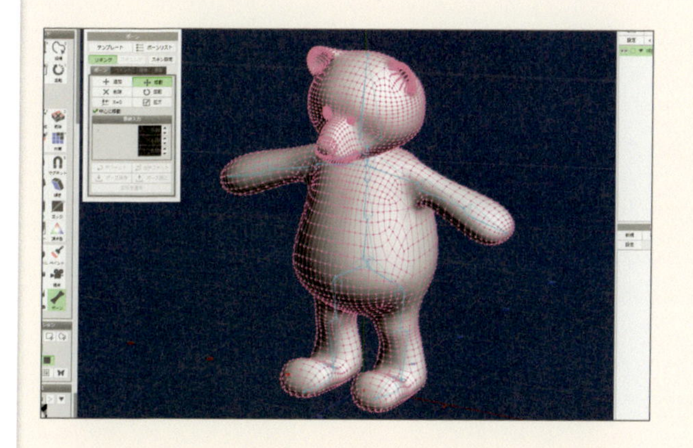

方法 スキニングを行う

1

[スキン設定]をオンにする

ボーンを作成しただけでは、オブジェクトを変形せることはできないので、オブジェクトとボーンを関連づけるスキニングの作業をします。まずは、[ボーン] サブパネルの [スキン設定] をクリックして選択します。

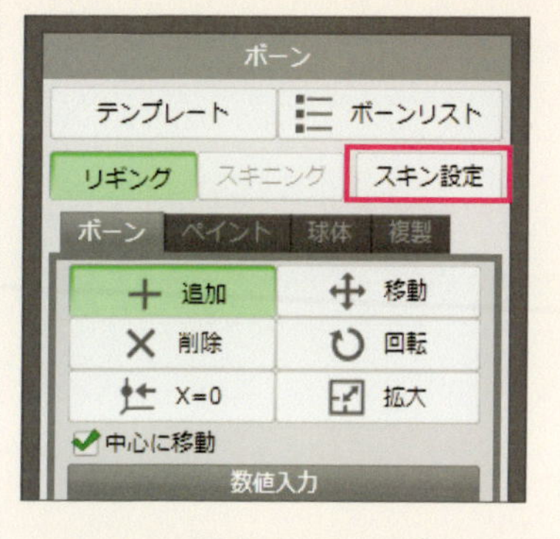

2

対象オブジェクトを選択する

[スキン設定] パネルが表示されたら、ボーンを適用したいオブジェクトにチェックを入れて選択します。

3

スキニングの形式を選択する

対象オブジェクトを選択したら、スキニングの形式を選択します。スキニングには、［リニア］と［デュアルクォータニオン］の2つがあります。［リニア］では、曲げたときに関節部分を直線的に曲げるため、ホースを折ったような形状になります。［デュアルクォーターニオン］では、形状の太さをなるべく変えず曲げることができますが、関節部分が外側に膨らむなど、輪郭が崩れてしまう場合もあります。ここでは、［リニア］に設定しています。［ウェイト表示］は「複数色」、［自動でウェイトを正規化］にチェックを入れます。設定ができたらOKをクリックします。

4

スキニングを確かめる

［スキン設定］で設定を確定させると、自動的に［スキニング］にモードが切り替わります。この段階で、ボーンを選択して回転させ、オブジェクトの変形具合を確かめます。ボーンの操作は、［ボーン］サブパネルで［スキニング］が選択された状態で、［ボーン］タブの［移動］［回転］を選択します。ボーンを動かすときは基本的に［回転］を使ってポーズを作っていきます。

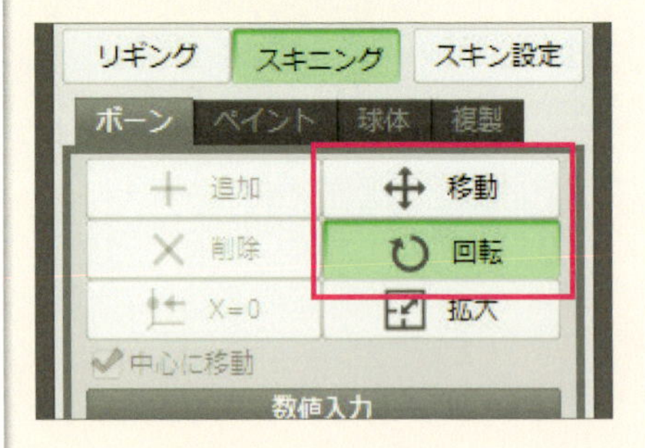

5

腕を曲げてみる

早速、腕を曲げてみました。腕は曲がりましたが、ボーンの影響がボディにも及んでしまっており、ボーンの動きに合わせてへこんでしまいます。

方法 影響範囲を調整する

1

[球体]タブに切り替える

ボーンの影響範囲が適切になるように、頂点のウェイトを調整していきます。ボーンの影響範囲を調整するには、[球体]タブをクリックして表示を切り替えます。

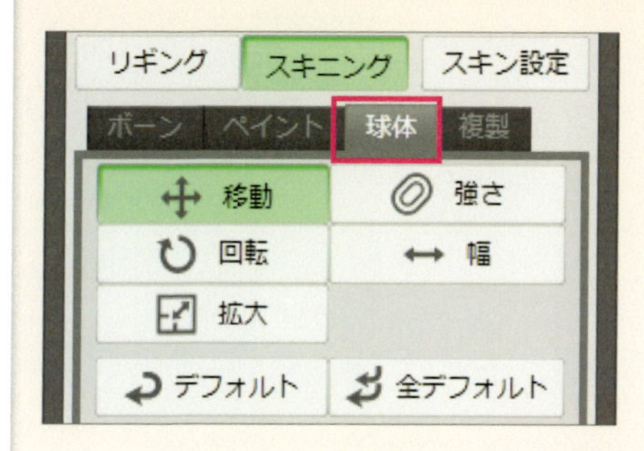

2

オブジェクトに影響範囲が表示される

[球体] タブに表示を切り替えると、オブジェクトの表面にボーンの影響範囲に応じて色が付きます。表示されている色は、[ボーンリスト]で設定されている各ボーンの色と同期されています。また、各ボーンには、影響力を示す球体が表示されます。

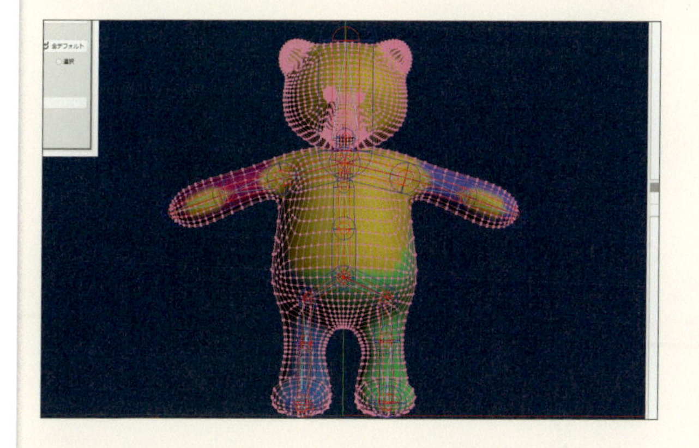

3

球体の大きさを調整する

ボーンの影響範囲は、[球体]タブの[拡大] を使って球体の大きさを変えながら調整していきます。

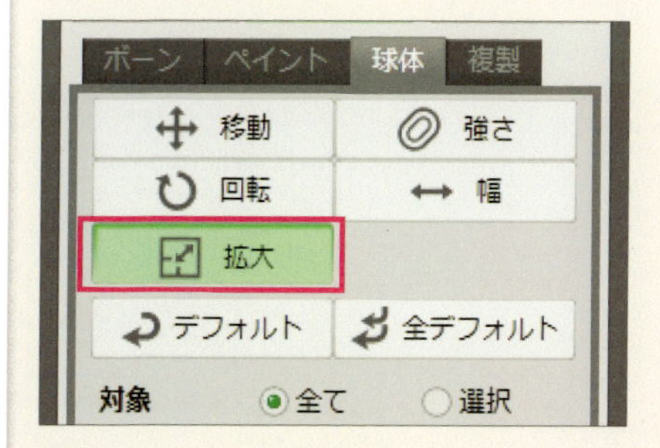

ハンドルをドラッグして拡大する

［拡大］を選択した状態で、影響範囲を調整したいボーンをクリックすると、拡大の軸が表示されるので、各軸のハンドルをドラッグして青い球体の大きさを調整していきます。目安としては、ボーンの影響を受ける範囲が、青い球体と同じ大きさ、もしくは内側に入るようにします。ここではお腹のボーンを調整しています。

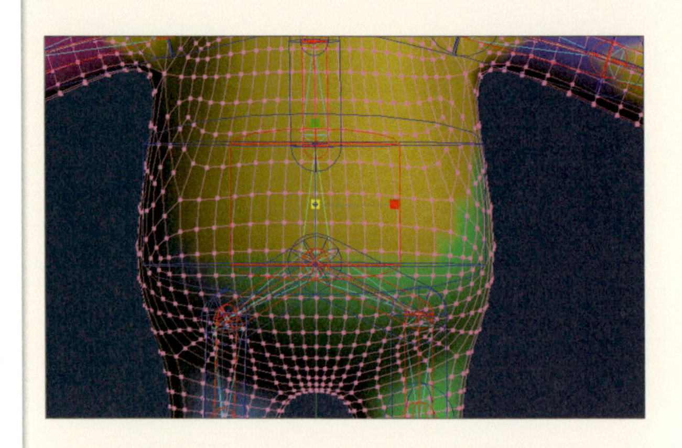

5

すべてのボーンを調整する

作業を繰り返して、すべてのボーンの影響範囲を調整していきます。［拡大］の他にも、ボーンの影響範囲の強度を調整する赤い球体を設定する［強さ］や、ボーン同士の影響範囲がどれぐらい重なるかを設定する［幅］などを使って調整していきます。特に［幅］の設定は、関節の曲がり方に関係してきます。幅が短ければ角がでるような曲がり方になり、幅が長くなると緩やかなカーブに曲がります。調整が終わったら［適用］ボタンをクリックします。

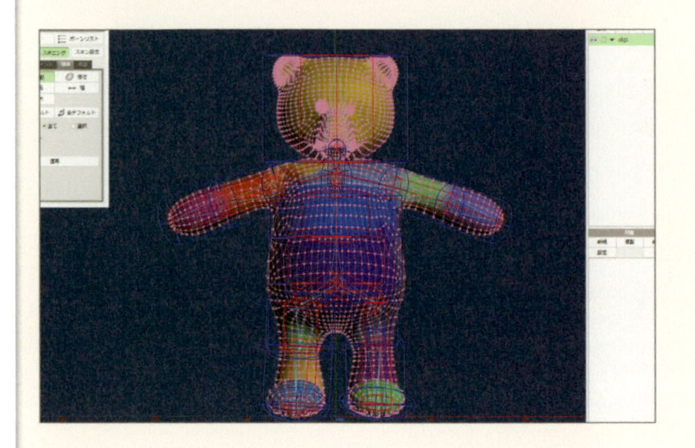

曲がり具合を確認する

［適用］ボタンをクリックしたら、［ボーン］タブをクリックして、表示を変更します。うまくボーンの影響範囲が設定されると、無関係な部分の変形が解消されます。

7

ポーズを保存する

ボーンで作成したポーズは、[ボーン]サブパネルの[ポーズ保存]で保存することができます。保存したポーズは[ポーズ読込]でいつでも読み出して利用することができます。

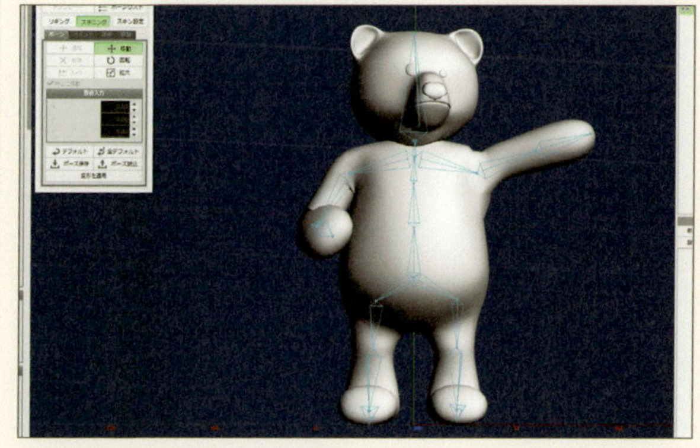

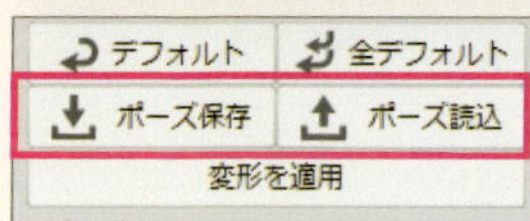

8

ポーズをフリーズさせる

ボーンで作成したポーズは、コマンドを切り替えてしまうと元のTポーズに戻ってしまいます。そのためポーズを固定したい場合は、[ポーズ]サブパネルの[変形を適用]をクリックして変形結果を固定する必要があります。

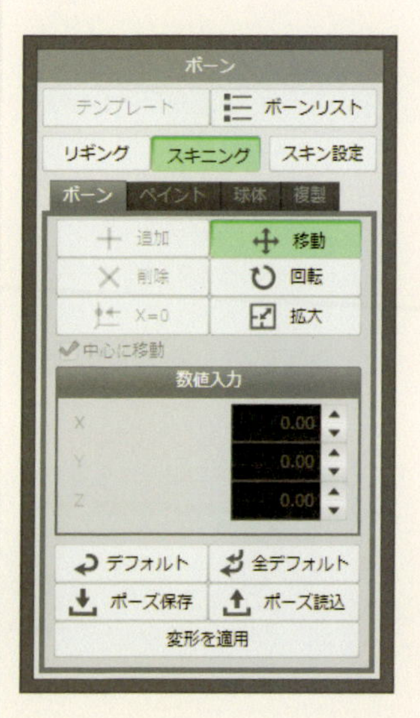

TECHNIQUE

073 アーマチャーでモデリングする

アーマチャーを使用すると、左右対称の分岐形状が簡単に作成されます。作成した形状をペーストして複雑な形状に変形させたり、アーマチャーをボーンに転送することもできます。ボーンを使って変形させるようなオブジェクトの作成には便利なモデリング手法です。

方法 [アーマチャー]コマンドを使う

1 [アーマチャー]コマンドを選択する

コマンドパネルで[アーマチャー]コマンドを選択します。

2 サブパネルが表示される

[アーマチャー]サブパネルが表示されます。最初は[追加]を選択しておきます。

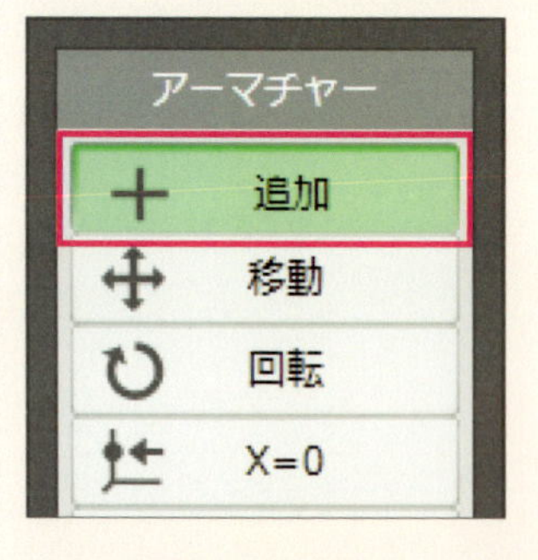

3 アーマチャーを作成していく

アーマチャーを使って人型を作成していきます。まず胴体の基点となる位置をクリックして、上方向にドラッグします。

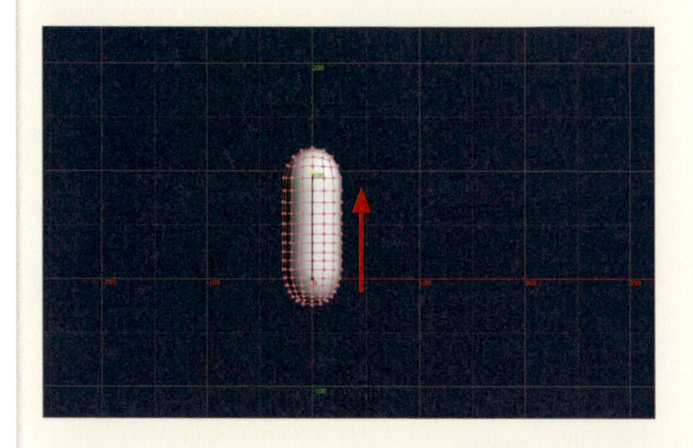

4

アーマチャーを延長していく

再び上方にドラッグして首部分を作成します。

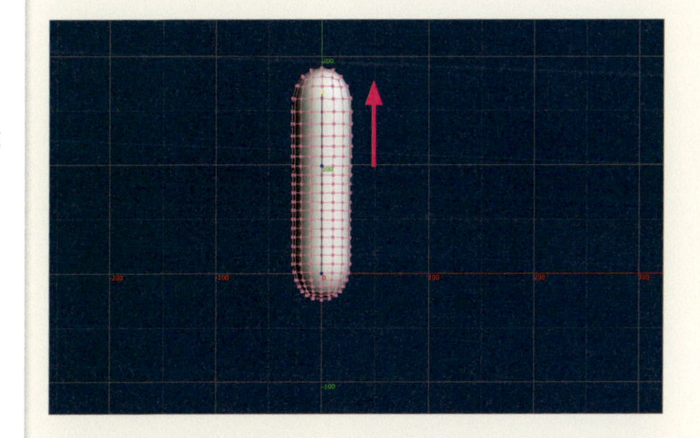

5

分岐を作成する

途中のポイントからドラッグして、鎖骨部分の分岐を作成します。

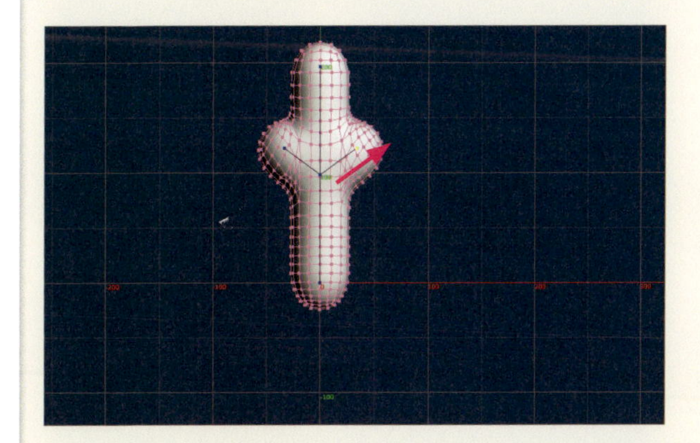

6

腕を延長していく

鎖骨部分の分岐から、さらに何回かドラッグして延長していきます。

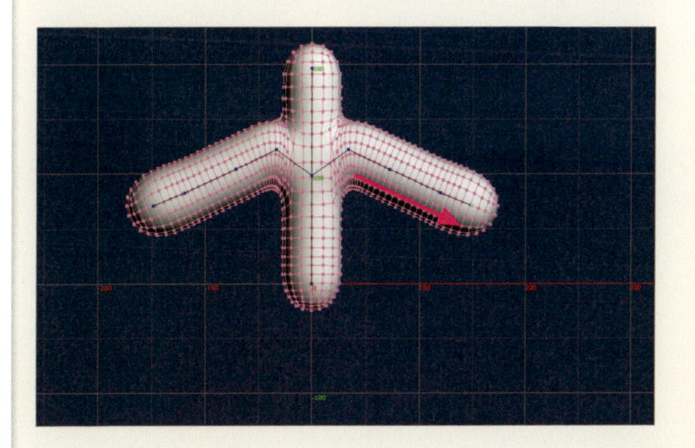

7

脚を延長する

鎖骨を分岐した要領で、脚を伸ばしていきます。

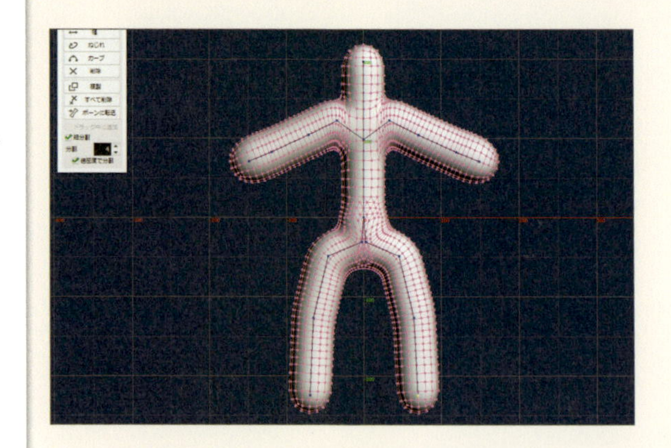

8

ポイントの位置を変える

サブパネルの［移動］を使うとアーマチャーのポイントの位置を調整することができます。ポイントをドラッグして形状を整えていきます。

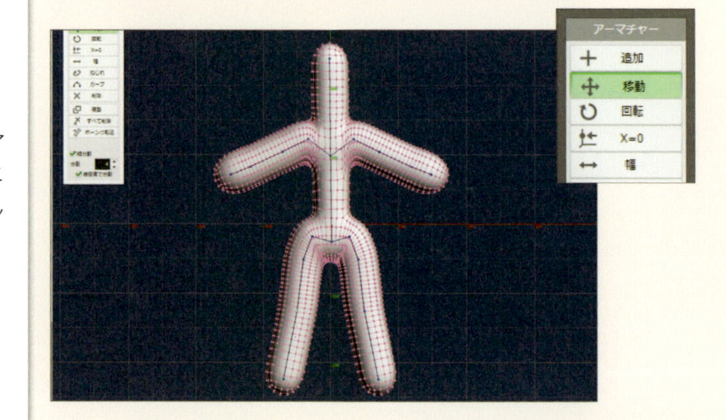

9

太さを変える

アーマチャーを描画していくと、太さが一定になっているので、［幅］を選択し、ポイントをドラッグして太さを変えていきます。

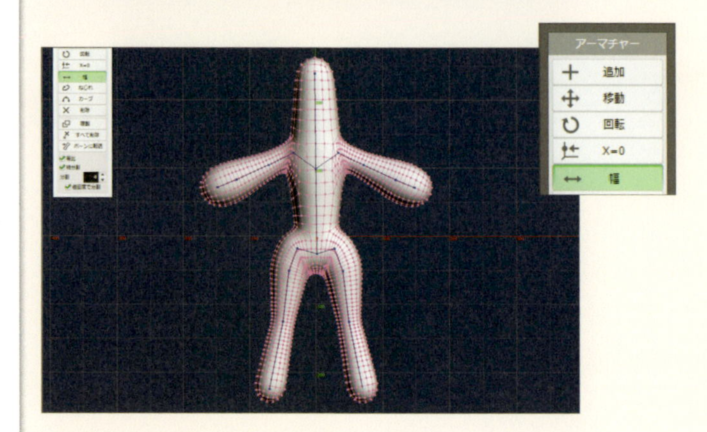

10

ポイントを追加する

アーマチャーのポイントとポイントの間に新たにポイントを挿入することもできます。挿入する際には、[追加]を選択して、挿入する場所をクリックします。

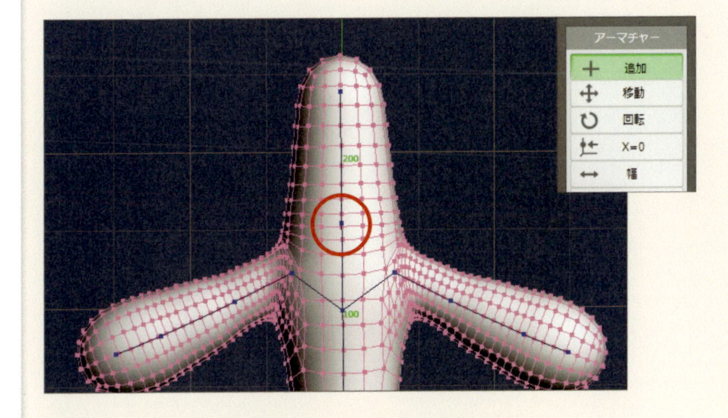

11

ボーンに変換する

形状の骨格が作成できたら、アーマチャーをボーンに変換することができます。ボーンに変換するには、サブパネルの［ボーンに転送］を選択します。[ボーンに転送]パネルが表示されるので、アーマチャーを削除してボーンに置き換える場合は、[元のアーマチャーを削除］にチェックを入れます。アーマチャーを残しておきたい場合は、チェックを外します。

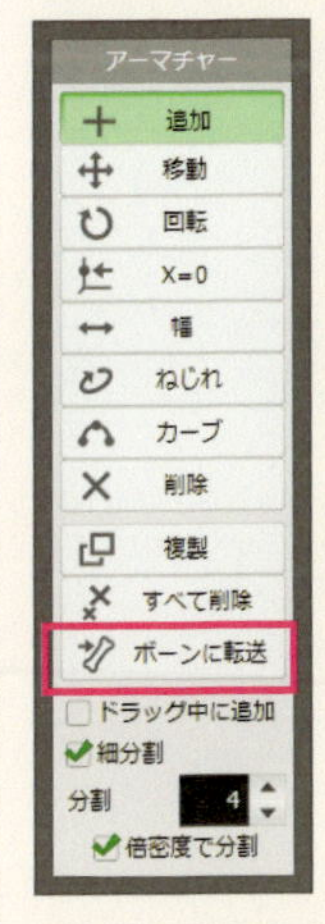

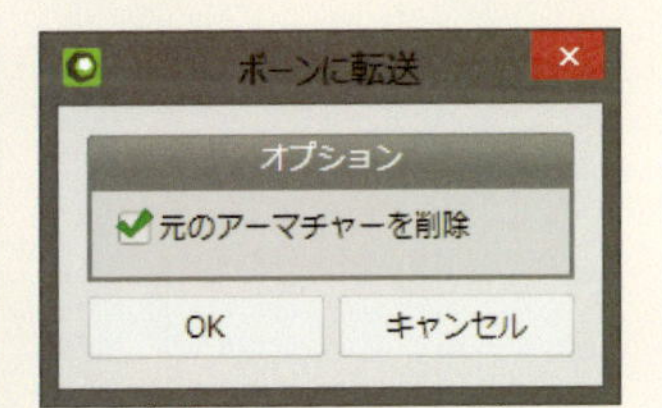

12

ボーンが作成された

コマンドパネルで［ボーン］コマンドに切り替えると、アーマチャーがボーンに変換されたのが分かります。この状態から、形状を細かく加工して、スキニングを行えば簡単にボーンの入ったキャラクターを作成することができます。

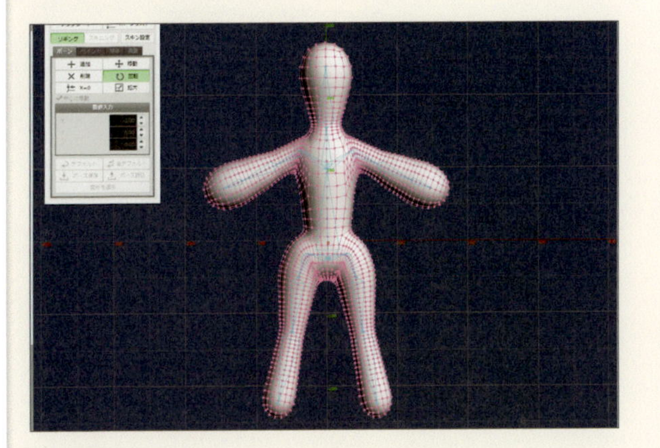

TECHNIQUE

074 テクスチャから立体を作成する

テクスチャ立体化の機能を使うと、透かし彫りのような形状をテクスチャから作成することができます。テクスチャ立体化を使うには、ペイントソフトで模様を作成し、オブジェクトに材質としてマッピングされている必要があります。

方法 ［テクスチャ立体化］コマンドを使う

テクスチャを用意する

ペイントソフトを使って、透かし彫り用のテクスチャを用意します。透明情報を持ったPNGファイルとして保存します。

2

オブジェクトを作成する

テクスチャをマッピングするオブジェクトをモデリングします。

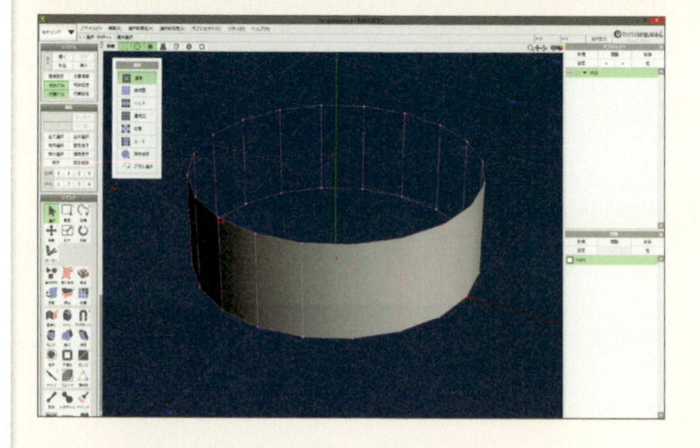

3

テクスチャをマッピングする

作成したテクスチャをマッピングします。［材質］パネルの設定ボタンを押して、［材質設定］パネルを開きます。作成したテクスチャは、透明情報を持ったPNGファイルなので、［マッピング］の項目の［模様］に読み込むと自動的に透明部分は透明化されます。

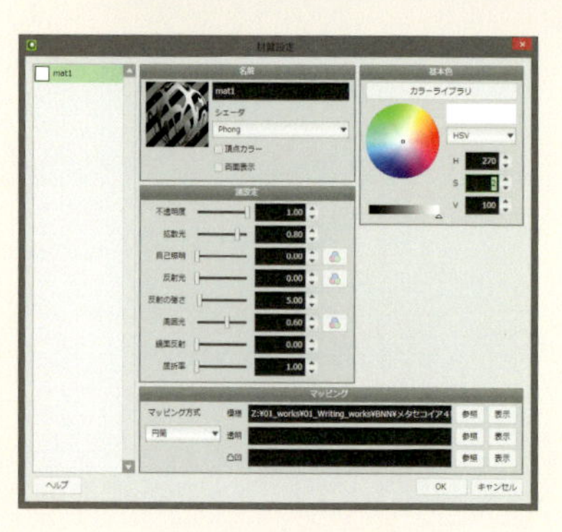

4

マッピングの位置を調整する

レイアウトを［マッピング］に切り替えて、［マッピング］サブパネルの［現物にフィット］をクリックして位置を合わせます。

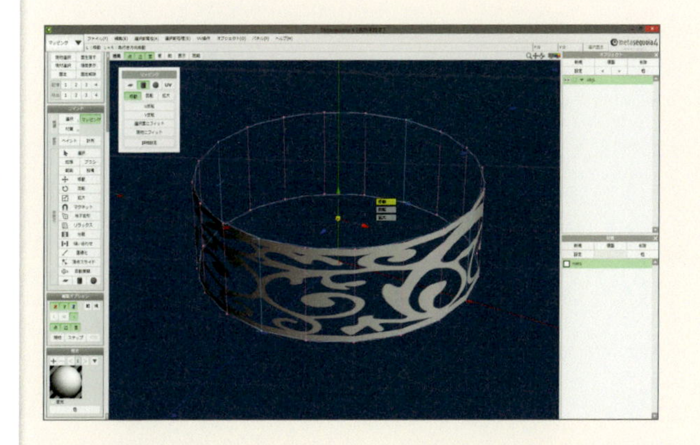

5

［テクスチャ立体化］を選択

［オブジェクト］メニューから、［テクスチャ立体化］を選択します。

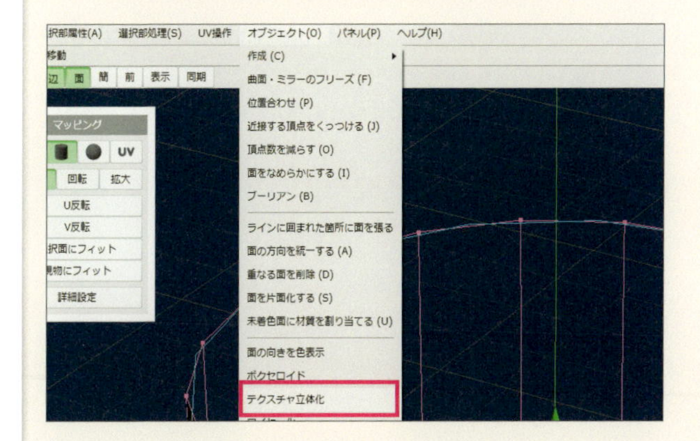

6

立体化の設定をする

［テクスチャ立体化設定］パネルが表示されるので、［解像度］や［厚み］を設定します。［解像度］はパソコンのメモリ容量の空きに合わせて設定しておきます。不透明部分にディテールが書き込まれているような場合は、［テクスチャエンボス］や［深さ］といった項目も設定しておきます。

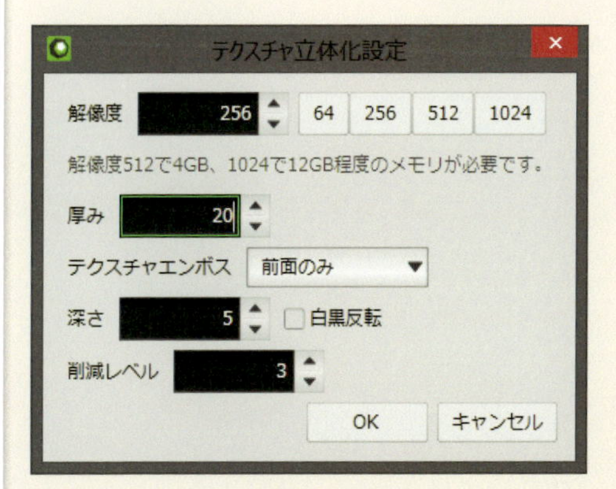

7 テクスチャの模様がメッシュ化された

［テクスチャ立体化設定］パネルのOKボタンをクリックすると、テクスチャの模様がメッシュ化されます。

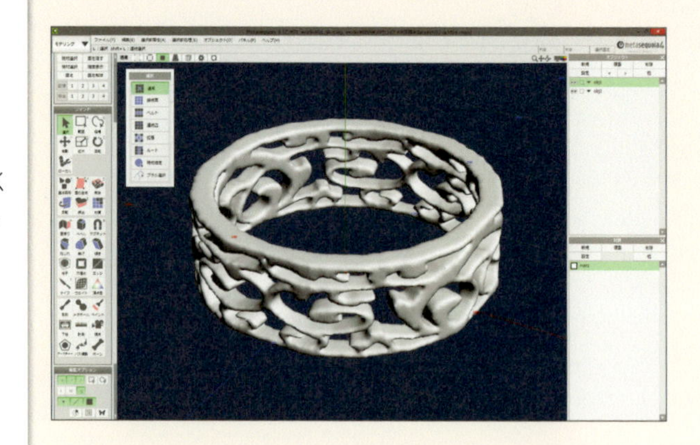

8 解像度を変える

作成されたオブジェクトのディテールが失われてしまっている場合は、［解像度］の値を上げます。図は［解像度］を「512」に設定したものです。

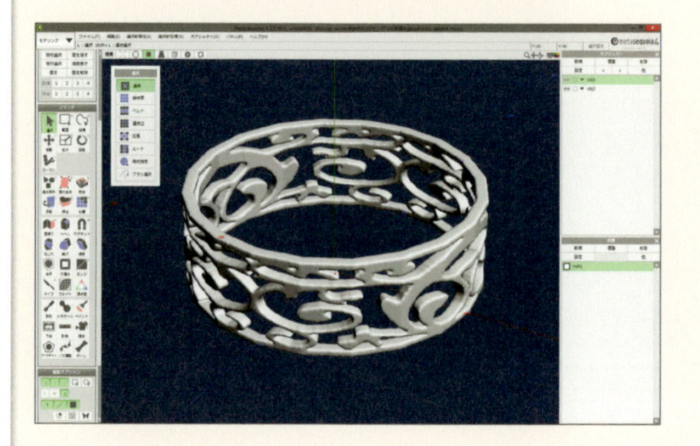

TECHNIQUE

075 地形を作成する

［凸凹地形］を使用すると、起伏のある地形や、渓谷のようなオブジェクトを作成することできます。用意されたフラクタル図形から生成することも、自分で用意した画像から凹凸を作り出すこともできます。

方法❶ ［凸凹地形］コマンドを使う

［凸凹地形］を選択

［凸凹地形］では、最初に平面などのオブジェクトを作成しておく必要がありません。［オブジェクト］メニューの［作成］から［凸凹地形］を直接選んで作成します。

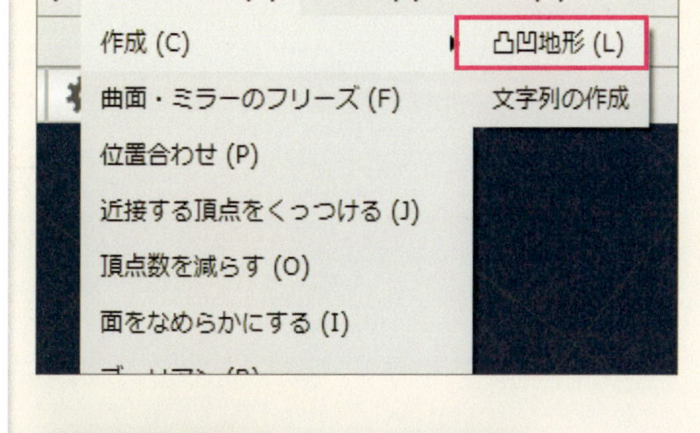

2

地形の画像を選択する

［地形生成］パネルが表示されるので、［フラクタル生成］ボタンをクリックして地形生成に使用するグレースケールの画像を選んでいきます。暗部が谷、明度が高いところが山になります。

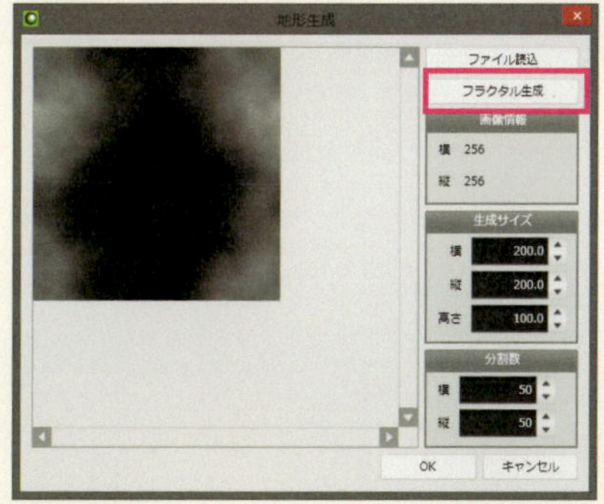

3

生成サイズを設定する

［生成サイズ］を設定します。［横］と［縦］が生成されるオブジェクトの広さになります。重要なのが［高さ］の設定です。［高さ］は明度が一番高い部分がどのくらいの高さになるかを設定します。また［分割数］によって、ディテールの解像度が変わってきます。

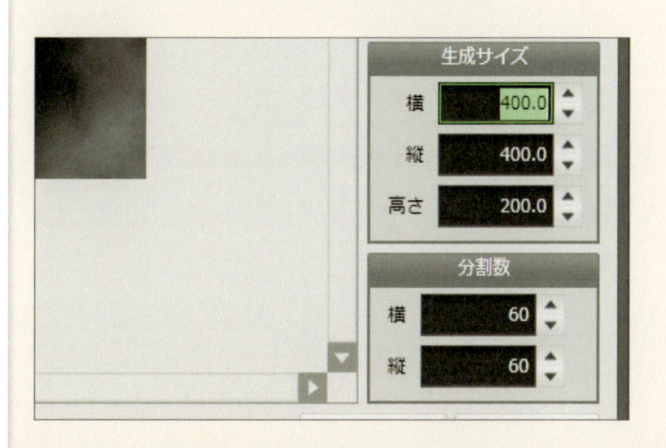

4

地形が生成された

OKボタンをクリックすると、地形のオブジェクトが作成されます。

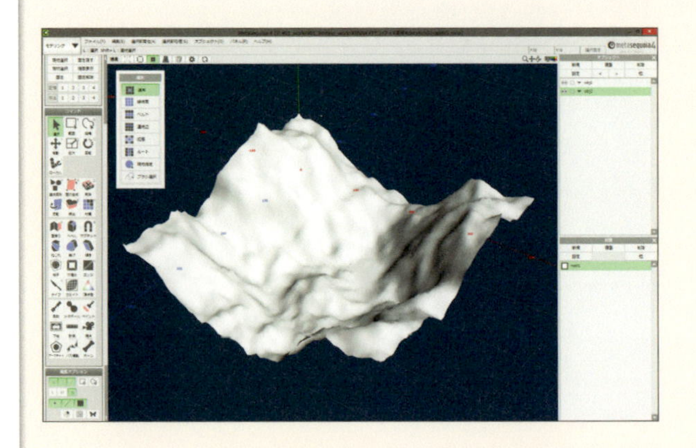

方法❷ 画像を使って地形を作成する

1

模様を作成する

[凸凹地形]では、オリジナル画像ファイルを利用して地形を作成することができます。Photoshopで図のような模様を作成して利用します。作成した画像はpngで保存しました。

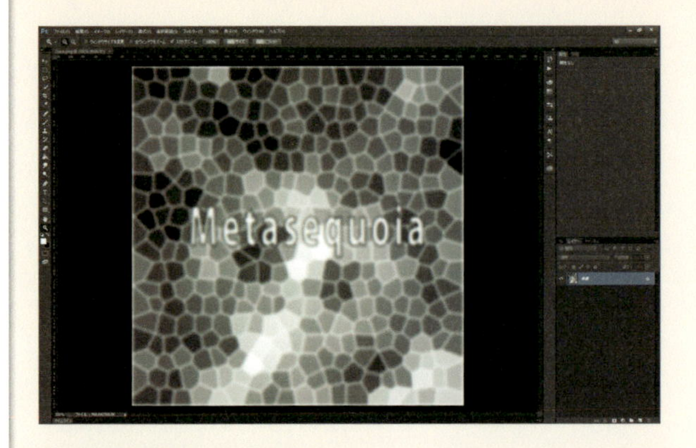

2

画像を読み込む

[地形生成]パネルで、[ファイル読込]をクリックします。[開く]パネルが表示されるので、保存した画像を選択して読み込みます。

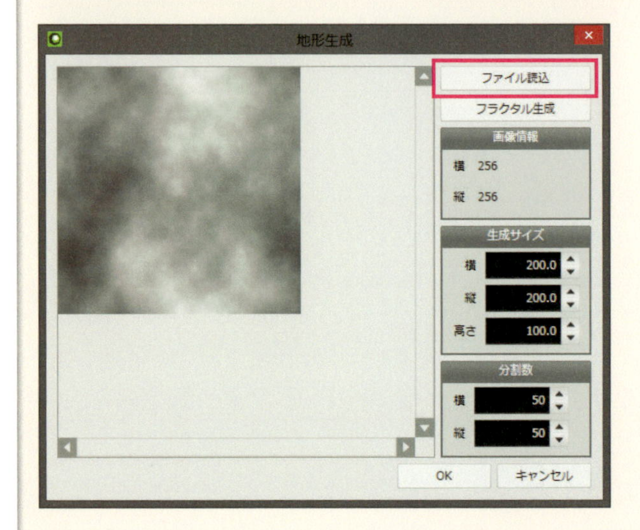

3

[生成サイズ]と[分割数]を設定する

選択した画像が読み込まれたら、[生成サイズ] と [分割数] を設定します。幾何学的な模様があるので、[分割数] は [横] を「1000」、[縦] を「1000」に設定しています。

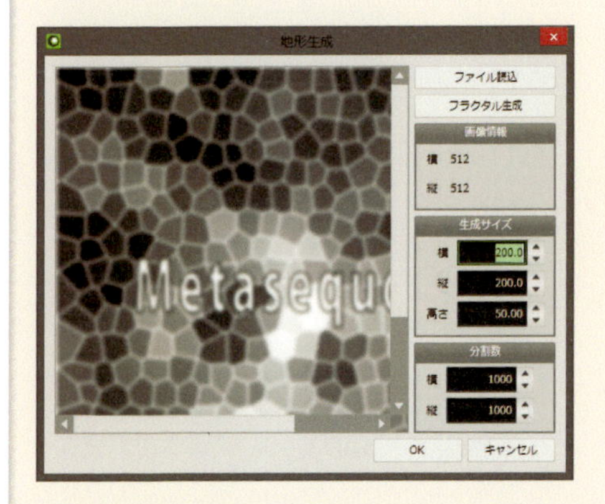

4

地形が生成された

[地形生成] パネルのOKボタンをクリックすると、地形が作成されます。

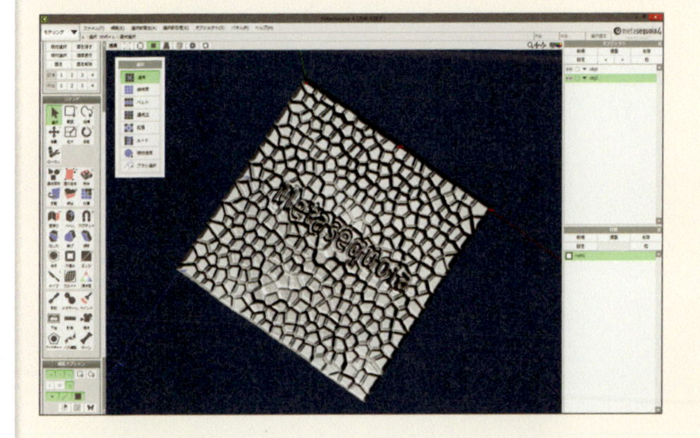

5

設定を変える

[フラクタル生成] を使うと、ランダムに模様が生成されるため、同じ結果を再現するのは難しく、高さや解像度の調整ができません。オリジナルの画像を読み込んで生成すると、画像は同じ画像を使えるので、設定を変更して形状を調整することができます。図は高さを低くしてみました。

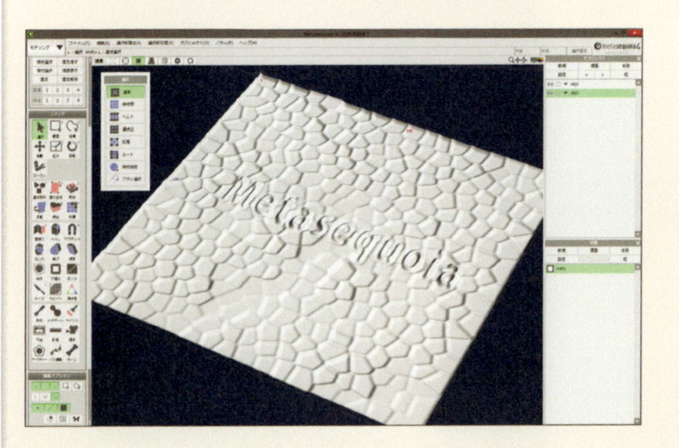

TECHNIQUE

076 プラグインを使用する

メタセコイアは、標準で用意されている機能の他に、機能を追加するためのプラグインが多数開発されています。プラグインを利用することで、より効率的にモデリングをしたり、他のツールでのモデルデータの利用が可能になります。

方法 [プラグイン]を使う

プラグインを確認する

メタセコイアはプラグインを使ったコマンドが多数用意されています。現在インストールされているプラグインにどのようなものがあるのかを確認するには、[ヘルプ] メニューから [プラグインについて] を選択します。

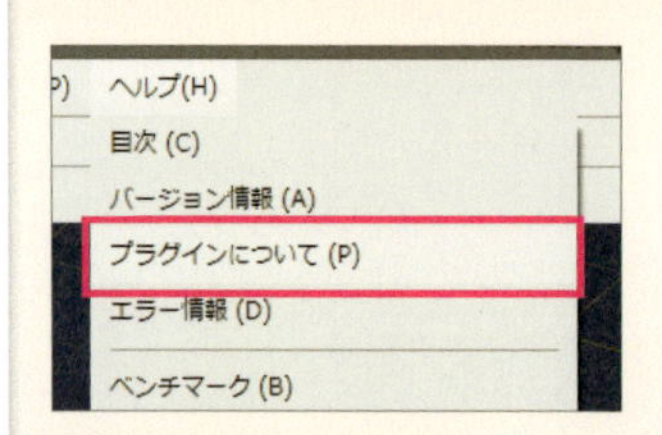

プラグインの一覧が表示される

[プラグインについて] パネルが表示されます。パネルには現在インストールされているプラグインの一覧が表示されています。プラグイン名をクリックして選択すると、そのプラグインがインストールされているパスやコピーライトなどが表示されます。

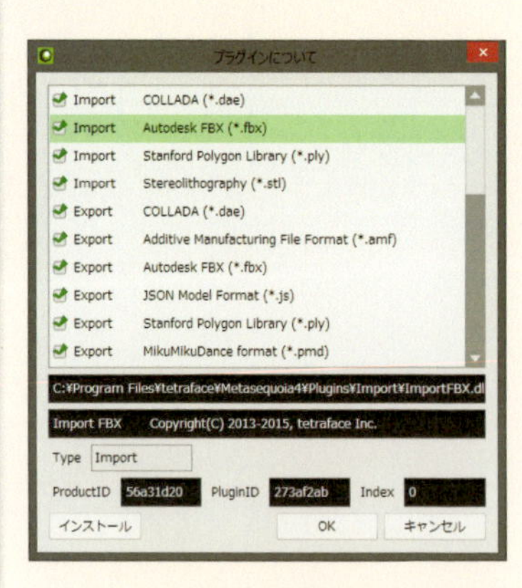

使用しないプラグインをオフにする

普段利用しないプラグインをオフにすることもできます。使用しないプラグインは、プラグイン名のチェックをクリックしてチェックを外します。OKをクリックするとそのプラグインがメニューや[コマンド]パネルから削除されます。再び使用したい場合は、チェックを入れれば再度利用可能です。

4

新しいプラグインを使う

プラグインはメタセコイアの公式サイト(http://metaseq.net/jp/plugin.html)などから入手することができます。

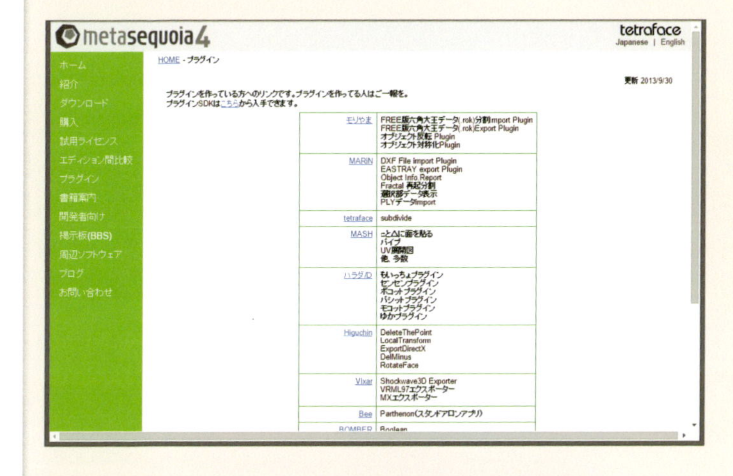

5

プラグインをインストールする

ダウンロードしたプラグインをメタセコイアにインストールするには、[プラグインについて] パネルの [インストール] ボタンをクリックして、ダウンロードしたプラグインの.dllファイルを選択してインストールします。

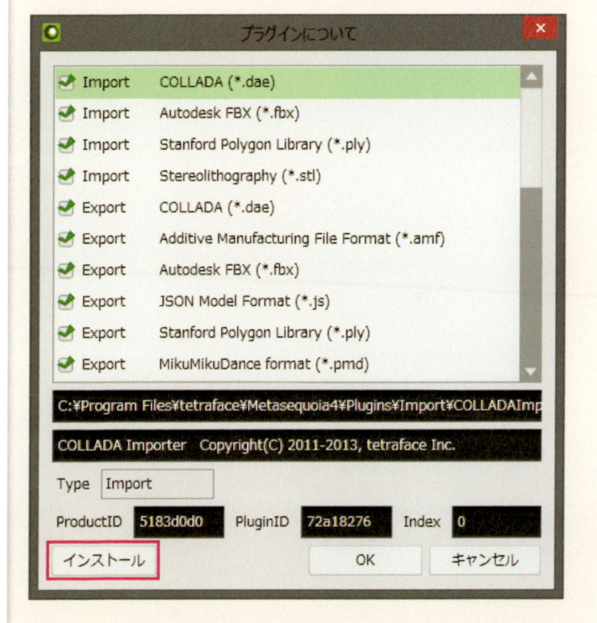

COLUMN

曲面制御時のウェイト設定

139ページで解説したオブジェクトの設定の、曲面タイプ1、2、Catmull-Clark、OpenSubdivといった曲面制御は、非常に滑らかな曲面を持った形状を得ることができるため、キャラクターのモデリングや不定型な形状を作成する際には、とても便利な機能です。ただ、全体的に丸くなってしまうので、機械の形状など曲面と鋭いエッジが混在しているような形状に曲面制御を使う場合には、エッジを作成したい部分の頂点や辺に「ウェイト」を設定して形状を作成していきます。ウェイトは、その頂点が曲面化に対してどれぐらい強度を持っているのかを設定する機能です。ウェイトの値が大きくなるほど、曲面化に対して頂点の抵抗が大きくなるので、曲面制御を適用する前の位置に留まろうとし、エッジが作成されます。メタセコイアでは、[ウェイト] コマンドを使って設定していきますが、オブジェクトに適用されている曲面制御の種類に合わせて、設定を行わないといけないので注意が必要です。適切に設定していくと、曲面とハードエッジを組み合わせたメリハリのある形状を作成することができるので、上手く活用しましょう。

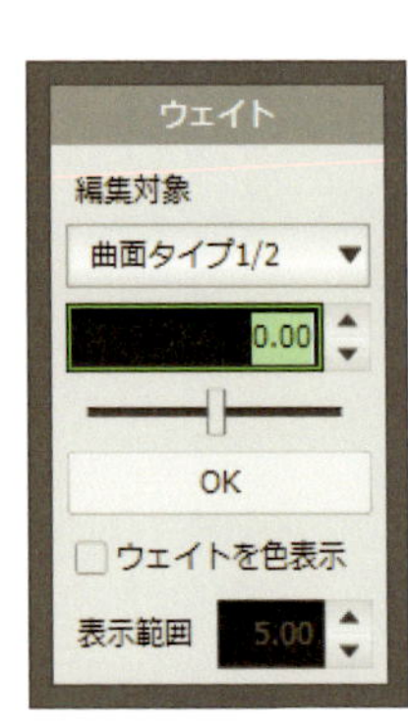

[ウェイト] サブパネル。[編集対象] で設定されている曲面制御の種類を選択して、数値を設定していく。

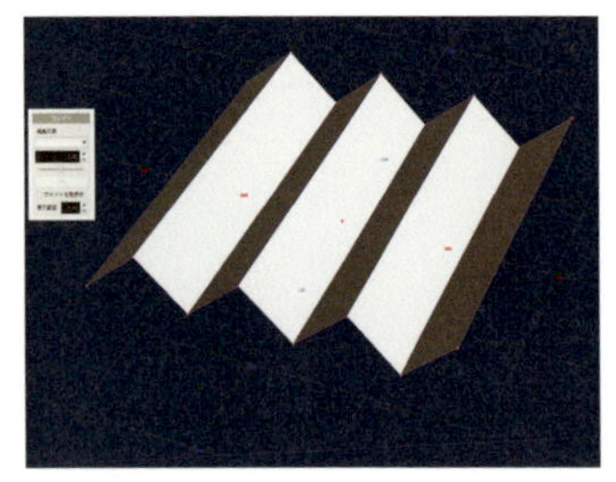
元の形状

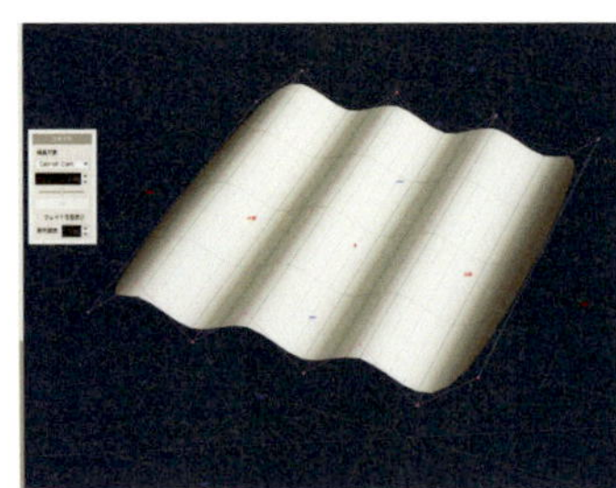
元の形状にCatmull-Clarkを設定

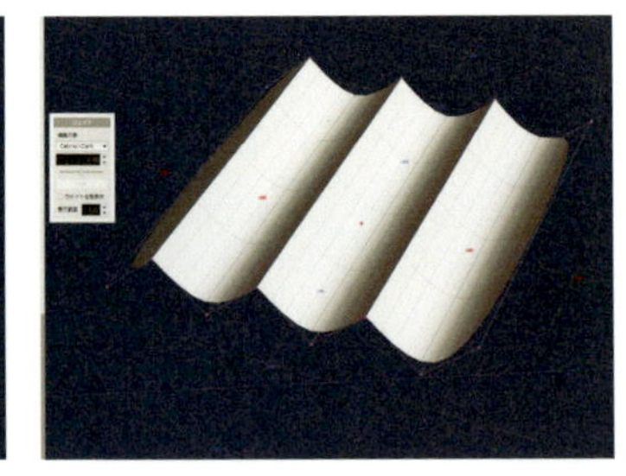
形状の山部分のエッジにのみウェイトを設定

材質設定編

メタセコイアは、モデリング専門ソフトといいながらも、オブジェクトに色や光沢などの設定を行い、質感をつけることができます。また、簡単な照明を施して、レンダリングされた画像として、いろいろな制作物のCG素材にも利用できます。ここでは、材質の設定からレンダリングまでを解説します。

TECHNIQUE

077 オブジェクトの色を変更する

メタセコイアは、オブジェクトに色や光沢といった質感を設定することができます。ここでは、質感の設定方法と色の変え方を解説します。

方法 [材質]を設定する

球体に色を設定する

メタセコイアでは、デフォルトではマットな白い質感に設定されているため、モデリングしたオブジェクトは図のようなグレー色になります。

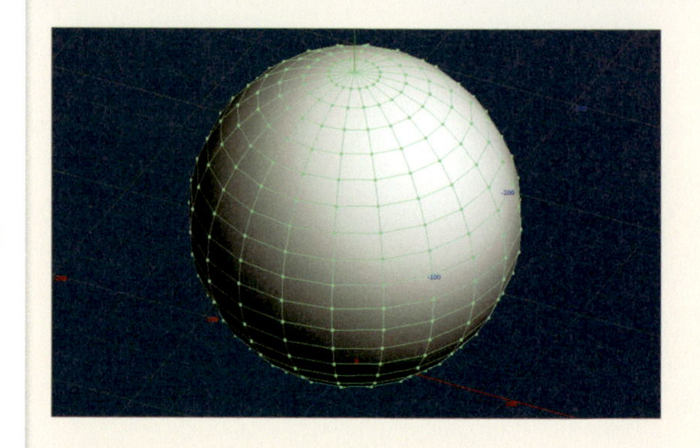

2

[材質]の設定を表示する

オブジェクトの質感は［材質］パネルで設定していきます。オブジェクトが作成されると、デフォルトで「mat1」と名前のついた1つの材質が作成されているので、その材質を選択して、[設定］ボタンをクリックします。

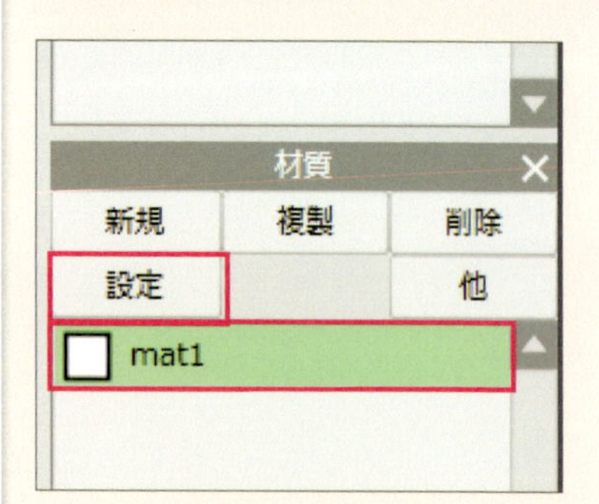

[材質設定]が表示される

［材質設定］パネルが表示されます。このパネルでオブジェクトの質感に関する設定を行います。

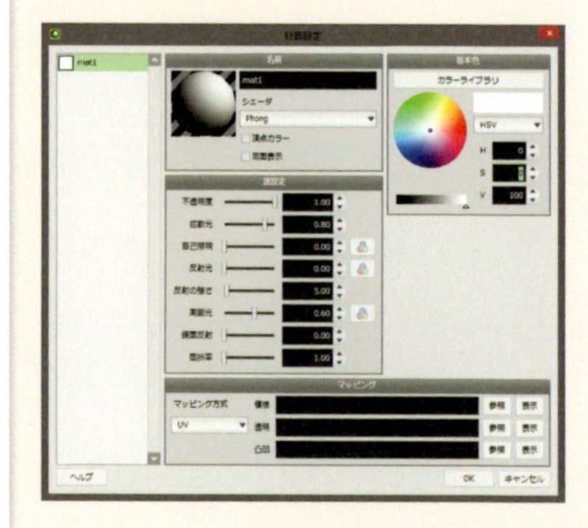

4

色を変える

簡単に色を変えるには、［基本色］で色を設定していきます。色相環からオブジェクトに適用したい色をクリックして設定します。色の明るさは、下部にある明度のスライダで設定します。

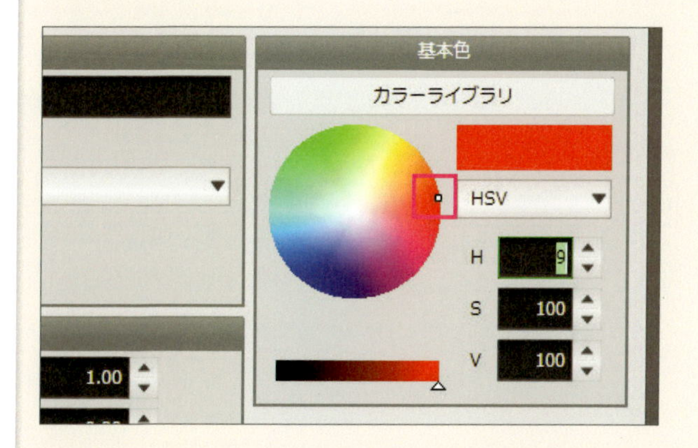

5

カラーライブラリを使う

［材質設定］には、カラーライブラリも用意されています。よく使用される色が分類されて用意されているので、必要な色をクリックして選択します。同じ色や同系色を多用する際に使用すると便利です。

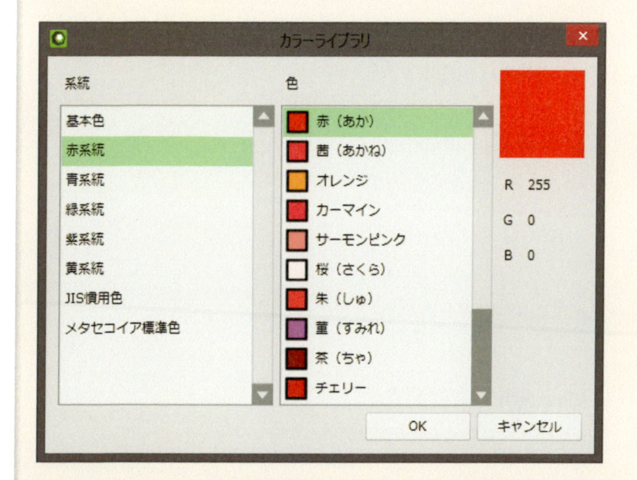

6

オブジェクトの色が設定された

色を設定後、［材質設定］パネルのOKボタンをクリックするとオブジェクトに色が反映されます。

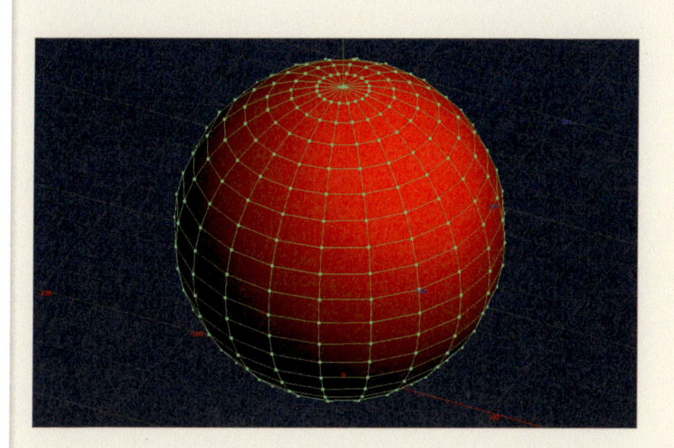

TECHNIQUE

078 質感をシェーダで設定する

質感を表現するプログラムをシェーダと言います。メタセコイアでは、材質を設定する際に6種類のシェーダが用意されています。ここではその各種類について解説します。

方法 シェーダを切り替える

[名前]でシェーダを選択する

質感を設定したいオブジェクトを選択し、[材質] パネルの [設定] ボタンをクリックします。表示された [材質設定] パネルの [名前] にある [シェーダ] のタブをクリックして、表示されるリストから必要なシェーダを選びます。

「Classic」シェーダ

Classicシェーダは古いバージョンのメタセコイアで使用されていたシェーダです。設定できる項目はPhongシェーダ（次ページ参照）と一緒ですが、古いメタセコイアで作成されたデータを開く際に互換をとるために用意されています。

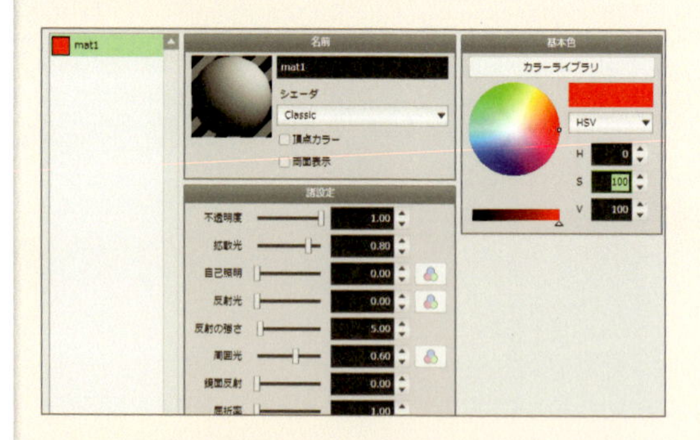

「Constant」シェーダ

Constantシェーダは単色のシェーダです。陰影がないので平面的な表現になります。

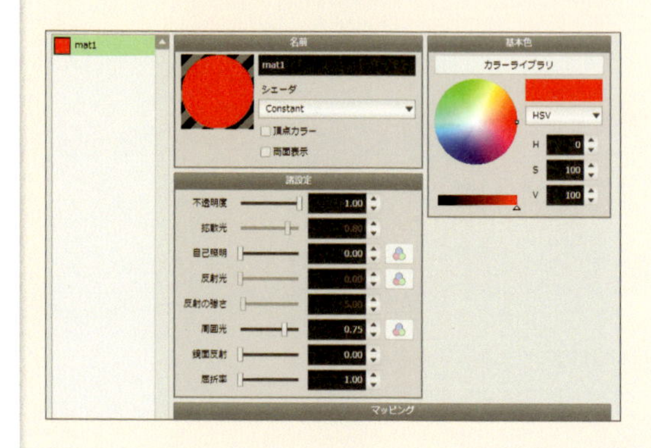

「Lambert」シェーダ

拡散光と周囲光によって材質の明るさが表現されます。反射光の設定ができません。

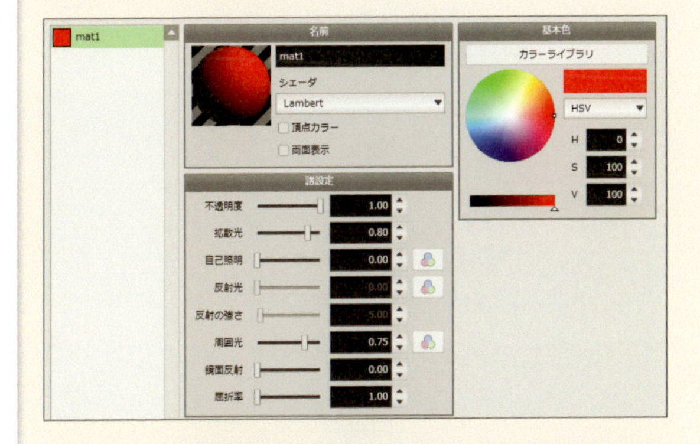

「Phong」シェーダ

メタセコイアの標準シェーダです。Lambertシェーダに反射光の設定が加わったものです。幅広い材質の設定を行うことができます。

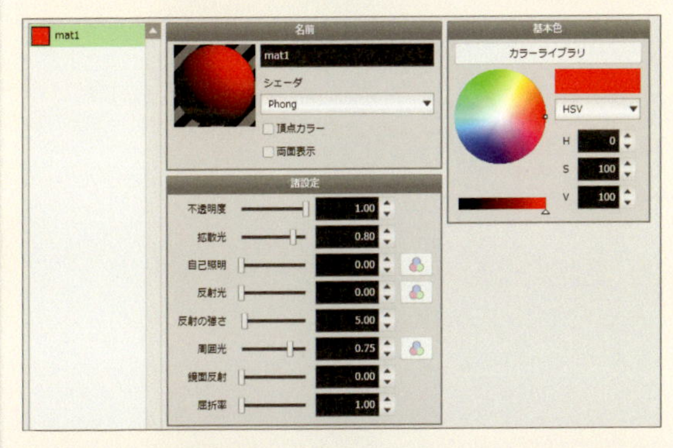

「Blinn」シェーダ

設定できる項目はPhongシェーダと一緒ですが、反射の表現が異なっています。硬質なものの表現に使われます。

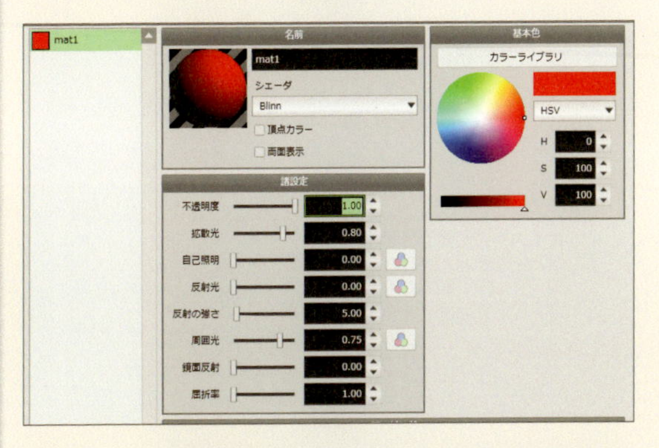

「PMD」シェーダ

MikuMikuDance用のシェーダです。トゥーン（セル塗り調）表現や輪郭線表現をすることができます。

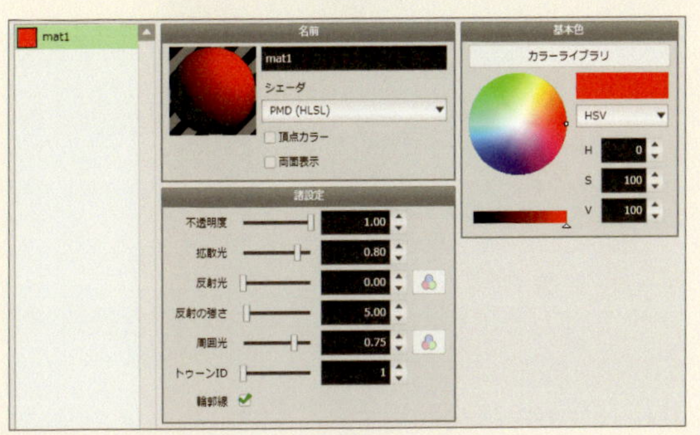

TECHNIQUE

079 オブジェクトにハイライトを設定する

オブジェクトの材質にハイライトを表現することで、光沢のあるオブジェクトを表現することができます。光沢によってそのオブジェクトの持つ柔らかさや堅さなどを表現することができます。ここではPhongシェーダをベースに解説します（シェーダの種類については200ページを参照してください）。

方法 光沢を設定する

反射光の値を調整

材質で光沢を設定するには、[反射光]の値を調整していきます。

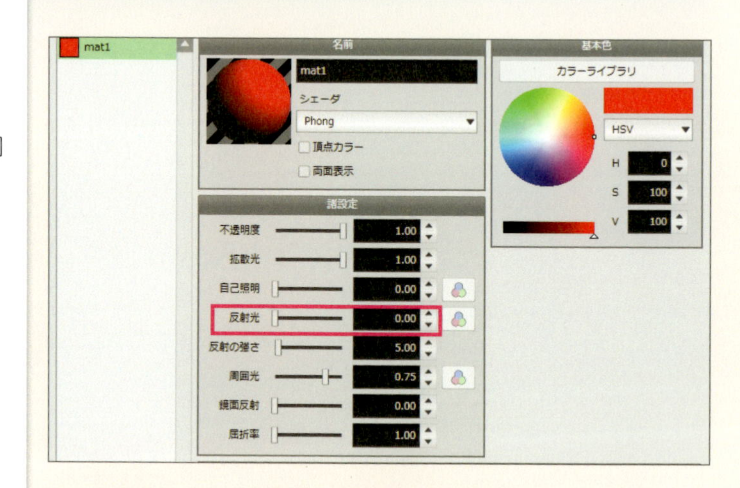

2

反射光の設定の違い

右は反射光の強さによる違いです。値が大きくなるほどハイライトが強くなります。

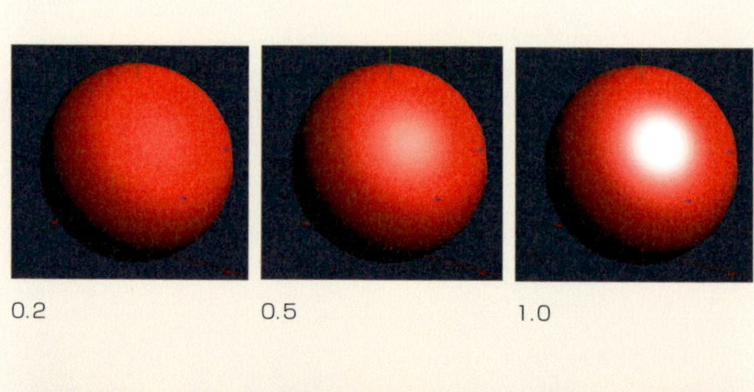

0.2　0.5　1.0

反射の強さを調整する

[反射の強さ] の項目を調整することで、その材質の表面の粗さを表現することができます。値を低くするとゴムのような質感になり、値を高くすると磨かれた金属のような材質の表現になります。右図は[反射光]=「0.8」で[反射の強さ]の値を変化させました。

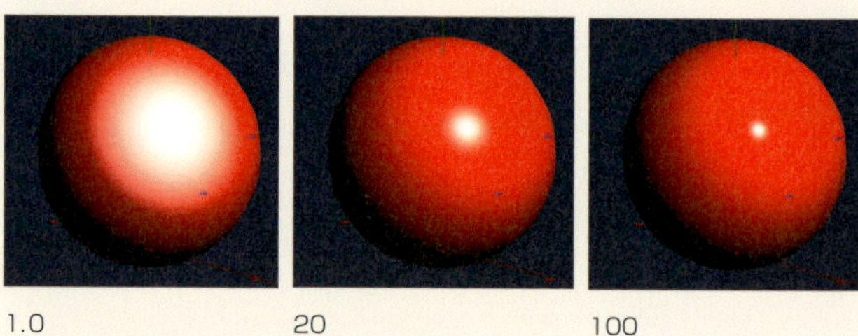

1.0　20　100

TECHNIQUE

080 ガラスのような材質を設定する

材質の不透明度や鏡面反射、屈折を調整すると、ガラスのような透明の材質を作成することができます。Phongシェーダを使って解説していきます。

方法 材質の設定を調整する

[材質]の設定画面を表示する

[材質] パネルの [設定] を選択して、図のようなコップをガラスのような質感にします。

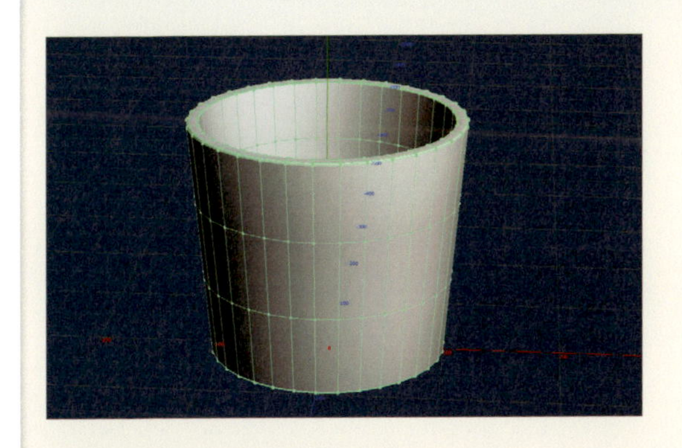

2

基本色を設定する

まず、ガラスの基本色を設定します。ここでは薄い緑に設定しました。

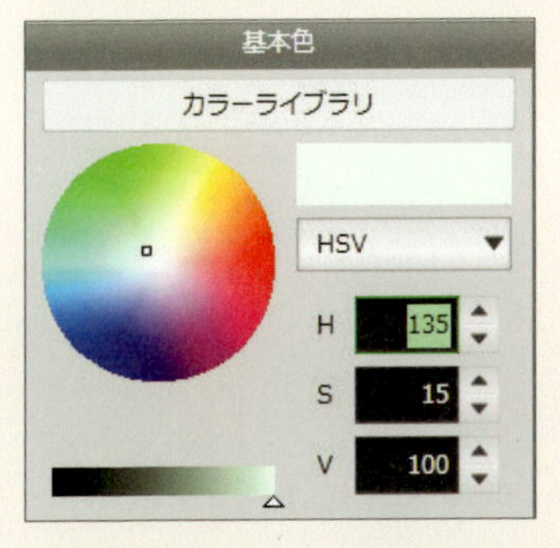

3

不透明度を設定する

次に不透明度を設定します。[諸設定] の [不透明度] の値を「0.3」に設定します。

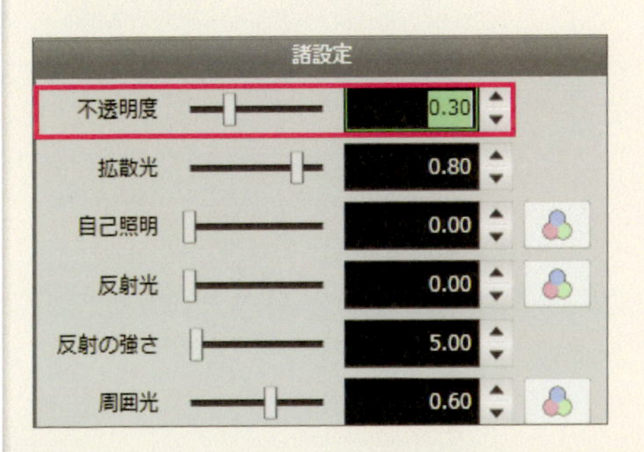

4 反射光と強さを設定する

ガラスにハイライトを付けるために、[反射光] を「0.6」、[反射の強さ] を「90」に設定します。

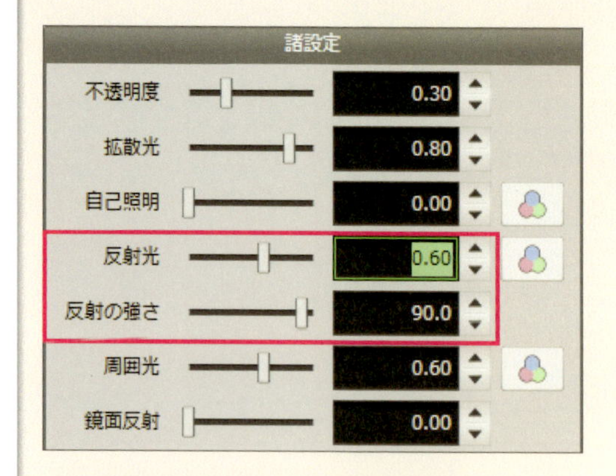

5 鏡面反射と屈折率を設定する

次に、周囲にある物を映り込ませたり、ガラスの屈折を表現するために、[鏡面反射] を「0.8」、[屈折率] を「1.22」に設定します。

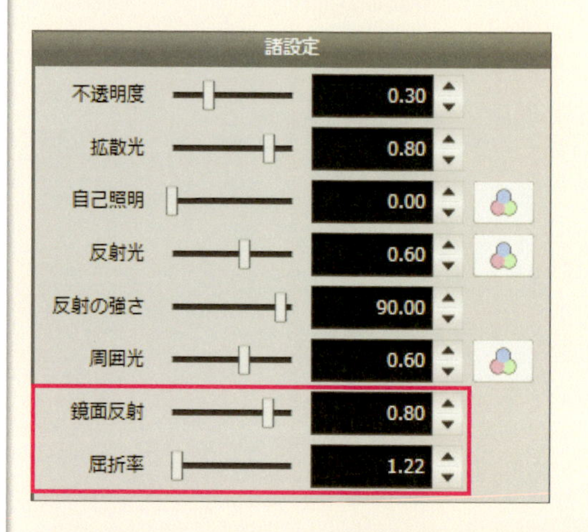

6 オブジェクトが透明になった

OKボタンを押して3D画面に戻ると、オブジェクトが半透明になりました。鏡面反射や屈折率は、3D画面では確認できないので、レンダリングして確認することになります。

レンダリングの方法は次項で解説しています。

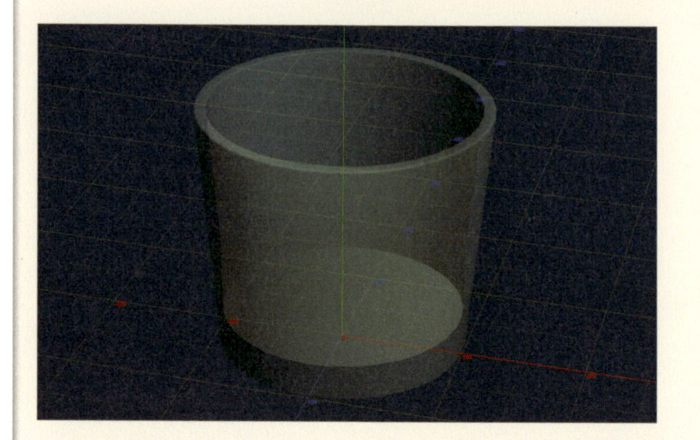

TECHNIQUE

081 レンダリングして材質を確認する

3D画面内に作成したオブジェクトを一枚の静止画として出力することを「レンダリング」と言います。材質設定の中には、鏡面反射のようにレンダリングしないと結果が分からないものもあります。ここではレンダリングして、材質を確認する方法を紹介します。

方法 [レンダリング]を使う

レイアウトを決める

3D画面のビューを操作して、レンダリングするレイアウトを決めます。

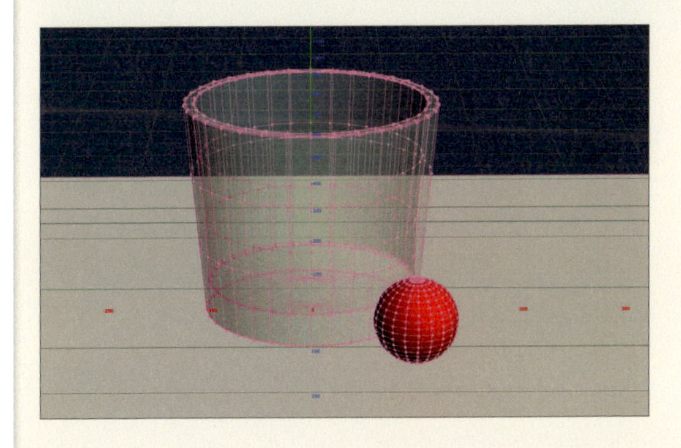

2

レンダリングの設定をする

メニューバーの[ファイル]メニューから[レンダリング]を選択します。

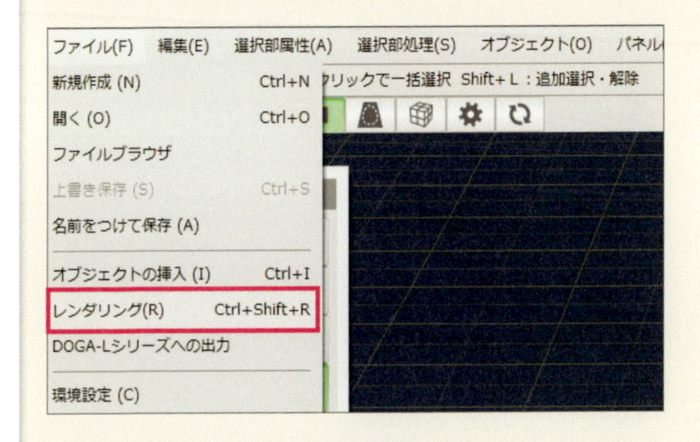

3

レンダリングサイズを決める

[レンダリング]パネルが表示されるので、[サイズ]でレンダリング出力されるファイルの解像度を選択します。サイズはリストから選択するか、[横][縦]に任意の値を入力して決定します。解像度が大きいほど、レンダリングに時間がかかります。レンダリングした画像を何に使うのかで大きさを調整するといいでしょう。

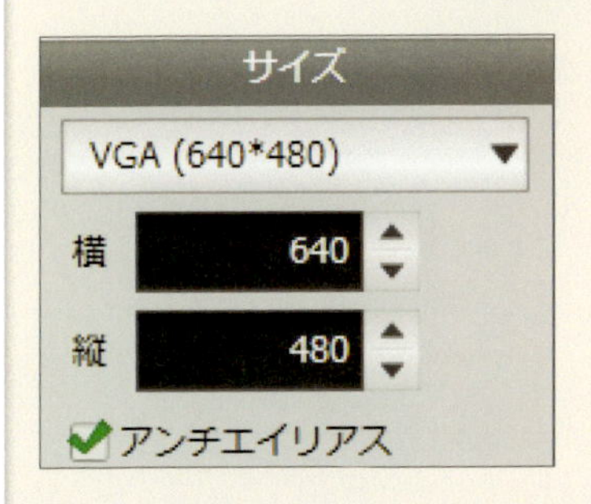

4 背景色を設定する

オブジェクトが何もない部分の色を［背景色］で設定します。［背景色］のカラーボックスをクリックすると、［色設定］パネルが表示されるので必要な色を選択します。

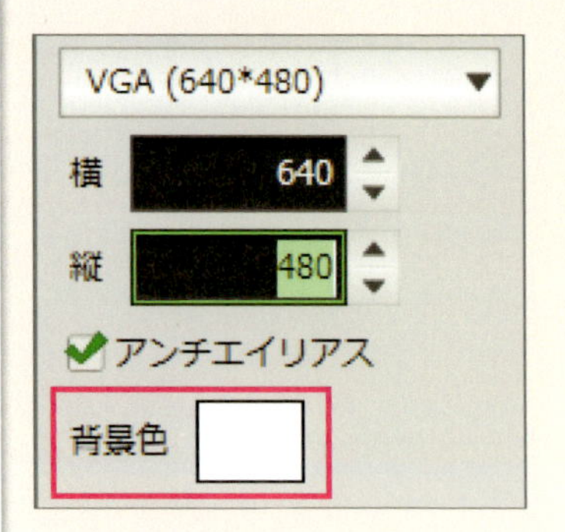

5 クオリティを選択する

オブジェクトの内容に合わせて、レンダリングするクオリティを選ぶことができます。［スキャンライン（高速）］と［レイトレーシング（高品質）］が用意されています。鏡面反射などが設定されている場合は［レイトレーシング（高品質）］を選択します。レンダリングを実行するには、［レンダリング］ボタンをクリックします。

［スキャンライン］では、光の反射や屈折といった現象が計算されませんので、レンダリングも高速です。［レイトレーシング］では、材質設定で設定した通りに光の反射や屈折を計算するため、レンダリングに時間がかかります。ちょっとした色や形状の確認には［スキャンライン］を使用し、最終的な画像作成には［レイトレーシング］を使用するといいでしょう。

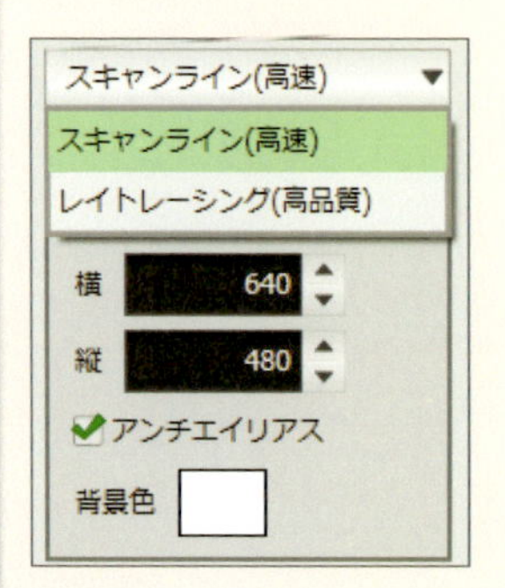

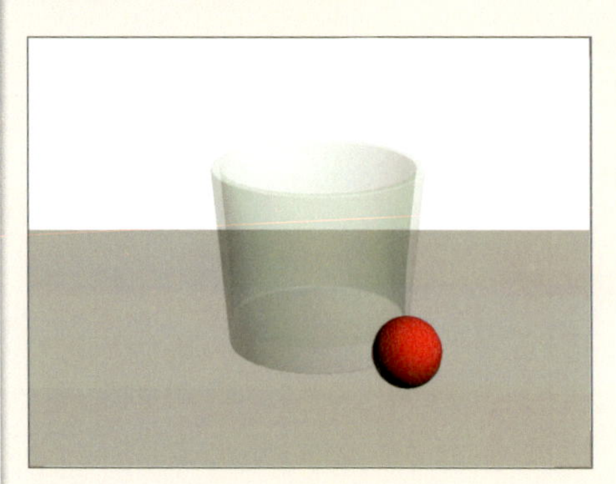

スキャンライン

レイトレーシング

レンダリング結果を保存する

レンダリングした結果を画像として保存して、Photoshopなどのペイントソフトで加工することもできます。画像として保存する場合は、[ファイルに保存]ボタンをクリックします。

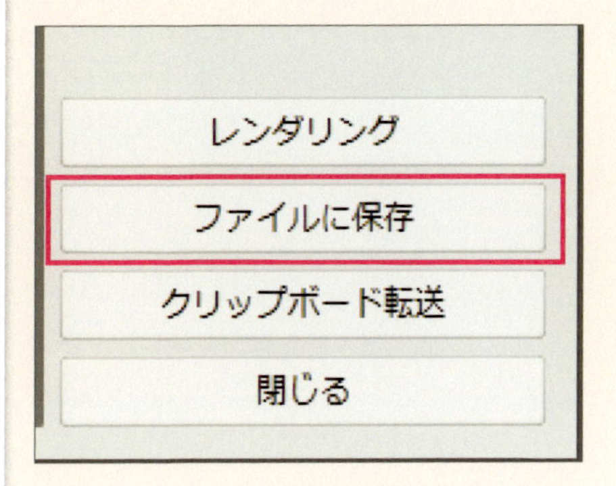

ファイル形式を設定する

[ファイルに保存]ボタンをクリックすると、[名前を付けて保存]パネルが表示されるので、[ファイル名]を入力して、[ファイルの種類]から必要なファイル形式を選択します。[保存]ボタンを押すと、レンダリングした結果が画像ファイルとして保存されます。

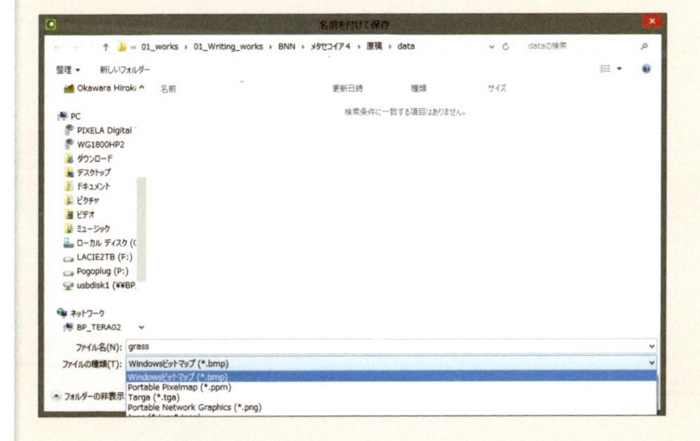

TECHNIQUE

082 鏡のようなオブジェクトにする

材質の設定では、鏡のように周りの環境が映り込む材質を作り出すこともできます。映り込みを設定するには、鏡面反射を使います。

方法 [鏡面反射]を使用する

鏡面にするオブジェクトを用意

右図のような球体とスリット状のオブジェクトを、鏡のような材質に設定してみます。

2

[材質]の設定を表示する

オブジェクトに適用されている材質を[材質]パネルの[設定]ボタンを押して表示させます。

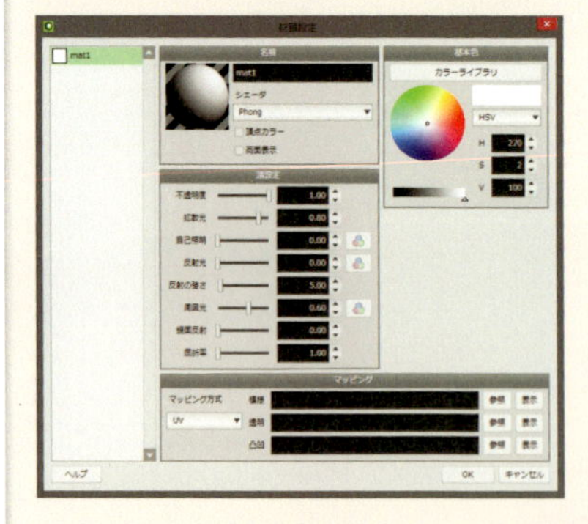

3

反射光と反射の強さを調整

まず[反射光]と[反射の強さ]を設定します。あまり強くしてしまうと、映り込みが消えてしまうので、ここでは[反射光]を「0.30」、[反射の強さ]を「40.0」に設定します。

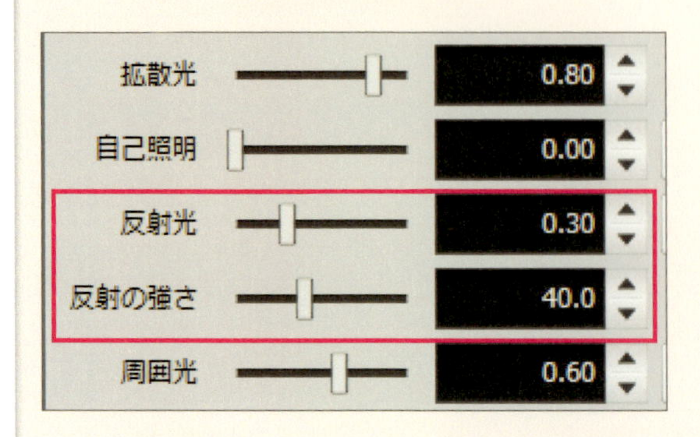

4

[鏡面反射]を設定する

材質に鏡としての性質を与えるのが[鏡面反射]です。ここでは[鏡面反射]の値を「0.8」に設定しました。「1.0」に設定してもよいのですが、少し球体の存在感を残すために小さめの値にしています。

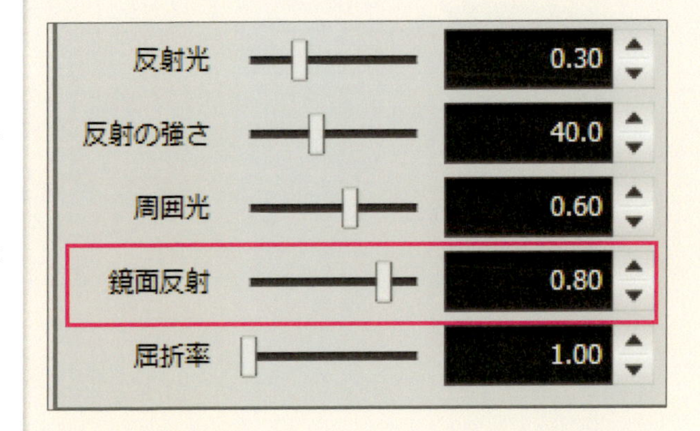

5

レンダリングの設定をする

鏡面反射の設定は、3D画面では確認できないので、レンダリングして確認します。メニューバーの［ファイル］から［レンダリング］を選択します。レンダリング品質は必ず［レイトレーシング（高品質）］に設定しておきます。

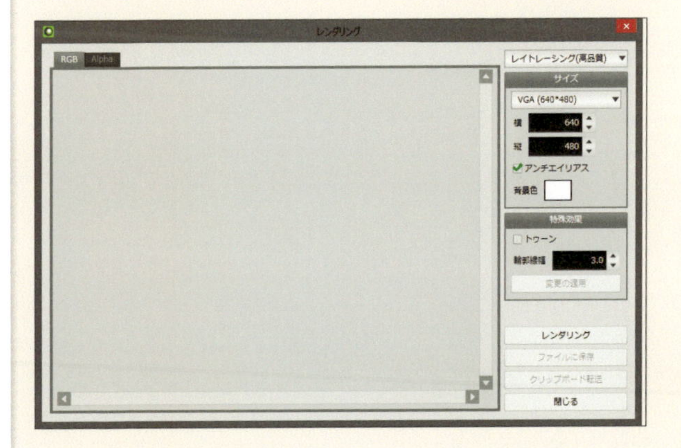

6

球体に周囲が映り込んだ

[レンダリング]ボタンをクリックしてレンダリングすると、周りのオブジェクトや背景が映り込んだ鏡のような球体の画像が作成されます。

TECHNIQUE

083 オブジェクトに絵を貼りつける

オブジェクトには、写真やペイントソフトなどで作成した画像ファイルを貼りつけることができます。画像ファイルをオブジェクトに貼りつけることを「マッピング」と言います。

方法 模様をマッピングする

オブジェクトを用意する

ここでは図のような容器にペイントソフトで作成した画像をマッピングしてみます。

2

マッピングする素材を用意する

容器にマッピングする画像をペイントソフトなどで作成します。横幅は容器の円周に合うように計算して準備しておきます。

3

[材質設定]を表示する

[材質] パネルの [設定] ボタンを押して、オブジェクトに適用されている材質の設定を開きます。絵を貼り込むのに使用するのは、[マッピング] の項目になります。

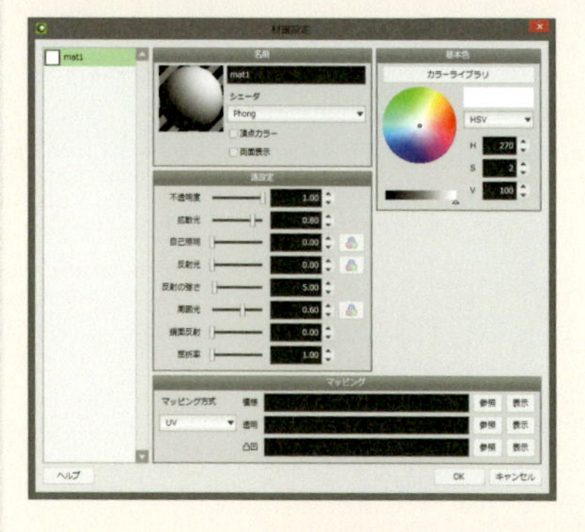

4

マッピング方式を選択する

まずは容器にどのような方向で絵を貼り込むかを設定します。［マッピング方式］のタブをクリックして、「円筒」を選択します。容器の側面に貼り込むので円筒を選択していますが、貼り込む形状に合った方法を選択します。
UV展開されているオブジェクトの場合は、［UV］を選択します（UVに関してはp.223ページ参照）。

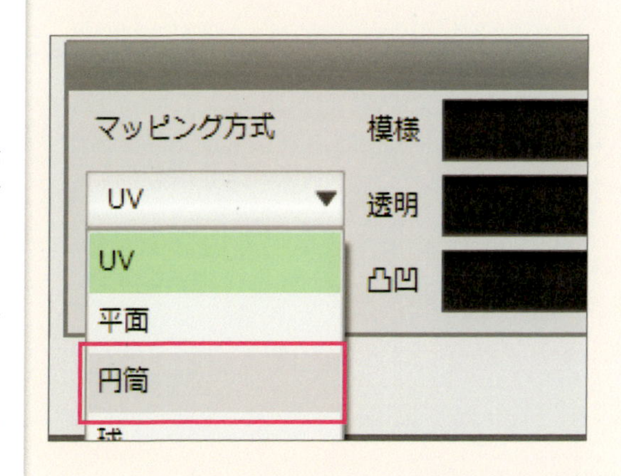

画像ファイルを選択する

［マッピング］の［模様］項目の横にある参照ボタンをクリックして、［開く］パネルから、読み込みたい素材を選択して開きます。

画像ファイルが読み込まれる

材質に画像ファイルが読み込まれて、プレビューの球に模様が表示されます。

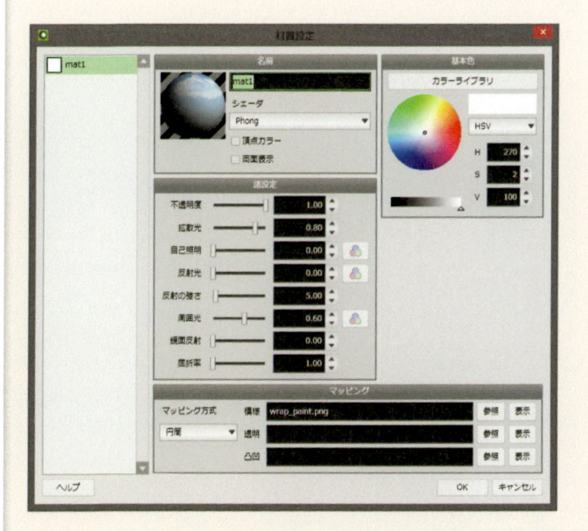

7 オブジェクトに画像がマッピングされた

［材質設定］パネルのOKボタンをクリックして3D画面に戻ると、オブジェクトに画像ファイルがマッピングされたのが分かります。ただし、画像がずれてしまっているので、ちょうどよい位置に修正します。

8 レイアウトモードを［マッピング］に切り替える

貼り込んだ画像の位置を修正するには、メタセコイアのレイアウトモードを［モデリング］から［マッピング］に切り替えます。

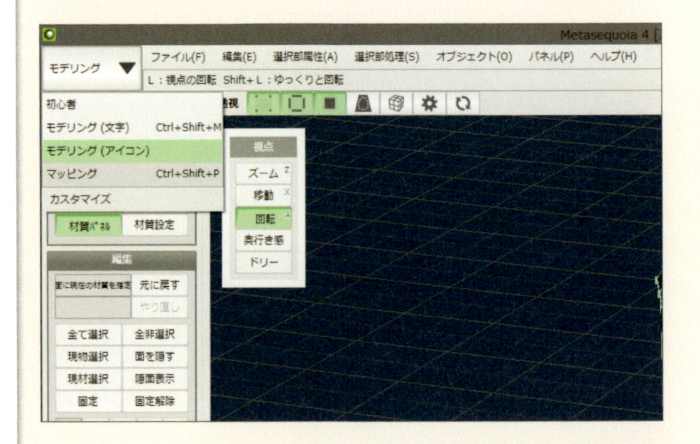

9 ［マッピング］コマンドを選択

レイアウトのモードを［マッピング］に切り替えると、コマンドパネルがマッピング用のコマンドに切り替わります。［編集］項目にある［マッピング］を選択します。

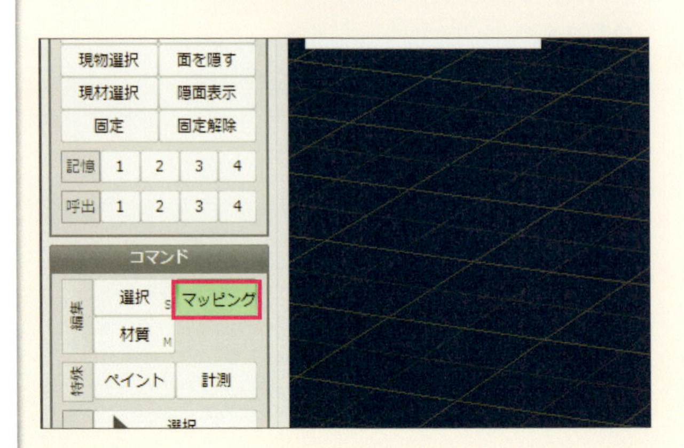

10

画像をフィットさせる

[マッピング]サブパネルが表示されます。サブパネルには上部にマッピング形状を選択するアイコン、中段にマッピング範囲の移動、回転、拡大ツール、下部にマッピング範囲の簡易操作のボタンが用意されています。オブジェクトの大きさに合わせて画像を貼り込む範囲を調整するには、[現物にフィット]をクリックします。

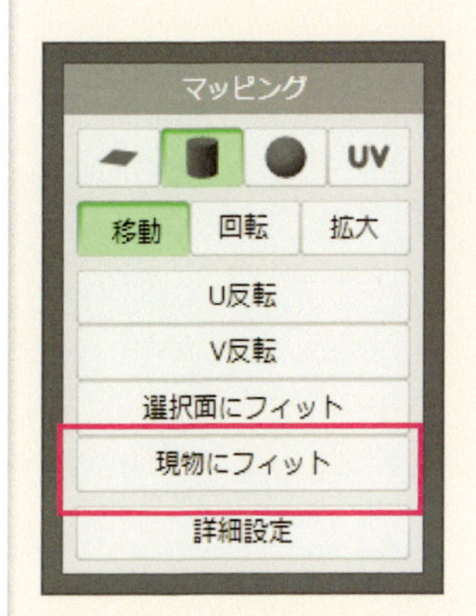

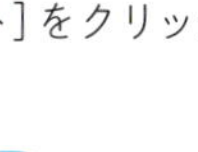

画像がオブジェクトにフィットした

マッピングされた画像がきちんとオブジェクトの大きさに合いました。

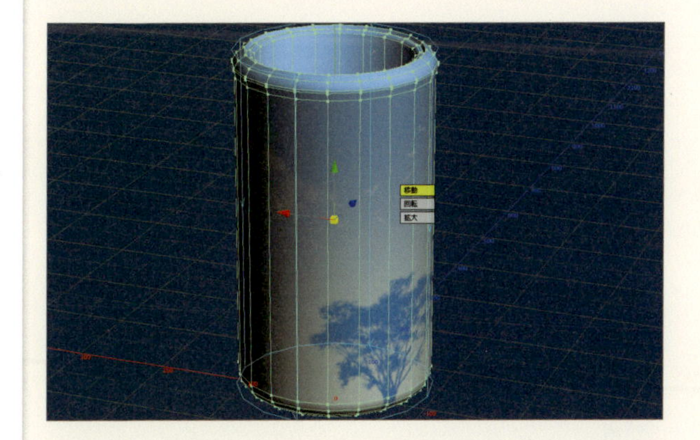

12

マッピング位置を手動で移動する

マッピングの位置は手動で移動することもできます。サブパネルで[移動]を選択し、オブジェクトに表示されるマッピングの移動軸をドラッグして移動させます。

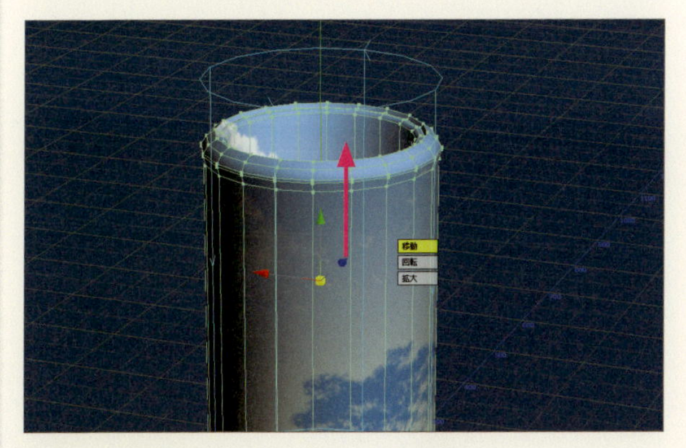

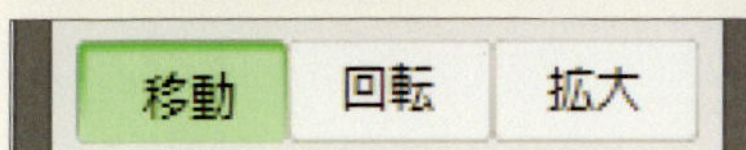

13

マッピング位置を手動で回転する

マッピング画像を回転させるには、サブパネルで[回転]を選択し、オブジェクトに表示されるマッピングの回転軸をドラッグして回転させます。

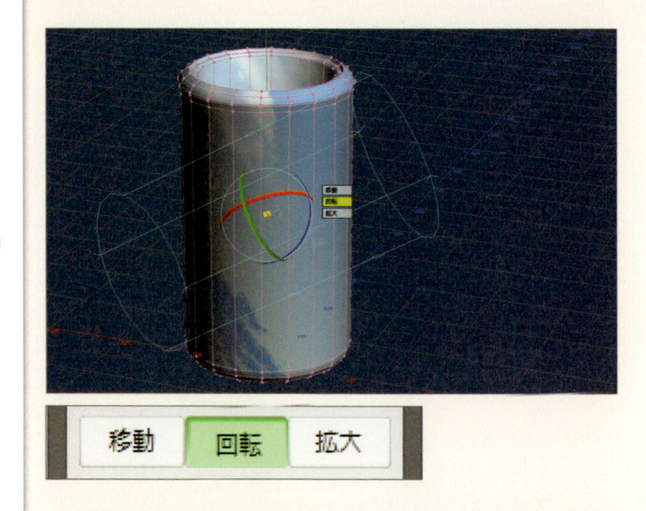

14

マッピング位置を手動で拡大縮小する

マッピング画像を拡大縮小するには、サブパネルで［拡大］を選択し、オブジェクトに表示されるマッピングの拡大軸をドラッグして大きさを調整していきます。

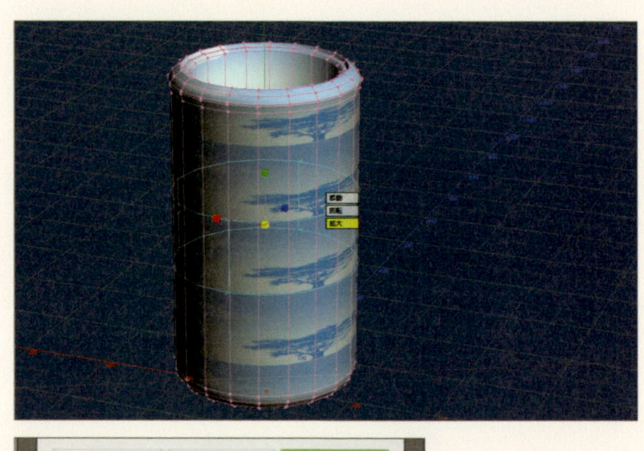

TECHNIQUE

084 オブジェクトに細かい凹凸をつける

オブジェクトに細かい凹凸の模様をつけたり、文字が彫られているような凹凸をモデリングで実現するのはとても手間のかかる作業です。材質設定の［凸凹］を使用すると、グレースケールの画像から、擬似的な凹凸をオブジェクトに付加することができます。これは一般的に「バンプマッピング」と呼ばれます。

方法 ［凸凹］を使う

グレースケールの画像を用意する

まず凹凸をつけたい模様が描かれたグレースケールの画像を用意します。オブジェクトにマッピングした時に、明度の高い部分は盛り上がり、低い部分は凹んだように見えます。画像は必ず8bitのグレースケール画像にして保存します。

2

画像を材質に読み込む

［材質］パネルの［設定］ボタンを押し、オブジェクトに適用されている材質の［材質設定］を表示します。用意したグレースケールの画像は、［マッピング］で［凸凹］項目の横にある［参照］をクリックして読み込みます。

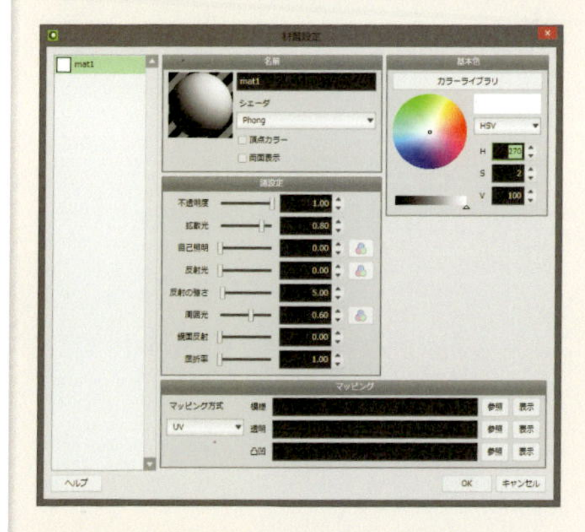

3

マッピング方式を選択

画像を読み込んだら、［マッピング方式］からオブジェクトの形状にあったマッピング方式を選択します。ここではマッピングするオブジェクトの形状が円柱形なので、［円筒］を選択しています。

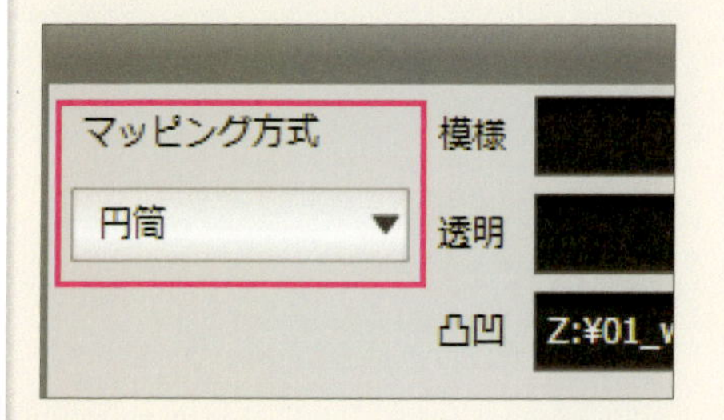

4

画像がマッピングされた

[材質設定] のOKボタンをクリックすると、オブジェクトに選択したグレースケールの画像がマッピングされます。暗い部分はへこみ、明るい部分は出っ張っています。

5

位置を調整する

レイアウトのモードを[マッピング]にして、サブパネルの[現物にフィット]をクリックし、位置や大きさをオブジェクトに合わせます。画像をフィットさせる方法の詳細は213ページを参照してください。

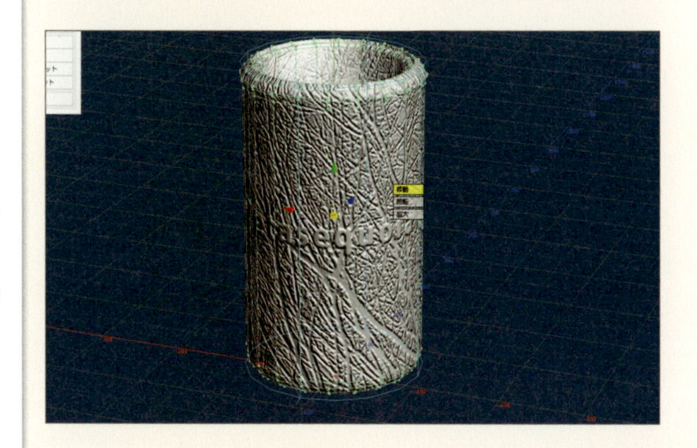

6

レンダリングして確認する

メニューバーの [ファイル] から「レンダリング」を選択します。図は凹凸の画像が適用されている状態で、材質を半透明にしたものをレンダリングしてみたものです。

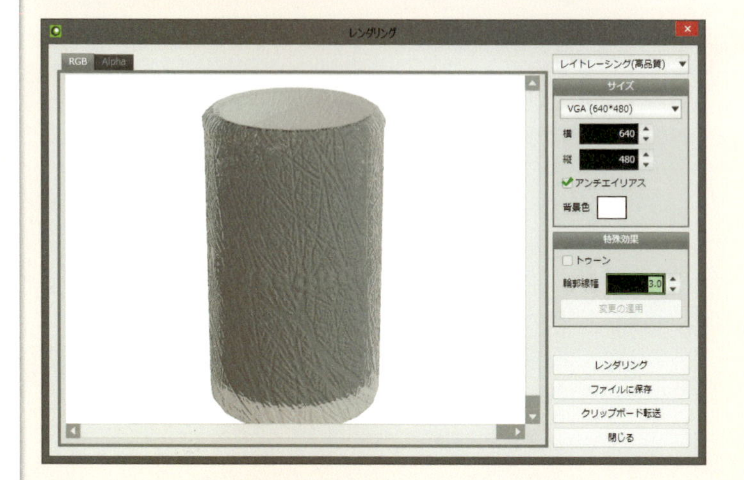

TECHNIQUE

085 編み目のように部分的に透明にする

オブジェクトを部分的に透明にすることで、網のような材質や、葉のような形状などを作る際、細かい輪郭をモデリングせずに作成することができます。これには［透明マッピング］という機能を使います。透明マッピングに使用する画像は、透明部分のアルファチャンネルを持った画像ファイルを作成しておく必要があります。

方法 ［透明マッピング］を使う

透明マッピング用の画像を作成する

透明マッピングには図のように透明にしたい部分を黒くしたマスク素材を作成します。

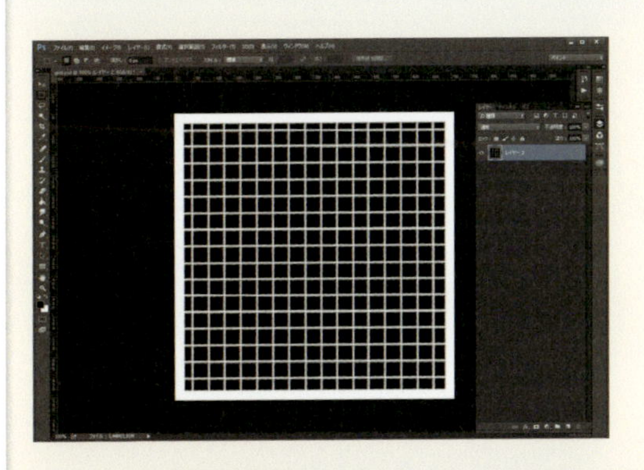

2

マッピングするオブジェクトを用意する

透明マッピングを適用するオブジェクトを用意します。ここでは、平面にマッピングしてみます。

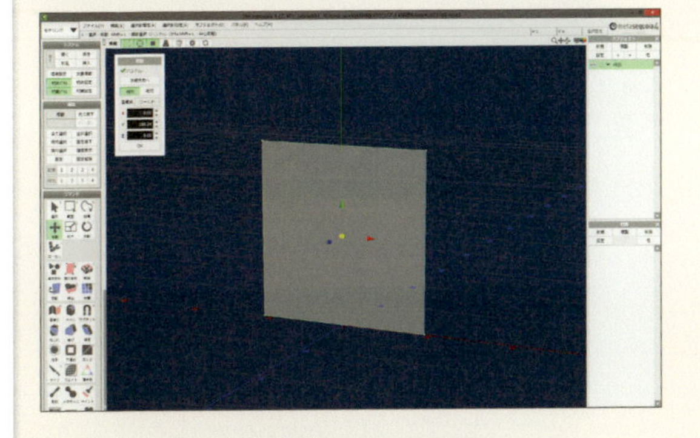

3

材質設定でマッピング画像を読み込む

オブジェクトに適用された材質設定を表示して、［マッピング］項目の横にある［透明］の［参照］ボタンをクリックします。

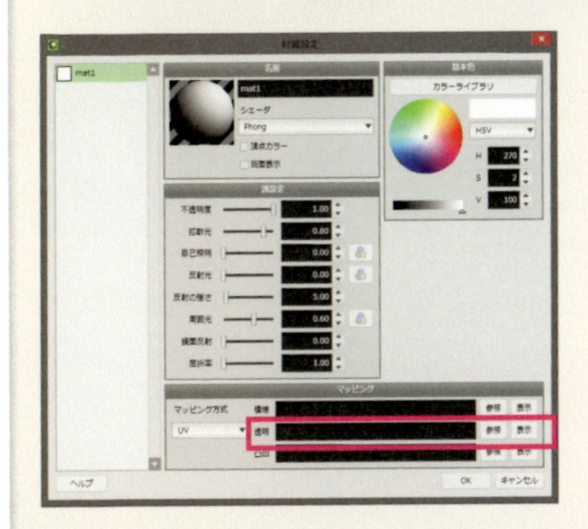

4 アルファチャンネル付きの画像を読み込む

［開く］パネルが表示されるので、作成した透明マッピング用の画像を選択して読み込みます。

5 マッピング方式を選択する

画像を読み込んだら、ここでは平面のオブジェクトに画像を投影するので、［マッピング方式］を［平面］に設定します。

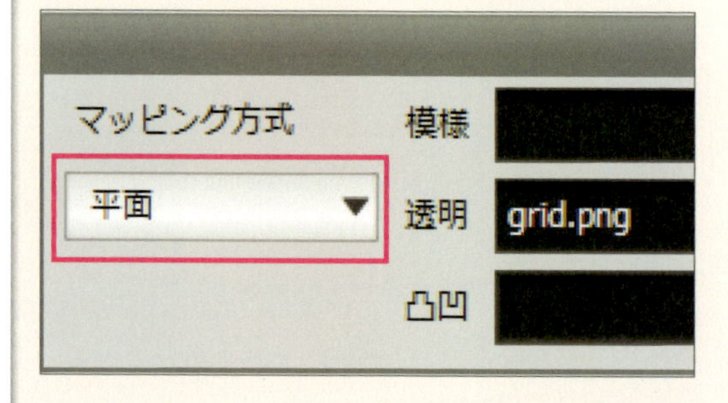

6 オブジェクトが部分的に透明になった

［材質設定］パネルのOKボタンをクリックして閉じると、オブジェクトが透明マップ用に作成した画像通りに透明化されます。画像の黒い部分は透明になり、白い部分はそのまま残っています。

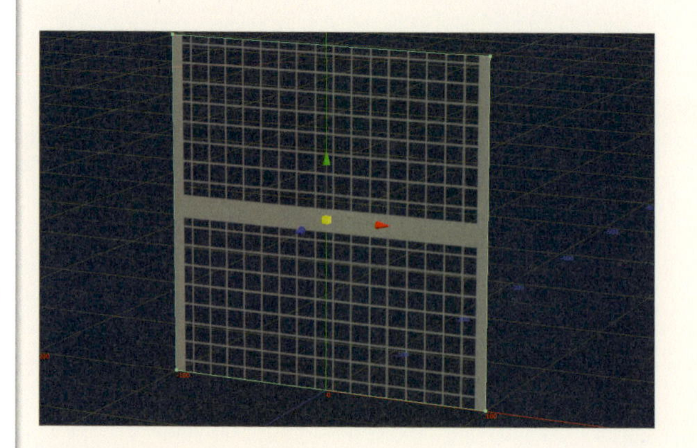

マッピング位置を調整

レイアウトモードを［マッピング］に切り替えて、［移動］でマッピングの位置を調整します。

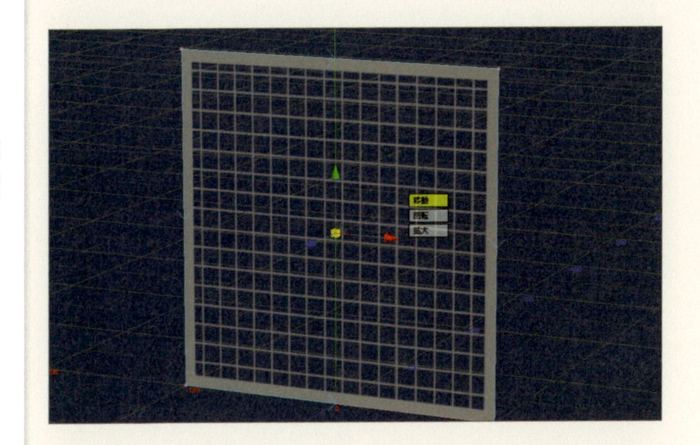

8

材質設定で色を変える

不透明になっている部分は、材質設定の基本色が表示されているので、基本色を変更することで様々な質感に変更することができます。

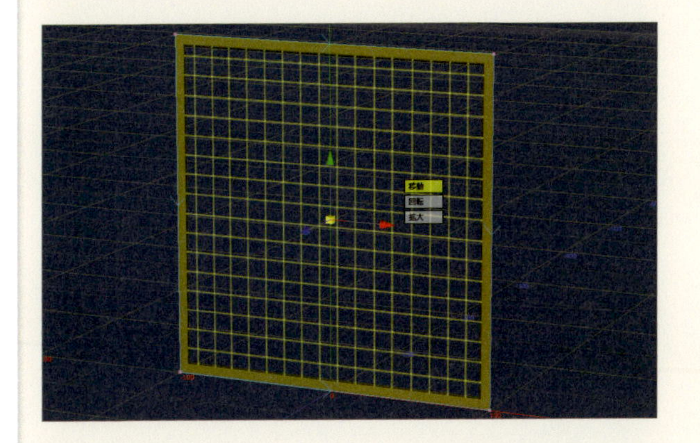

9

アルファチャンネル付きの画像を使う

オブジェクトの透明化は、アルファチャンネル付きの画像ファイルを［模様］項目に読み込むことでも設定ができます。花や草など複雑な形状の輪郭を持つオブジェクトを作成する際に便利です。

TECHNIQUE

086 セルアニメ調のレンダリングをする

メタセコイアでのレンダリングでは、セルアニメ調の輪郭線のある画調でレンダリングすることができます。イラスト制作に便利な機能です。

方法 [トゥーン]を使う

[レンダリング]パネルを開く

メニューバーの［ファイル］メニューから［レンダリング］を選択して、［レンダリング］パネルを表示します。

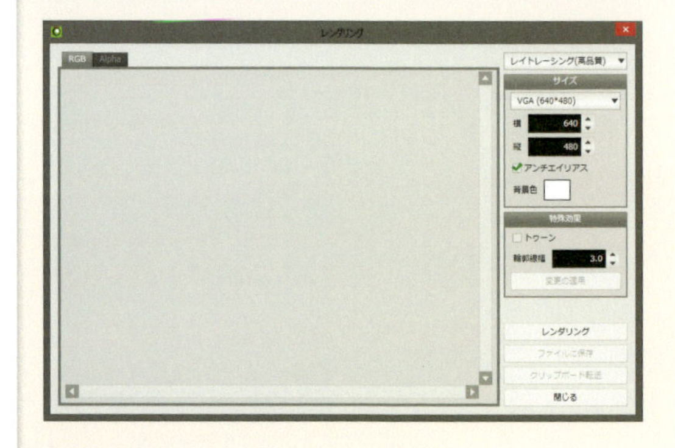

2

[トゥーン]を選択する

［レンダリング］パネルの［特殊効果］にある［トゥーン］にチェックを入れ、［輪郭線幅］の値を入力します。

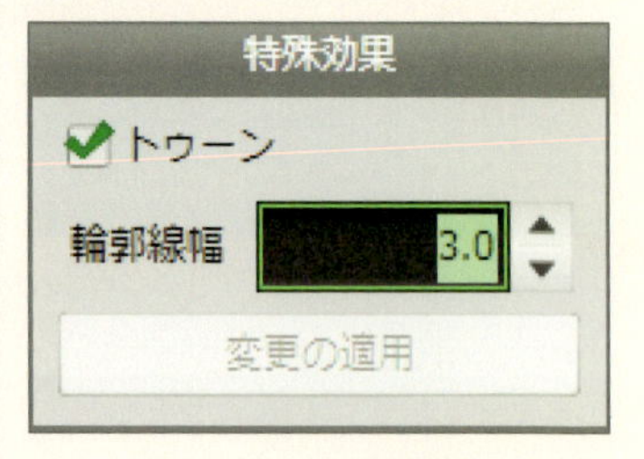

3

セルアニメ調にレンダリングされた

［レンダリング］ボタンをクリックすると、セルアニメ調にレンダリングされます。シェーディングも階調化されセル塗り風になります。

TECHNIQUE

087 オブジェクトに2つの材質を使う

材質は、面単位で適用することができるので、1つのオブジェクトにおいて上部と下部で質感を分けて設定を行うことができます。オブジェクトの材質設定の方法は、203ページでも詳しく解説しています。

方法 面を選択し、複数の材質を適用する

複数の材質を作成する

[材質] パネルの [新規] をクリックして、オブジェクトに設定したい材質を複数作成します。ここでは光沢のある赤い材質と、半透明の材質を作成して、薬のカプセルのような質感設定にしてみます。

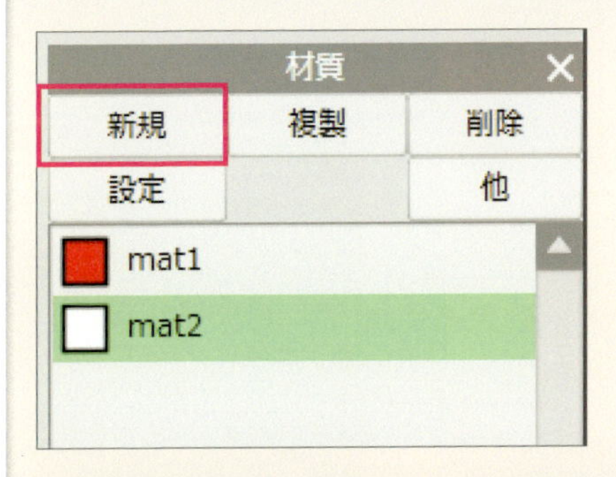

2

面を選択する

材質を適用したい面を選択します。

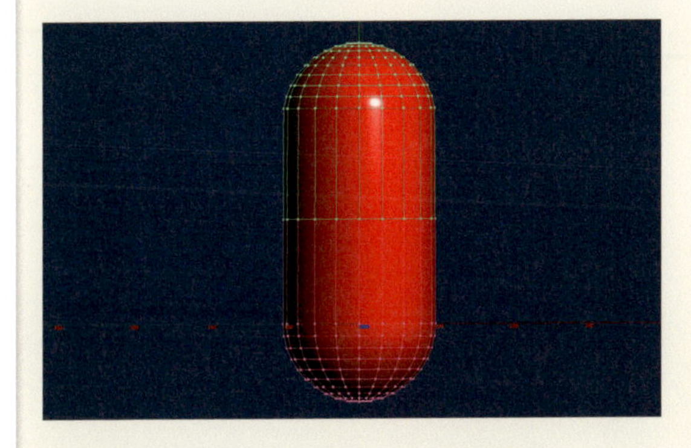

3

材質を選択する

[材質] パネルで、選択した面に適用したい材質を選択します。

4

選択した面に材質を適用する

メニューバーの［選択部処理］メニューから、［面に現在の材質を指定］を選択します。

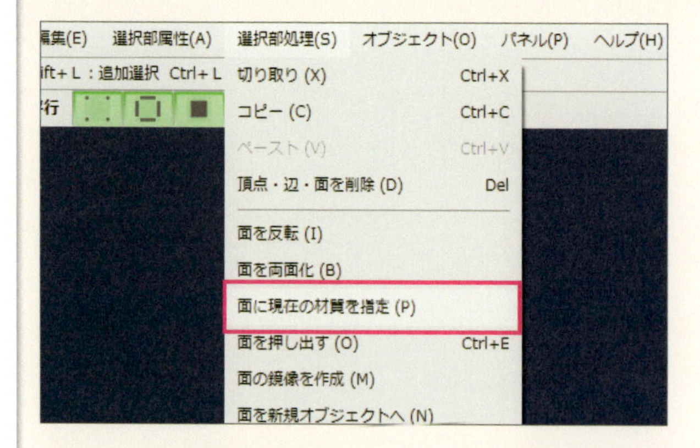

5

材質が変更された

面が選択された範囲だけ、新しい材質が適用されます。

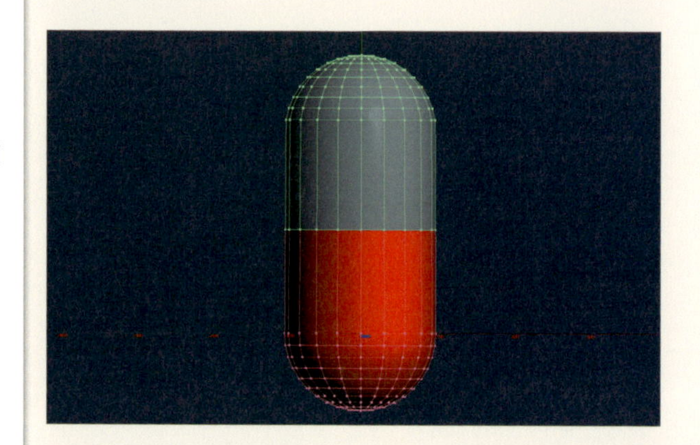

6

レンダリングして確認

レンダリングすると、上が半透明のカプセルになっています。このように複数の材質を使って、まったく異なる質感を持った材質を1つのオブジェクトに与えることができます。

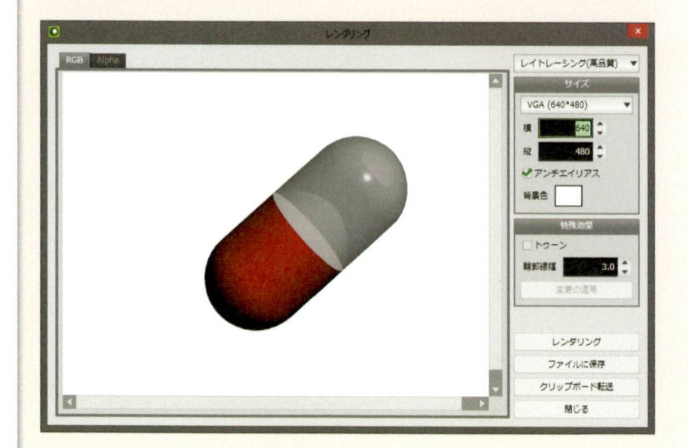

TECHNIQUE

088 不定形な形状にマッピングする

キャラクターのモデルなどのように、球や平面など用意されているマッピング形状では対応できないオブジェクトもあります。そのような時は、オブジェクトの形状を一度平面に展開して、その展開図からマッピング用の画像を作成することで、不定形な形にも模様をマッピングできるようになります。このように、オブジェクトの形状をマッピング用に平面に展開することを「UV展開」と言います。

方法 UV展開を行う

レイアウトを切り替える

UV展開するオブジェクトを用意したら、レイアウトモードを［マッピング］に切り替えます。

UVを展開したい面を選択する

コマンドパネルで［選択］をクリックして選択します。3D画面のグリッドがUV座標用のグリッドに切り替わります。この状態で、Shiftキーを押しながら、UV展開したい面を選択していきます。選択の目安は、同一方向に伸びている面は一度に展開します。背びれのように胴体の面に対して垂直に伸びているような面は別に選択して展開します。面を選択する毎に、展開されたUVがUV座標のグリッドに表示されていきます。

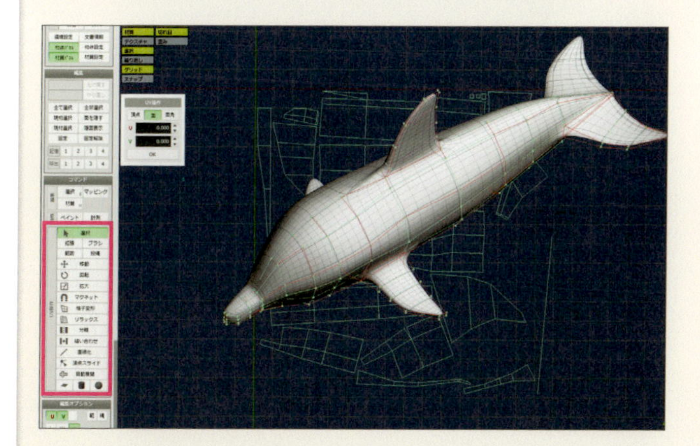

展開の方法を設定する

このUV展開の状態では、つながりがバラバラなのでテクスチャを描くことができません。ここで、マッピングの方向を調整しながら、テクスチャを描きやすいようにUVをまとめていきます。イルカの胴体はほぼ円筒なので、面が選択されている状態で、コマンドパネルの［UV操作］項目から「円筒」を選択して適用します。

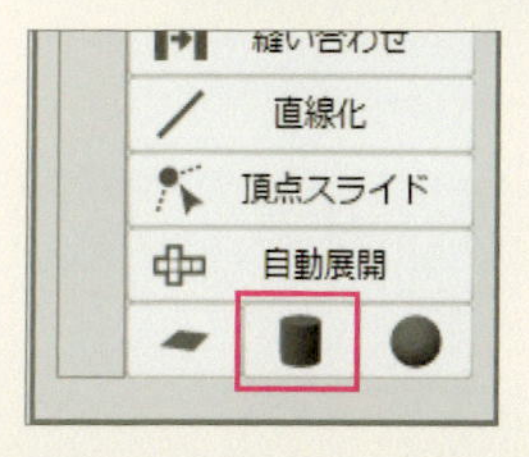

4

展開用の円筒が表示される

画面では少し見づらいですが、選択されている面に、UVの展開方向を設定する水色の円筒が表示されます。

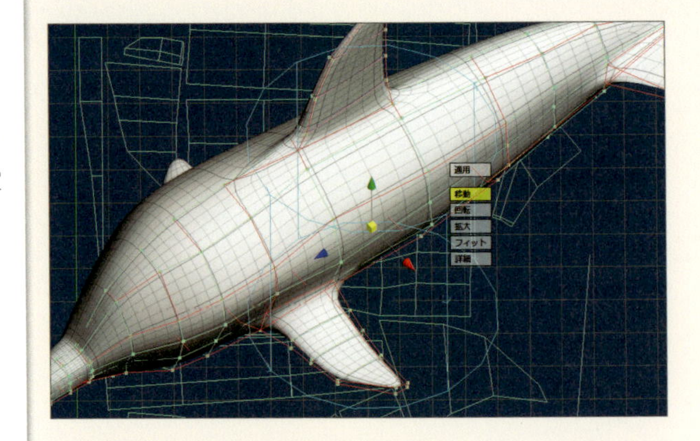

5

円筒の大きさや方向を調整する

回転や拡大を使って、円筒でイルカが包まれるように位置と大きさ、方向を調整していきます。

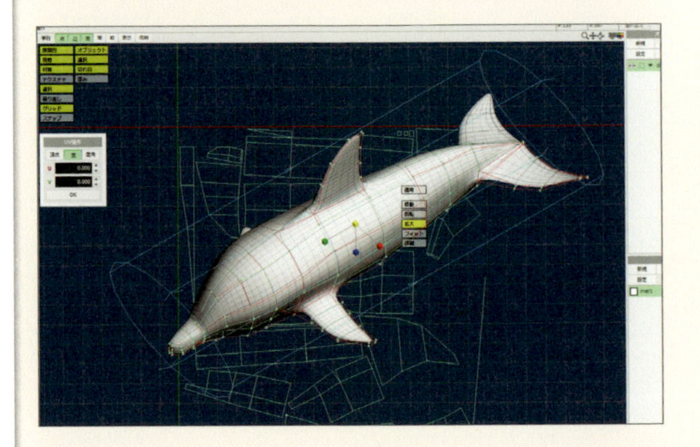

6

展開方向を適用する

展開の方向を設定したところで、[適用]ボタンをクリックします。

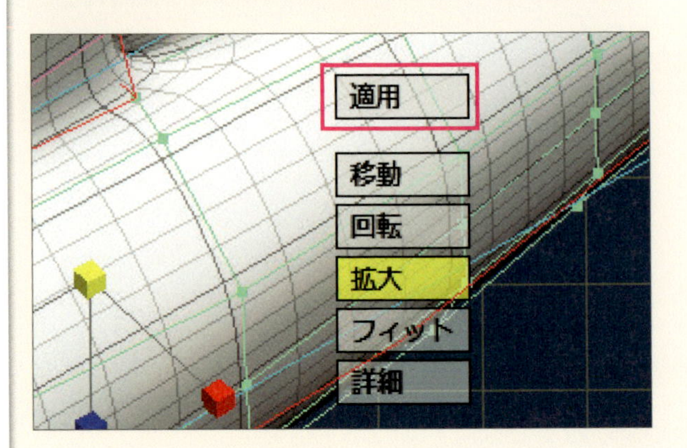

UVが再展開された

設定した円筒の方向に合わせてUVが再展開されます。ここから細かくUVの頂点を動かしてテクスチャを描きやすい配置に修正していきます。
オブジェクトとUVの表示が重なっていると作業しにくいので、オブジェクトは3D画面右上にある移動や拡大ツールを使って脇の方に移動し、UV座標は、マウスの中ボタンクリックで移動、右クリック＋ドラッグで拡大縮小をして作業しやすい状態にします。

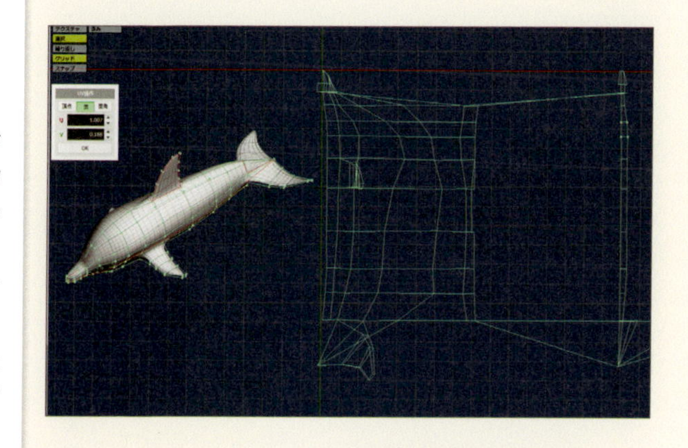

UV頂点の位置を移動する

［UV操作］サブパネルの［頂点］を選択し、コマンドパネルの[移動]を使ってUV頂点の位置をテクスチャが描きやすいように、調整していきます。

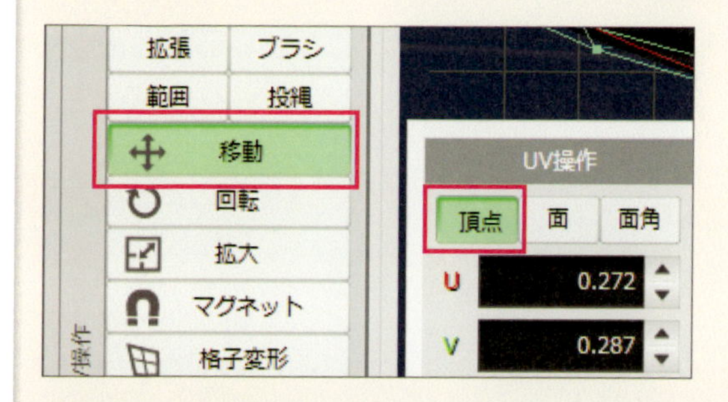

UVの形状とオブジェクト形状を合わせる

UV頂点の間隔と、オブジェクトの頂点の間隔がなるべく同じになるようにUV頂点を移動させていきます。とはいえ立体を平面にしているので、まったく同じにすることができないため、UVの格子の縦横の比率を、オブジェクトのメッシュの縦横の比率に近づけるように、編集していきます。

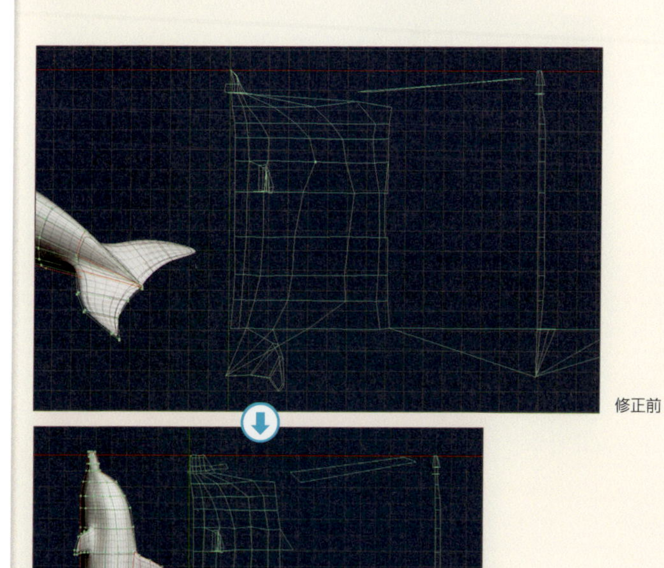

修正前

修正後

10

離れた面を繋げる

円筒でUVを展開しても、離れた位置にUVが展開されてしまうことがよくあります。また孤立しているUVはどこに繋がるか分からない場合もあります。そのような時は、コマンドパネルの［縫い合わせ］コマンドを使います。［縫い合わせ］を選択して、離れているUVの輪郭の辺にマウスを合わせるとどこに繋がるのかが黄色い線で表示されます。矢印の方向が繋がる方向です。大抵の場合孤立しているUVの方向に繋げるのではなく、まとまったUVの方向に離れたUVを繋げたいので、マウスカーソルを黄色い線が繋がった先の辺に合わせてからクリックします。

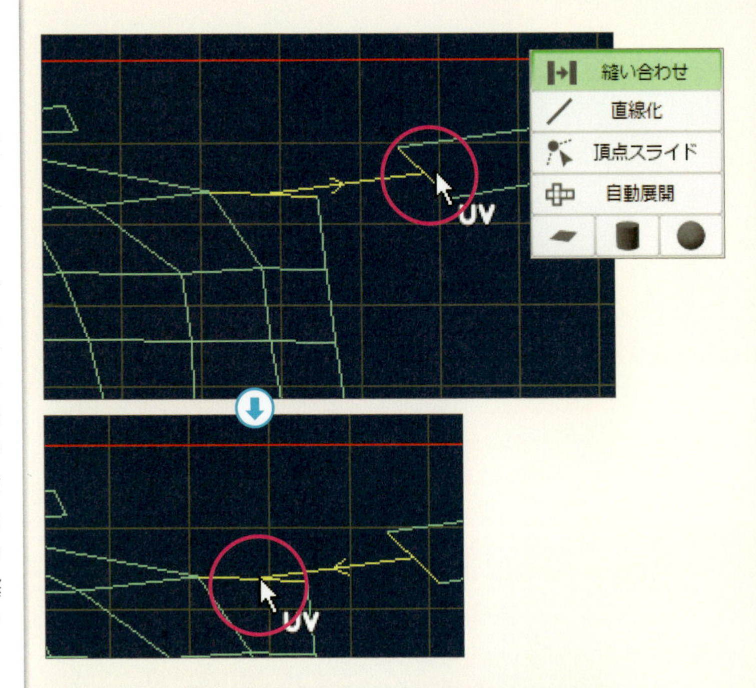

11

UVが離れた場所にある場合

［縫い合わせ］を使ってUVをつないでいくと、離れた場所と接続しないといけない場合もあります。そのような場合は、［分離］コマンドを使って一度UVを切り離して接続していきます。

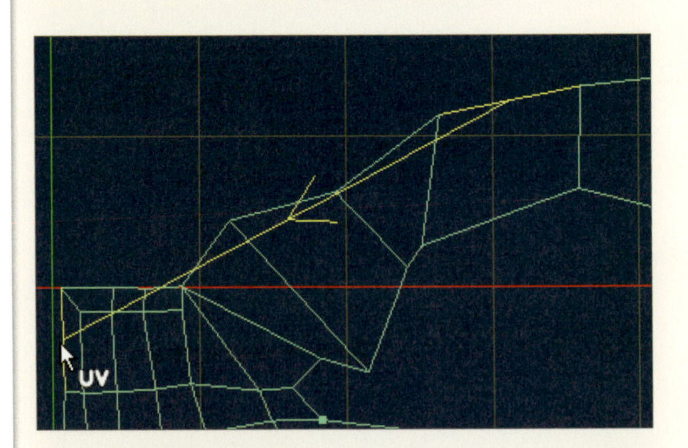

12

［分離］コマンドを使う

コマンドパネルで［分離］コマンドを選択して、分離したい頂点をクリックします。

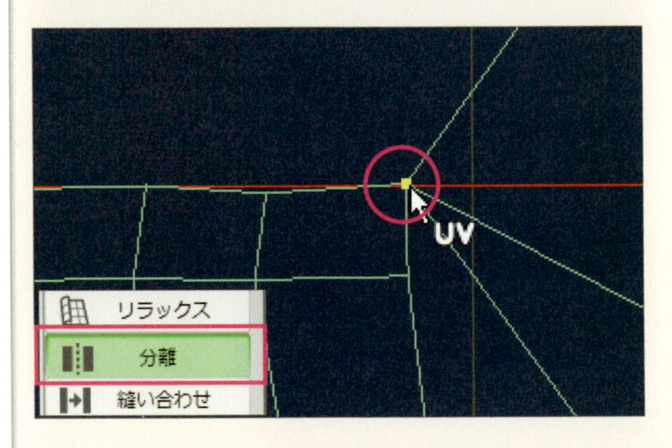

13

頂点が分離した

[分離]コマンドを使って頂点をクリックすると、頂点が分離します。分離したら、改めて正しい位置に[縫い合わせ]を行います。

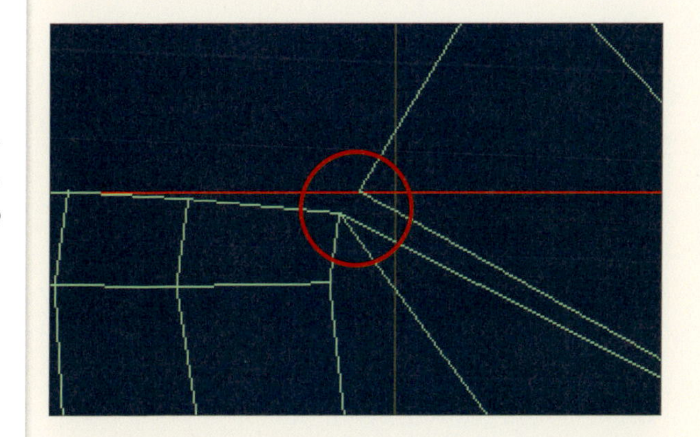

14

分離と縫い合わせを繰り返して整理する

[分離]コマンドと[縫い合わせ]コマンドを使いながら、UVを整えていきます。

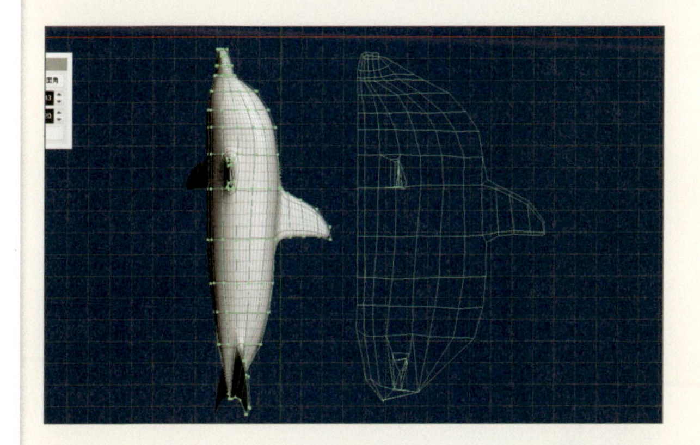

15

重なっている部分は展開し直す

ひれの部分など、重なってしまってUVの配置がよく分からない部分は、オブジェクトでその面だけを選択し、UVの方向を変えて展開し直します。

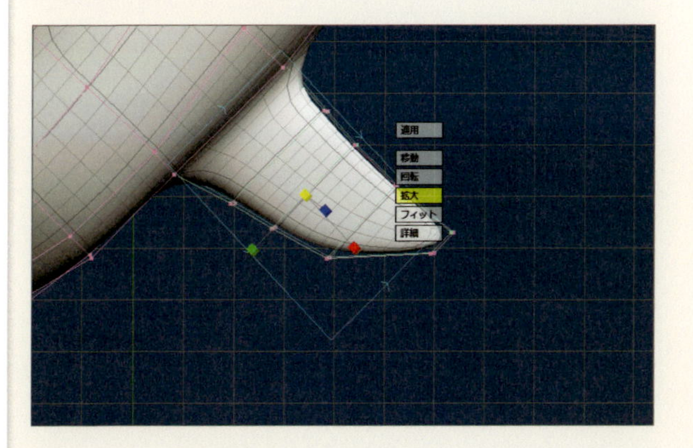

16

すべて展開された

操作を繰り返して、すべての面がUVに展開されました。背びれや尾びれといった厚みがあまりない部分は裏と表を重ねてしまっています。裏と表で模様を変えたい時は分離して別々に配置するとよいでしょう。

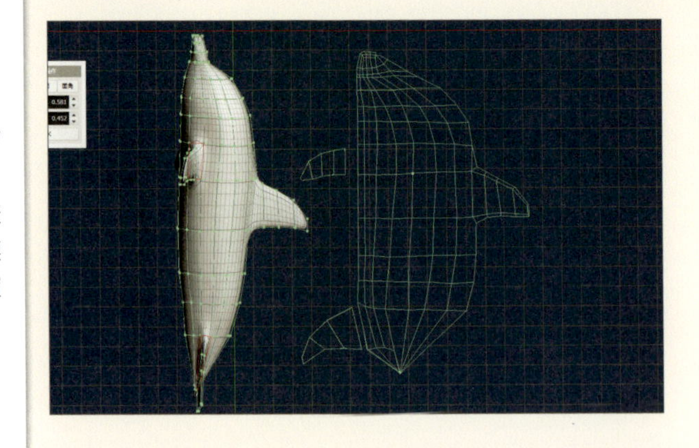

17

テクスチャを作成する

UV展開図を画像として出力して、それを元に模様を作成していきます。展開図が表示された状態で、メニューバーの[UV操作]メニューから、[ファイル出力]を選択します。

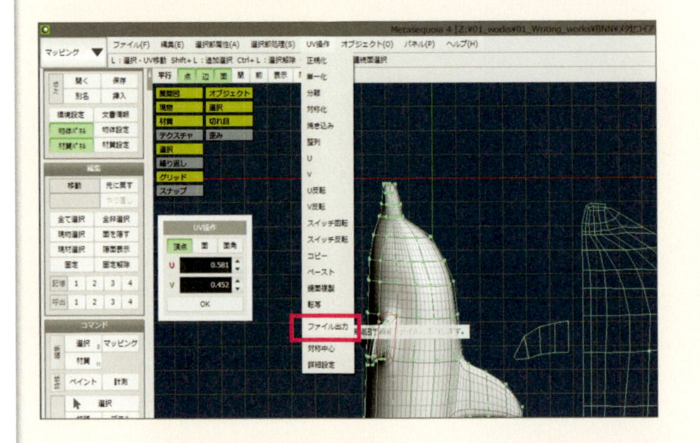

18

解像度とファイル名を設定する

[UV展開図のファイル出力] パネルが表示されるので、[横幅] と [縦幅] の2つに画像の解像度を設定します。ここではデフォルトの「1024」に設定しています。縦幅と横幅は必ず同じ値を入力して正方形の画像を出力します。また数値は2のn乗の値にします。あとはファイル名と保存先を指定してOKボタンをクリックします。

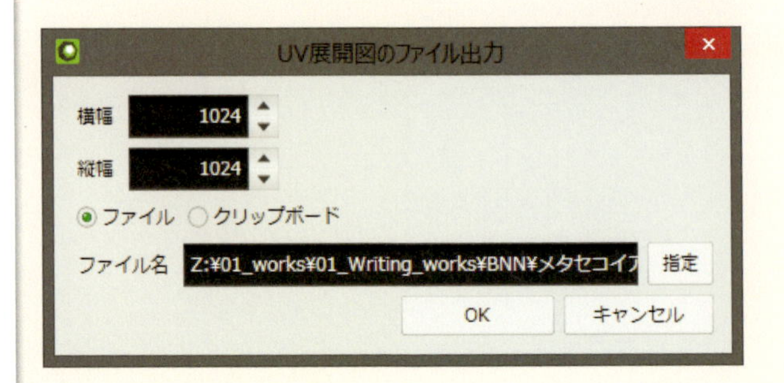

19

模様を描いていく

出力されたUV展開図をPhotoshopなどのペイントソフトで開き、展開図をガイドとして模様を描きます。模様と展開図は必ず別レイヤーとして作成し、模様のレイヤーのみをマッピング用の画像として保存します。

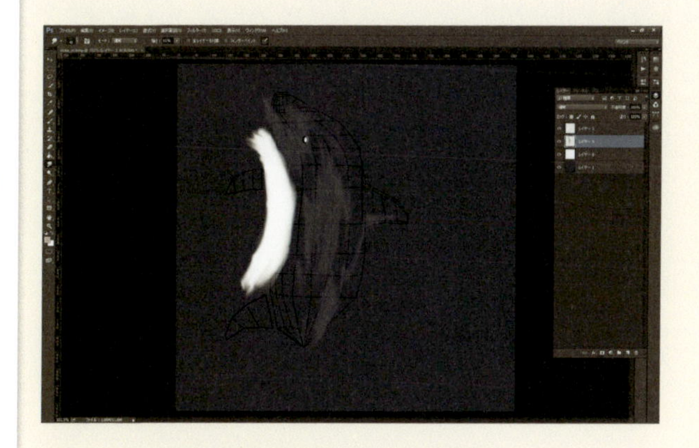

20

材質に画像を読み込む

オブジェクトに適用されている材質の[材質設定]パネルを開いて、[マッピング]の[模様]項目の横にある[参照]から、UV展開図をガイドにして描いた画像を読み込みます。[マッピング方式]は必ず「UV」にします。

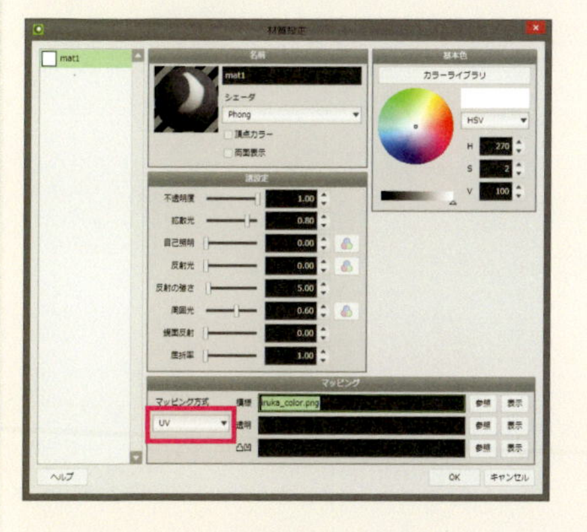

21

画像がマッピングされた

[材質設定]パネルのOKボタンをクリックすると、作成した画像がマッピングされます。

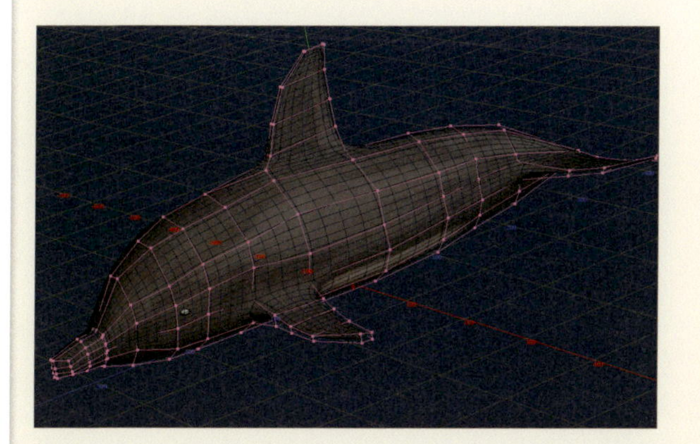

TECHNIQUE

089 オブジェクトにペイントする

メタセコイアでは、オブジェクトに直接ペイントして模様を描くこともできます。あまり詳細なペイントはできないので、模様の画像を作成する際のガイドとして使用すると便利です。

方法 [ペイント]コマンドを使う

ペイントするオブジェクトに材質を設定

[ペイント] を使う場合、レイアウトモードを[モデリング]モードに切り替えて、予め[材質設定]の[模様]に何らかの画像ファイルが読み込まれている必要があります。Photoshopなどで、解像度が1024×1024程度の単色の画像ファイルを作成し、[模様]に読み込んでおきます。

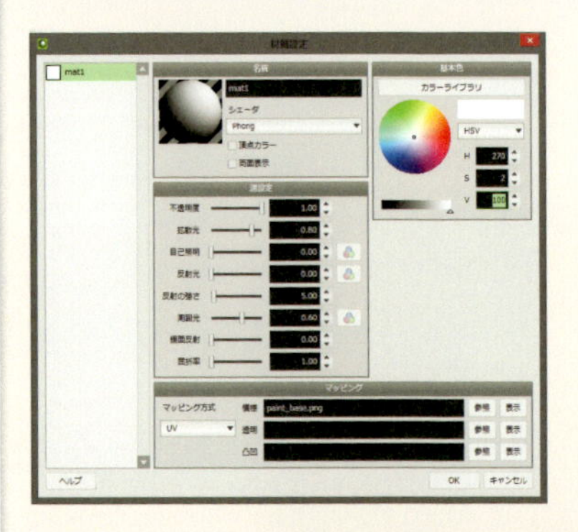

[ペイント]コマンドを選択する

コマンドパネルで [ペイント] コマンドを選択します。

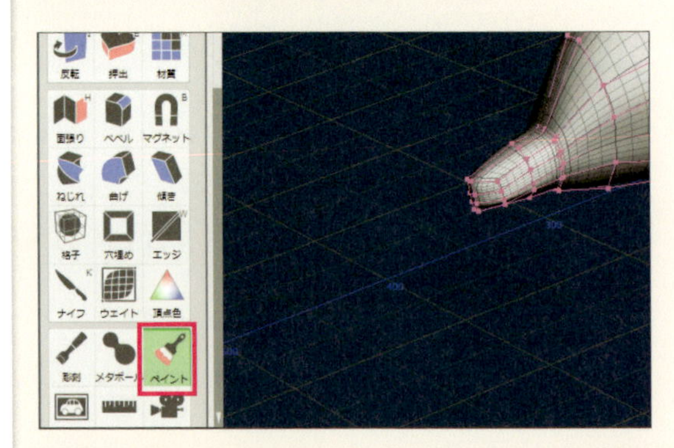

[ペイント]パネルが表示される

[ペイント] パネルが表示されるので、[ブラシ] と、[色パネル] をクリックして表示します。

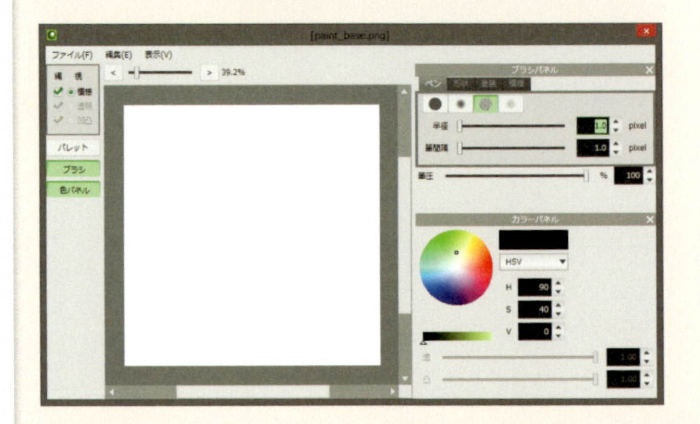

ブラシを選択する

まずブラシでペンの［形状］と［半径］、［筆間隔］、［筆圧］を設定します。［形状］はデフォルトで4種類あるので、必要なものを選択します。［半径］はブラシのサイズです。［筆間隔］はブラシをドラッグしたときの線の繋がり具合を設定します。値を大きくすると点線になります。［筆圧］はブラシで塗った時の不透明度を設定します。

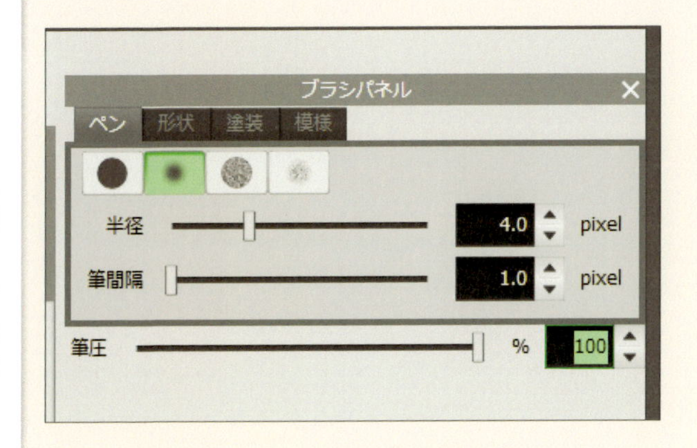

5

色を選択する

ブラシで塗る色を［カラーパネル］で選択します。

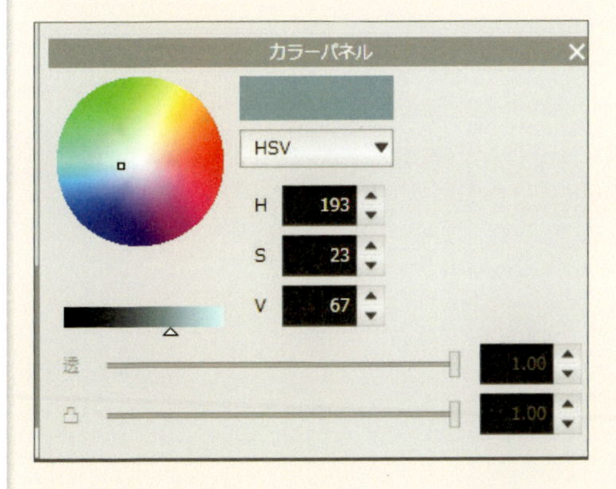

全体的に色を塗る

［ペイント］パネルの左側に表示されている領域が、描画領域なので、全体的に色を塗りたい時は、この領域全体を塗っていきます。

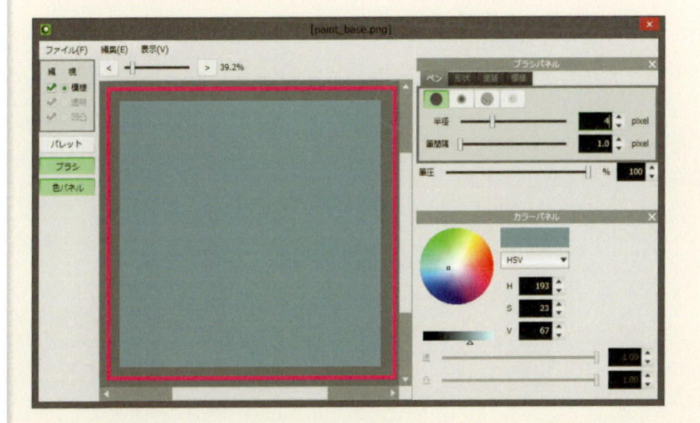

7

オブジェクトにも色が塗られた

3D画面を見ると、オブジェクト全体に色が塗られています。［ペイント］コマンドでは、リアルタイムで3D画面に反映されるようになっています。反映されていない場合は、［ペイント］パネルの［表示］メニューから「3D画面にリアルタイムに反映」を選択してチェックを入れます。

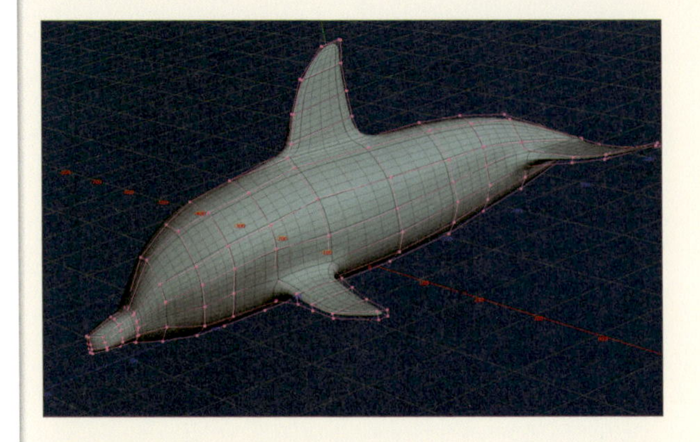

8

オブジェクトに直接ペイントする

細かい模様は、オブジェクトに直接ペイントしていきます。

9

UVに沿ってペイントされる

［ペイント］コマンドでは、図のように自由な位置にペイントすることができます。ペイントはオブジェクトのUV に沿った形でペイントされるので、UVが重なってしまっている部分は同じ色が塗られてしまいます。［ペイント］コマンドを使う時は、UVをなるべく重ならないように配置しておくとよいでしょう。

ペイント結果は画像ファイルに保存する

このペイント結果は、［模様］に読み込まれている画像ファイルに保存することができるので、その画像をさらにPhotoshopで加工していくことができます。画像を保存するには、［ファイル］メニューから［ファイルへ保存］を選択します。

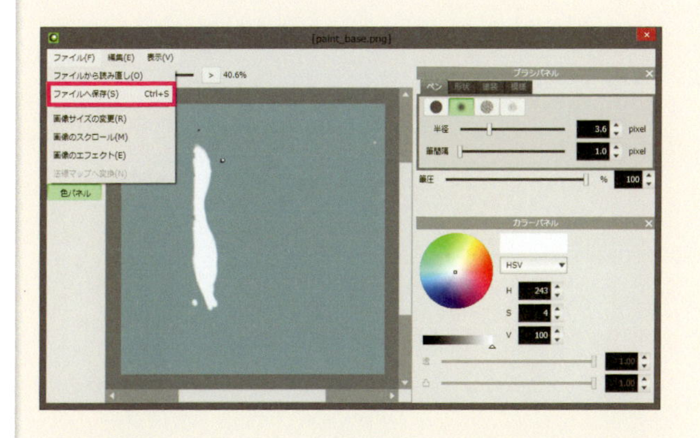

Photoshopで保存した画像を開く

ペイント結果を保存した画像ファイルをPhotoshopで開くと、展開してあるＵＶに沿ってペイントされているのが分かります。保存された画像には、UV展開されたラインは含まれないので、［UV操作］メニューの［ファイル出力］で保存したＵＶ展開の画像を読み込んで乗算などで重ねると、作業がしやすくなるでしょう。

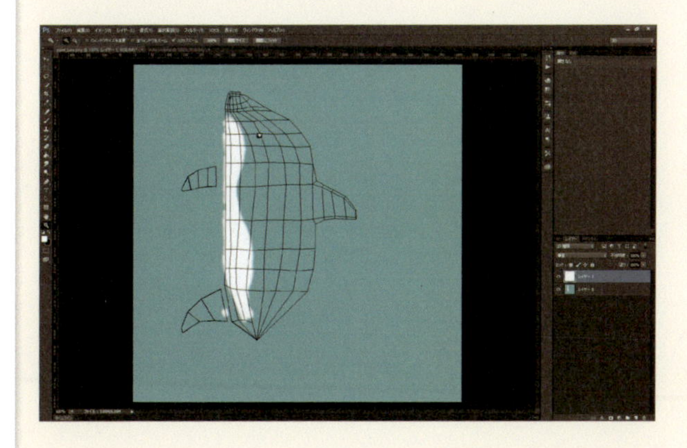

COLUMN

屈折率のちがい

材質設定で設定することができる［屈折率］の値は、表現したい物質によって決まっています。透明な材質を作成する際にこの屈折率を適当に設定しまうと、水晶の形をしているのに光の歪み方はガラスだったり、プラスティックだったりと説得力に欠ける画像になってしまいます。主な物質の屈折率を以下に記しておきましたので、作成する材質に合わせて正確に設定しておきましょう。

［屈折率一覧］
空気　1.00
氷　　1.30
水　　1.33
ガラス 1.43
アクリル　1.49
水晶　1.54
ダイヤモンド　2.41
シリコン 3.88

屈折率＝1.33

屈折率＝1.43

屈折率＝1.54

屈折率＝2.41

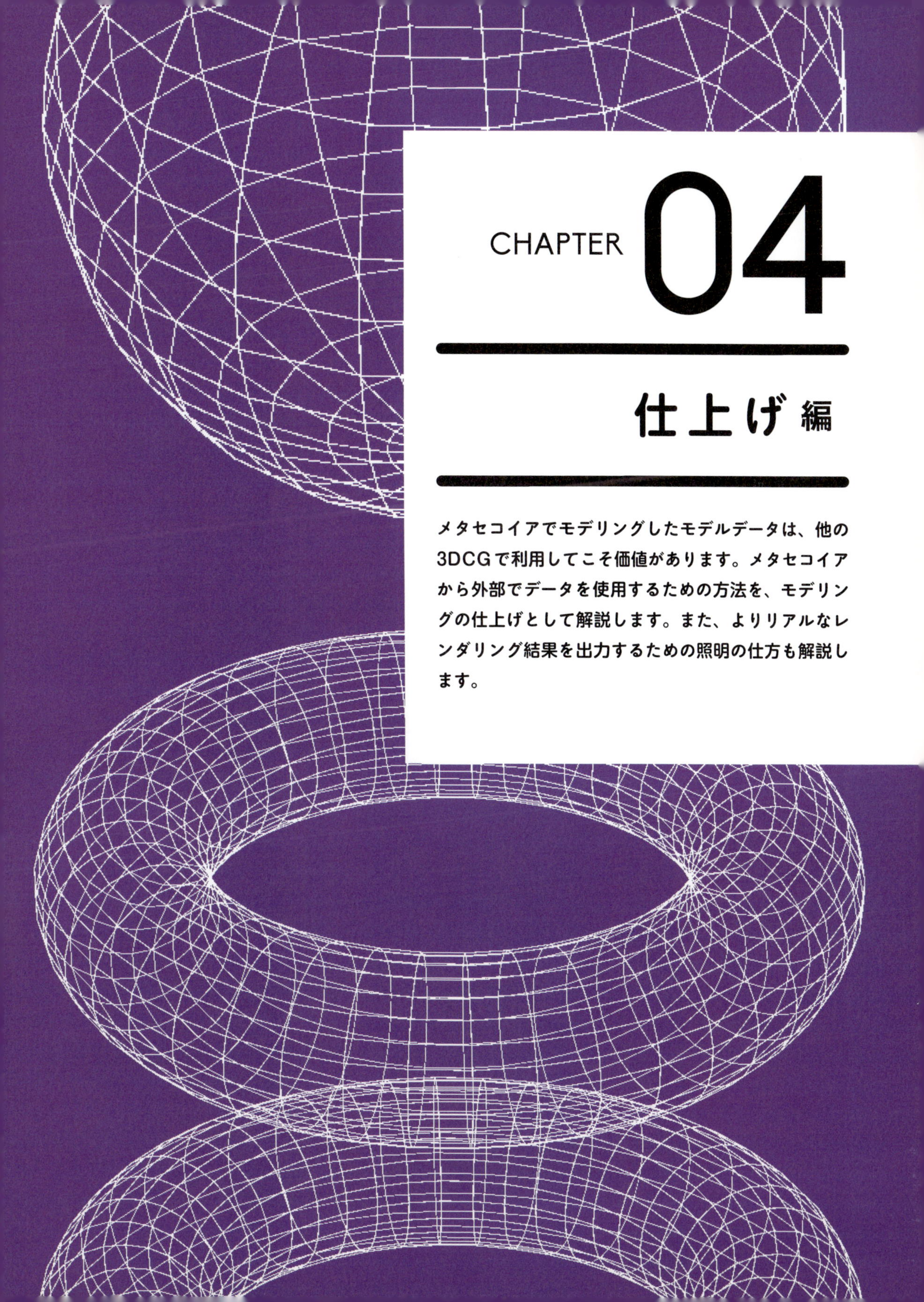

CHAPTER 04

仕上げ編

メタセコイアでモデリングしたモデルデータは、他の3DCGで利用してこそ価値があります。メタセコイアから外部でデータを使用するための方法を、モデリングの仕上げとして解説します。また、よりリアルなレンダリング結果を出力するための照明の仕方も解説します。

TECHNIQUE

090 光の方向を変えたい

オブジェクトをレンダリングする時に、光を照射する方向を変えてレンダリングしたい場合があります。また、光の方向を変えることで、凹凸の状態を確認することもできます。メタセコイアは空間内にライトが設定されているのではなく、視点とライトとの位置関係が変更するだけなので、3D画面のビューの方向を変えても、オブジェクトに当たる光の方向は変わりません。

方法 [照光]の方向を設定する

デフォルトの照光

メタセコイアでは、デフォルトでは視点の斜め右上にライトがあります。

2

光の方向を変える

光の方向を変えるには、[照光] パネルを使用します。光の当たっている球のサムネイルのハイライト部分をドラッグして移動すると光の方向を変えることができます。

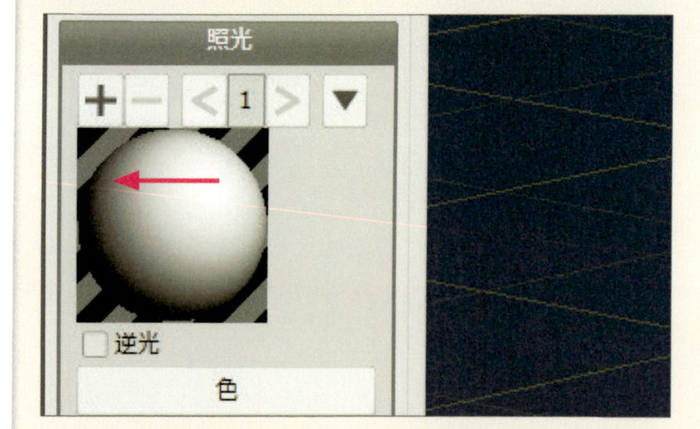

3

光の方向が変わった

球のハイライト部分をドラッグすると光の方向が変化します。

4

逆光に設定する

オブジェクトの後ろから光が照射されている状態を作る場合は、［照光］パネルの［逆光］にチェックを入れます。

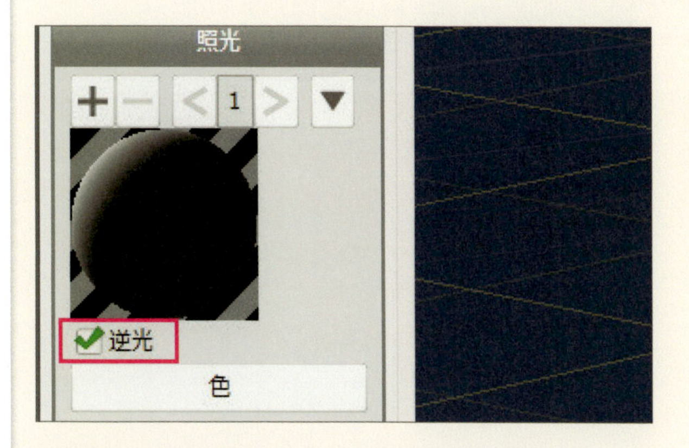

5

逆光の設定になった

［逆光］にチェックを入れると、オブジェクト後ろから光が当たっている状態になります。

6

逆光の方向を変える

逆光の方向を変える時も、［照光］パネルの球の上をドラッグすることで方向を変えることができます。

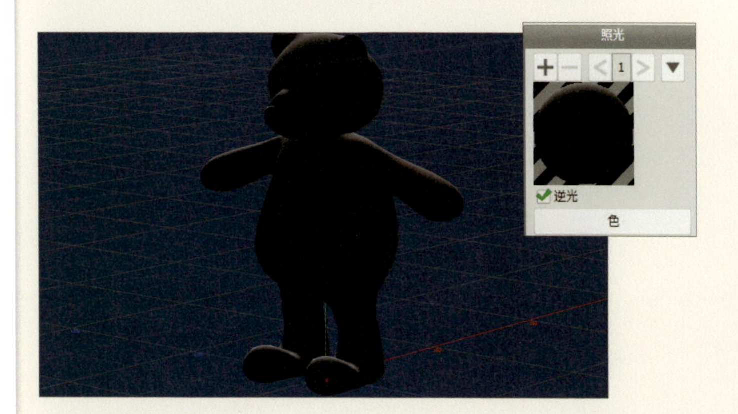

TECHNIQUE

091 光の色を変える

[照光] パネルでは、光の色も変えることができます。光の色を変えることで、材質の設定を1つ1つ変えなくても、シーン全体の色調を簡単に調整することができます。

方法 [色設定]パネルで設定する

[色]ボタンをクリック

光の色を変えるには、[照光] パネルの[色] ボタンをクリックします。

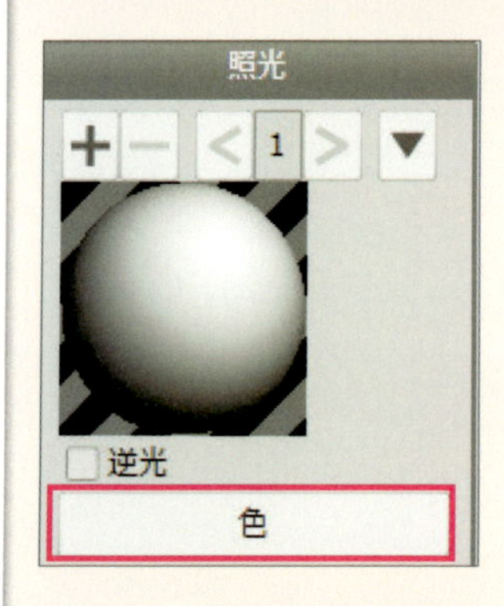

2

色を選択する

[色設定] パネルが表示されるので、色相環などで色を選択します。

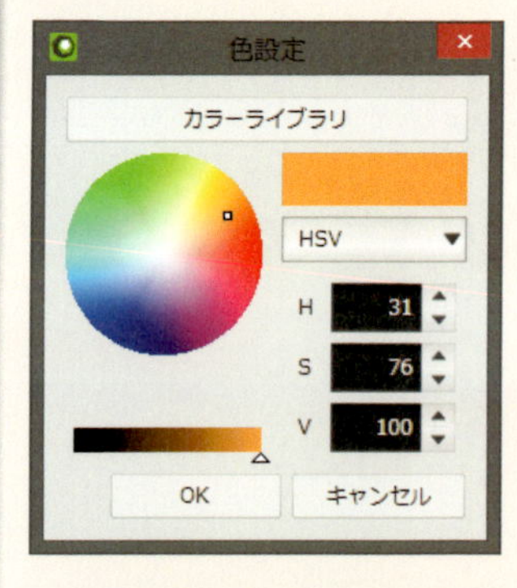

3

光の色が変更された

[色設定] パネルのOKボタンをクリックすると、光の色が変更されます。

TECHNIQUE

092 光の強さを変える

メタセコイアでは、光の強さ自体を調整する機能はありません。光の強さの強弱を表現するには、[色設定]パネルの[明度]のスライダーで光の色の明度を調整して表現します。

方法 照光の[明度]を変える

1

照光の色をクリック

光の強さを変えるには、まず［照光］パネルの[色]ボタンをクリックします。

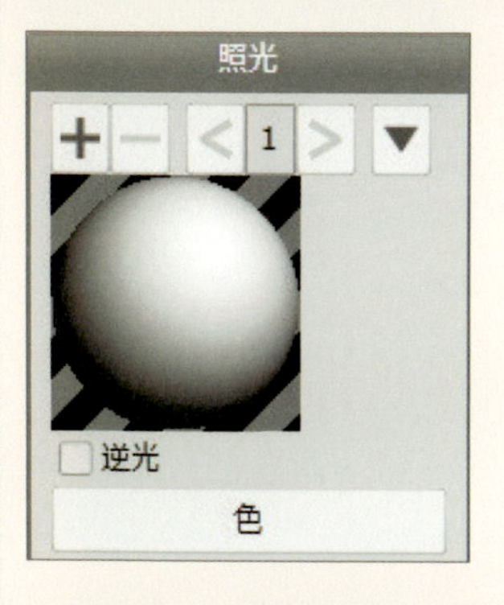

2

[明度]を調整する

［色設定］パネルが表示されるので、下部にある［明度］スライダで色の明るさを調整します。

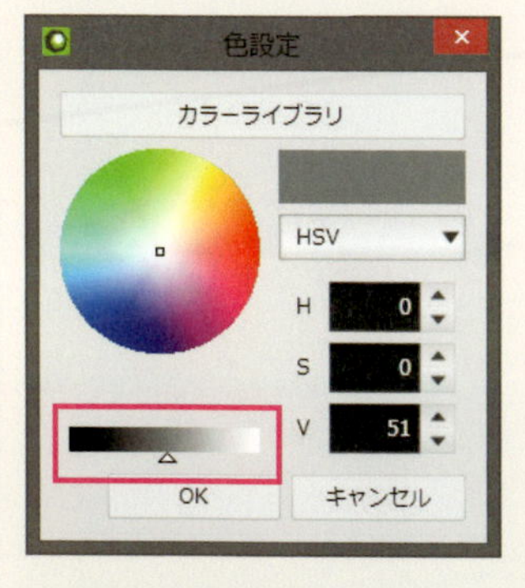

3

オブジェクトの明るさが変わった

明度を変えて[色設定]パネルのOKボタンをクリックすると、3D画面に当たる光が暗くなります。

4

光の明度を変えてレンダリングする

光の明度を変えた状態でレンダリングしてみます。明度が暗くなると、レンダリングされる画像も乗算されていくので、全体的に暗くなっていきますが、影の状態が変わらないので、少し不自然な感じになります。

V=100

V=60

V=30

TECHNIQUE

093 光を追加する

［照光］パネルでは、光の数を３つまで追加することができます。さらにそれぞれの光の方向や色も変えることができます。光を追加すると、立体感を強調したり、凹凸の状態を細かく確認することができます。また、光の当たる方向を同じにすることで、光の強さを増すこともできます。

方法 ［照光］パネルを使う

［照光］パネルで光を追加する

光を追加するには、［照光］パネルの［＋］ボタンをクリックします。

2

3D画面に光が追加された

［＋］ボタンをクリックすると、3D画面に光が追加されます。2つの光があるので、オブジェクトがかなり明るくなります。

3

追加した光の設定を変える

それぞれの光の設定は、［照光］パネルで［<］もしくは［>］ボタンをクリックして、設定を変えたい光の設定を表示して変更していきます。図では「2」の光の設定が表示されています。球をドラッグして光の方向を変えたり、色を変更することができます。

4 光を削除する

追加した光は削除することもできます。削除するには、削除する光が[照光]パネルに表示されている状態で、[－]ボタンをクリックします。

5 三点照明を設定する

３つまで光を増やすことができるので、実際の撮影でも使われている3点照明の状態も作成することができます。三点照明は、キーライト、フィルライト、バックライトをオブジェクトの三方向に配置して、オブジェクトの立体感を効果的に表現することができる照明方法です。この三点照明は、メタセコイアではテンプレートとして用意されており、[照光]パレットの[▼]をクリックして表示されるリストから[三点照明] を選択するだけで設定できます。

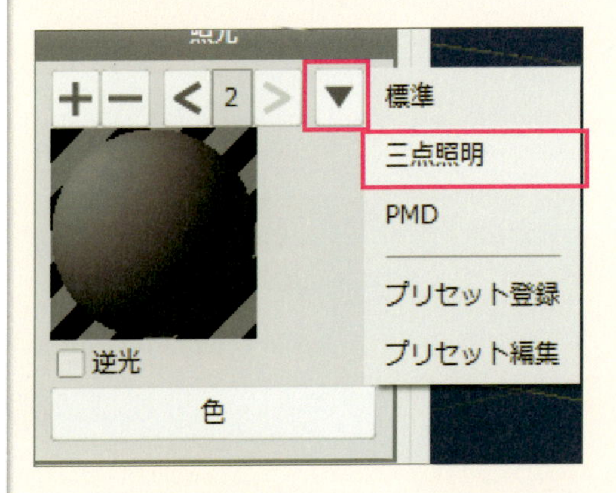

6 三点照明が設定された

[三点照明] を選択すると、3D画面に自動的にキーライト、フィルライト、バックライトが作成されます。フィルライトは茶色に設定されているので、とても立体感のある照明になっています。キーライトが1、フィルライトが2、バックライトが3として作成されます。

TECHNIQUE

094 光の設定を保存する

作成した光の設定は保存しておくことができます。同じ照明の状態で、違うオブジェクトをレンダリングして比較しなくてはいけない時などに便利です。

方法 [プリセット登録]を使う

1 光の設定をする

三点照明でキーライト、フィルライト、バックライトに赤、緑、青を設定した光のセットを作成しました。

2 光の設定を保存する

作成した光の設定を保存するには、[照光]パネルの[▼]をクリックして、[プリセット登録]を選択します。

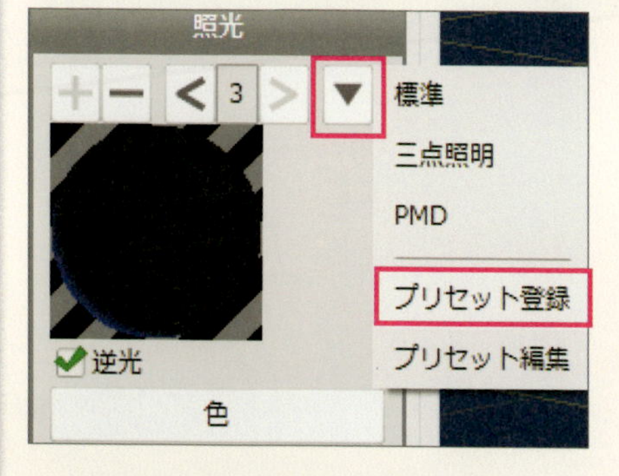

3 プリセットに名前をつける

[光源プリセットの登録]パネルが表示されるので、光のセットの名前を［光源プリセットの名前］に入力してOKボタンをクリックします。

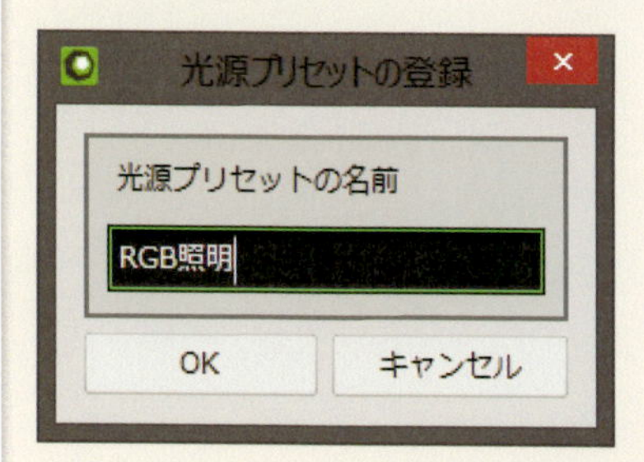

4

プリセットに登録される

[照光] パネルの [▼] をクリックすると、保存した [RGB照明] が登録されています。

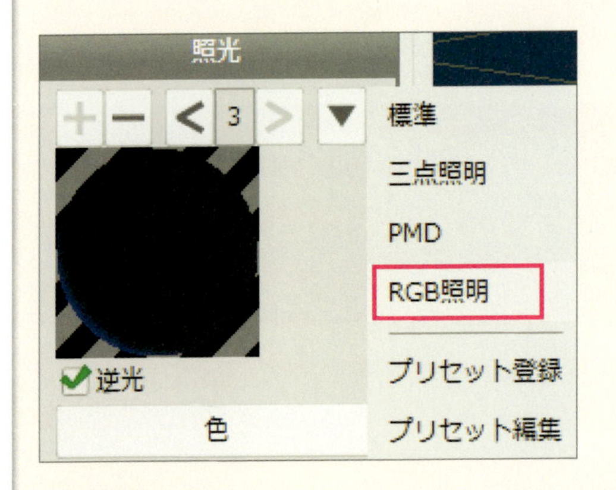

5

他のオブジェクトでプリセットを使用する

プリセットに登録しておくと、他のオブジェクトでも同じ光のセットでライティングを行うことができます。

6

プリセットを使って照明

保存した [RGB照明] を [照光] パネルで選択すると、保存した光のセットが再現されます。

TECHNIQUE

095 視点を調整する

レンダリングする際のレイアウトの調整は、主に3D画面右上にある拡大、移動、回転のツールで行うことができますが、[視点]コマンドを使うとレンズ口径の調整を行うことができます。

方法 [視点]コマンドを使う

[視点]コマンドを選択する

3D画面のレイアウトを調整するには、コマンドパネルの[視点]コマンドを選択します。

2

視点を動かす

視点を動かすには、[視点]サブパネルにある、[ズーム]、[移動]、[回転]、[ドリー]のいずれかから、実行したい動作を選択して3D画面上でドラッグします。[ズーム]と[ドリー]は一見同じようなカメラワークですが、[ズーム]はカメラの位置は同じで、カメラの口径が変化し、[ドリー]はカメラ口径は同じまま、カメラがオブジェクトに近づくため、2つの操作では、視点の違いによるパース変化に違いがあります。

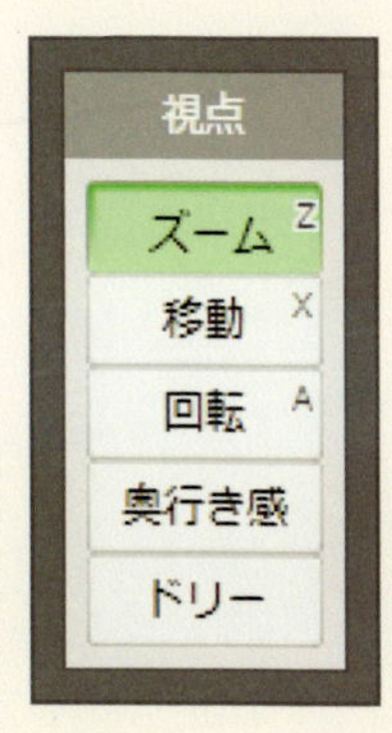

3

パースを変化させる

[視点] パネルの [奥行き感] を使うと、視点のパースを変化させることができます。

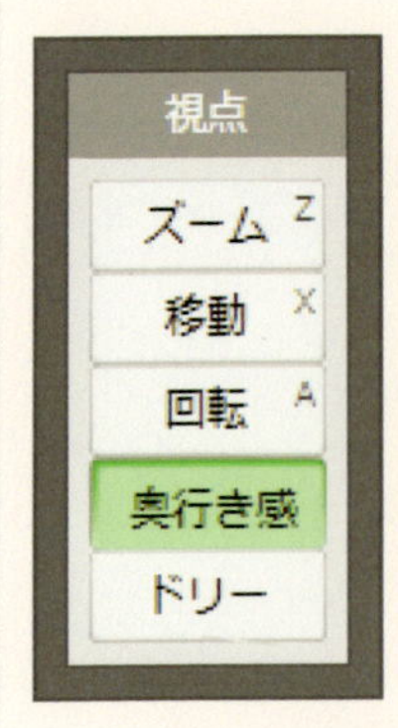

4

パースをきつくする

[奥行き感] を選択して、3D画面を上の方向にドラッグするとパースがきつくなっていきます。スケール感を強調する場合などに使用します。

5

パースをゆるくする

逆にパースをゆるくして遠近感をなくすには、3D画面を下の方向にドラッグしていきます。平行投影に近くなるので、形状の確認などに使用します。

TECHNIQUE

096 画像として保存する

モデリングしたオブジェクトをレンダリングする方法はChapter 03（205ページ参照）で紹介しましたが、ここではレンダリングした結果を画像ファイルとして保存する方法を解説します。

方法 ［ファイルに保存］コマンドを使う

解像度を設定する

［ファイル］メニューから［レンダリング］を選択して、［レンダリング］パネルを表示したら、［サイズ］で横と縦のピクセル数を設定します。ここではプリセットから［SXGA(1280*1024)］を選択して、［横］を「1280」、［縦］を「1024」に設定しました。

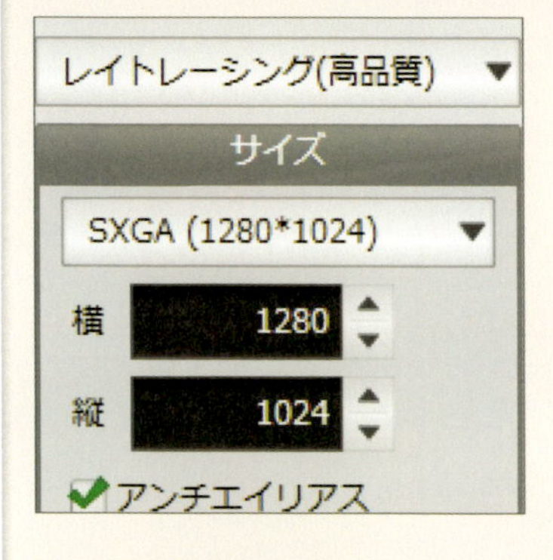

2

背景色を設定する

［背景色］でオブジェクトがない部分の色を設定します。ここでは白に設定しました。

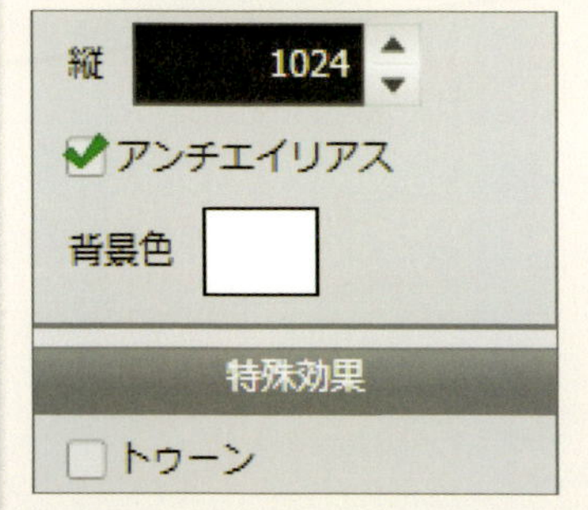

3

レンダリングを実行する

［レンダリング］ボタンをクリックしてレンダリングを実行します。解像度が大きい場合は全体が表示されないので、プレビュー画面のスライダーをドラッグして結果を確認します。

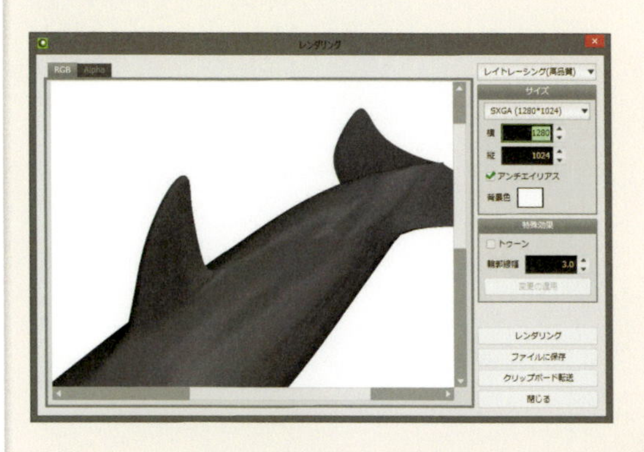

4

アルファチャンネルを確認する

[レンダリング]パネルの[Alpha]タブをクリックするとレンダリングされたアルファチャンネルを確認することができます。メタセコイアでは、オブジェクトがない部分は、アルファチャンネルとしてレンダリングされるため、ペイントソフトなどで、背景を差し替えたりすることができます。

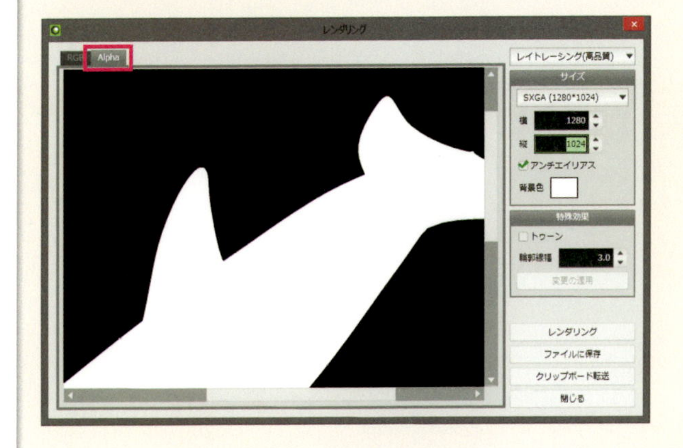

5

ファイルに保存する

レンダリング結果をファイルに保存するには、[レンダリング]パネルの[ファイルに保存]をクリックします。保存できるファイル形式は、bmp、ppm、tga、png、jpg、iff、tiffの7種類です。

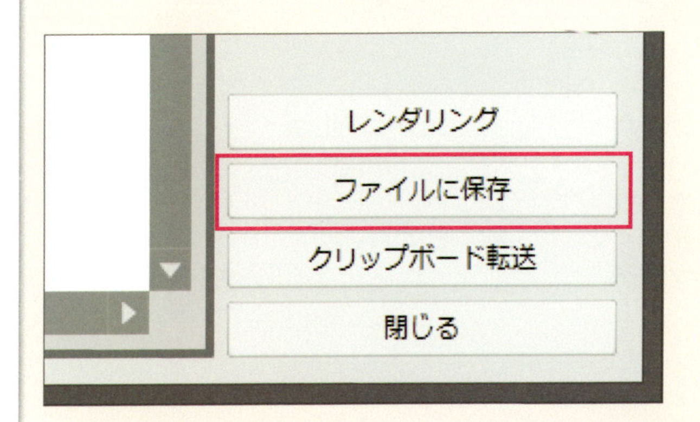

6

保存データを確認する

右図はpng形式で保存したファイルをPhotoshopで開いたものです。アルファチャンネルの部分は透明領域として読み込むことができます。

TECHNIQUE

097 3ds MaxやMAYAでデータを使う

メタセコイアはモデリング専用のソフトなので、アニメーションや高度なレンダラーを使ったレンダリングを行うには、他の3DCGソフトを使う必要があります。ここでは、3ds MaxやMAYAといったAutodesk製品でモデルデータを使う方法を解説します。

方法 FBX形式で書き出す

書き出すオブジェクトを用意する

3ds MaxやMAYAで使えるデータを出力するにはFBX形式でファイルを出力します。ここでは、Chapter02で作成したボーンの入ったモデルをサンプルとして出力してみます。

2 [名前をつけて保存]で保存する

まず、メニューバーの［ファイル］メニューから［名前をつけて保存］を選択します。

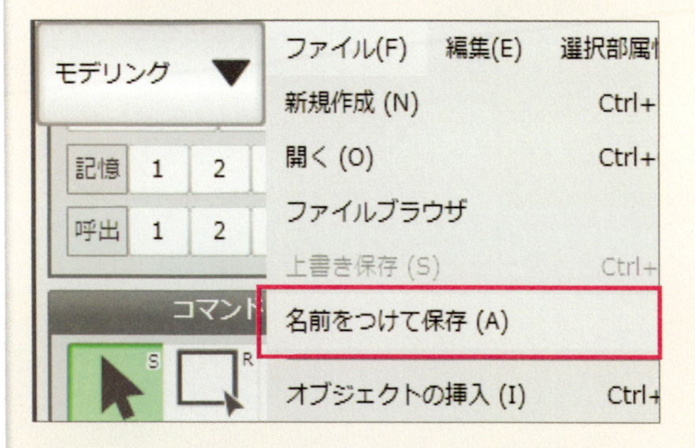

3 ファイルの種類を選択する

［保存］パネルが表示されるので、［ファイル名］に保存するファイル名を入力し、［ファイルの種類］で「Autodesk FBX」を選択します。

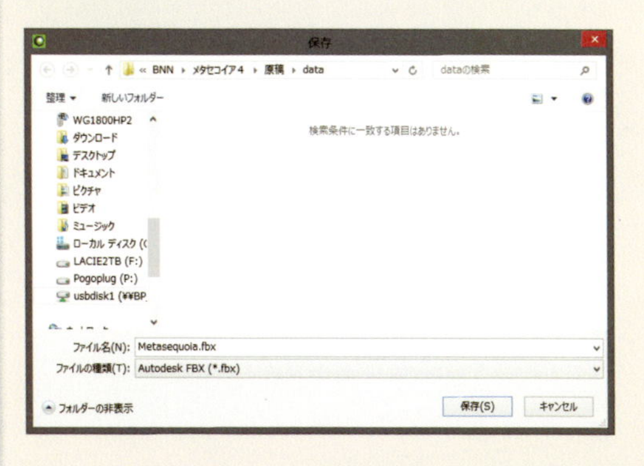

④ FBXの設定をする

保存される前に［FBX Export］パネルが表示されるので、各項目を設定していきます。特にボーンを使用しているので［ボーンの出力］は「する」に設定します。

⑤ FBXファイルが保存された

指定した保存先にFBXファイルが保存されます。

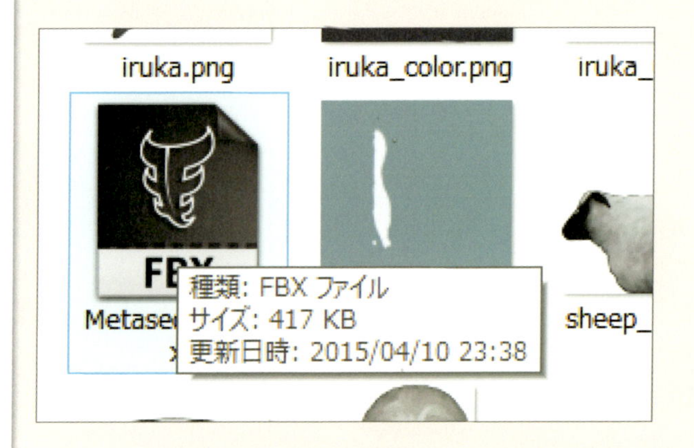

⑥ 3ds Maxでデータを開く

保存したFBXファイルを3ds Maxに読み込みました。ボーンも一緒に読み込まれています。ただし、スキニングの情報は自動的にスキンモディファイアに置き換わりますが、ボーンの状態によっては、うまくスキニングが反映されないので、一度スキンモディファイアを外して再設定する必要があるようです。

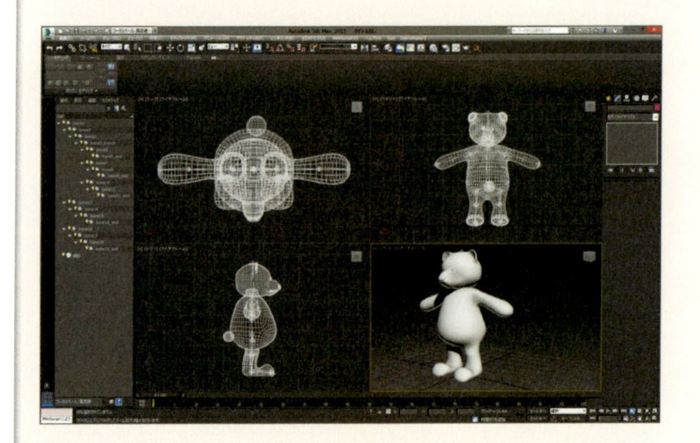

TECHNIQUE

098 MikuMikuDanceでモデルを使う

メタセコイアで作成したモデルデータは、MikuMikuDanceでも使用することができます。ここでは、MMD用のファイル出力の方法を紹介します。

方法 PMD形式で保存する

1

MMD用のボーンを設定する

MMD用のモデルを作成する場合は、MMD用にセットアップされたボーンを使用します。[ボーン]コマンドを選択し、[ボーン]サブパネルの[テンプレート]をクリックして[標準テンプレート]を選択します。

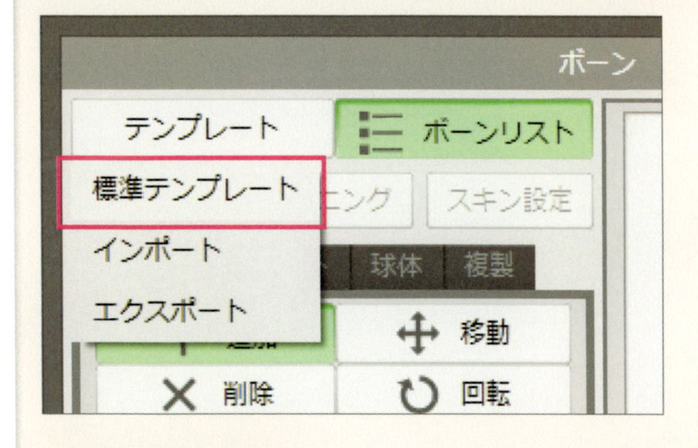

2

MMDのテンプレートを選択する

[テンプレート]パネルが表示されるので、[MMD]を選択します。

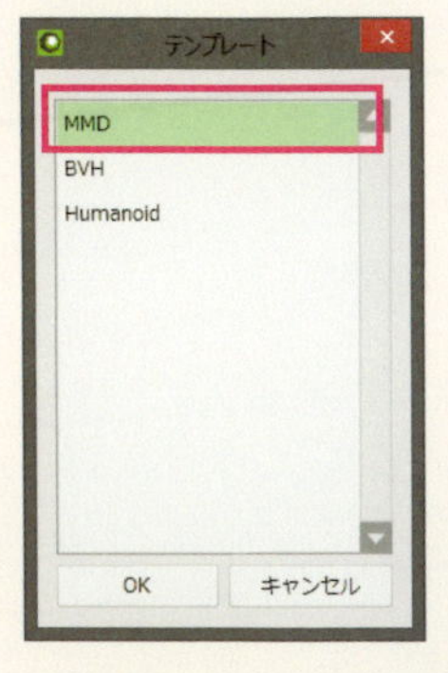

3

MMD用のボーンが作成される

MMD用のボーンが作成されるので、大きさをオブジェクトに合わせて調整します。

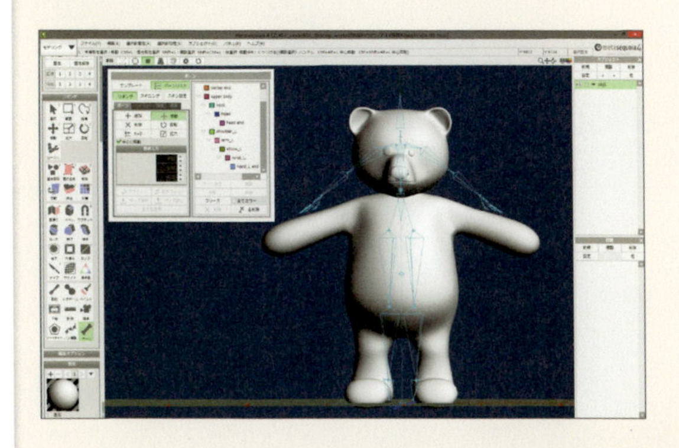

4 ボーンを整える

ボーンの大きさやスキニングの設定を整えます。

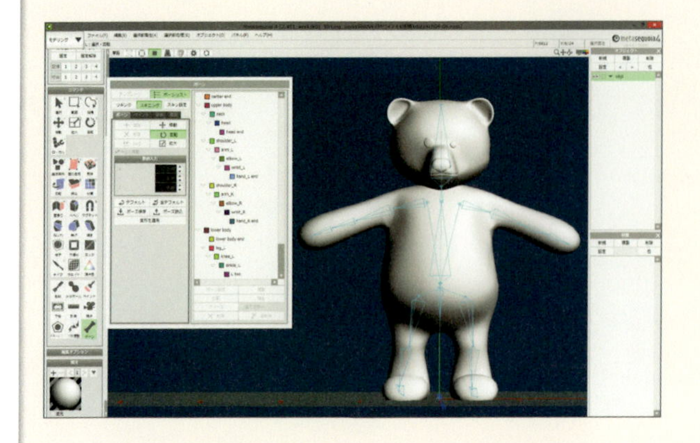

5 名前をつけて保存する

メニューバーの［ファイル］メニューから［名前をつけて保存］を選択します。

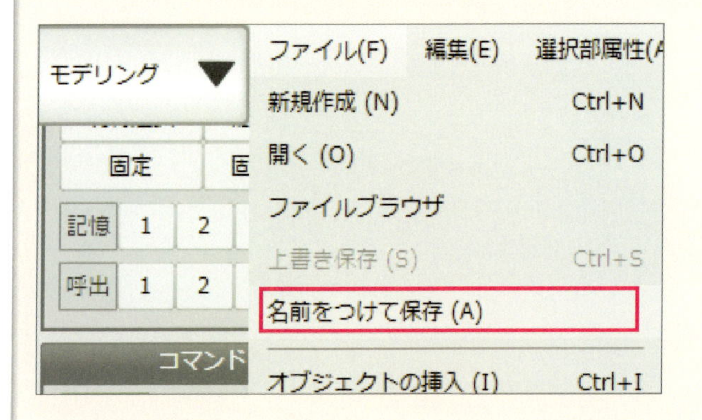

6 PMDフォーマットを選択する

［保存］パネルが表示されたら、［ファイル名］に保存先とファイル名、［ファイルの種類］を「MikuMikuDance format(*.pmd)」に設定します。

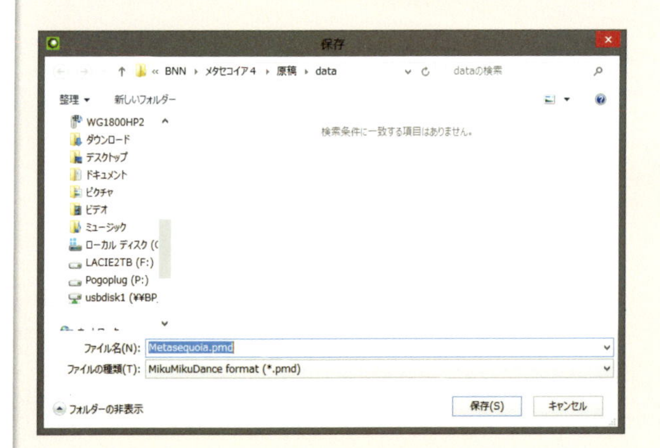

7

PMD Exportの設定をする

[保存] ボタンをクリックすると、[PMD Export] パネルが表示されるので、[PMDオプション] の項目を設定します。ボーンを使用しているので [ボーンの出力] は「する」、[IK先の生成] も「する」に設定しておきます。

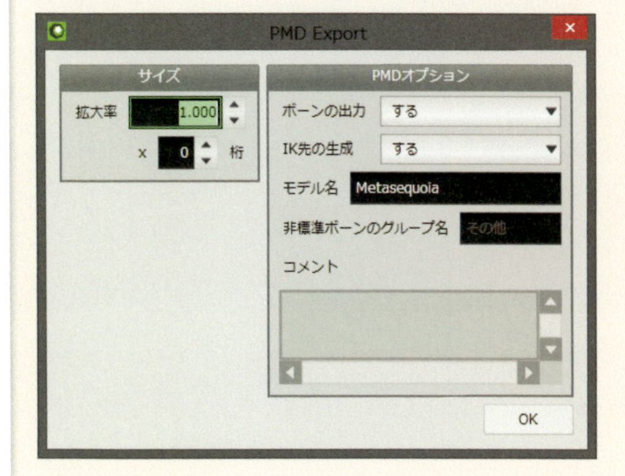

8

PMDファイルが保存された

指定した保存先にPMDファイルが保存されます。

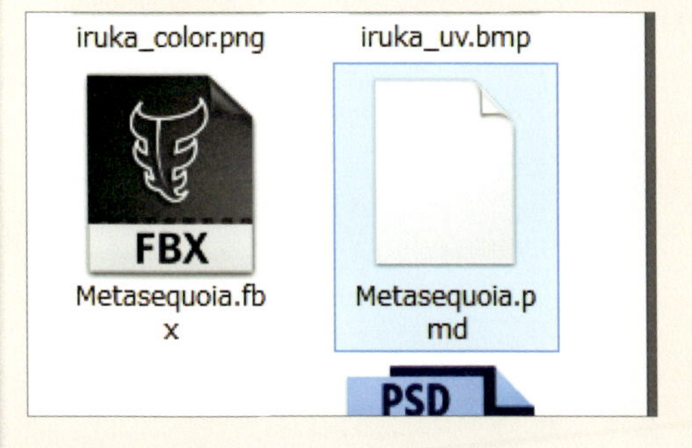

9

MMDで使用する

MikuMikuDanceにPMDファイルを読み込みます。ボーンの設定もきちんと読み込まれました。

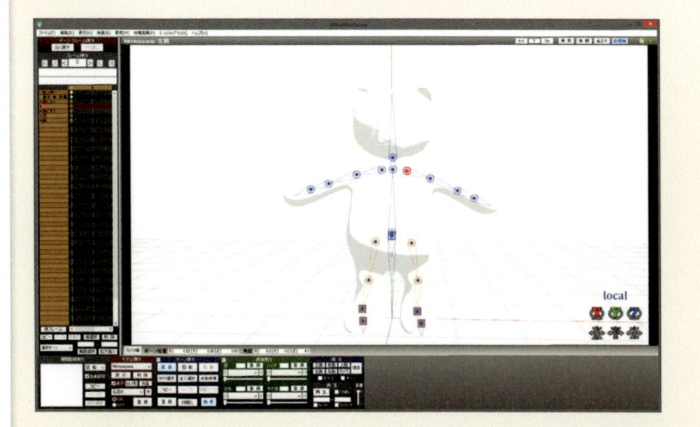

TECHNIQUE

099 ZBrushでモデルを利用する

メタセコイアで作成したモデルは、スカルプトモデリングソフトのZBrushのベースモデルとして利用することもできます。

方法 obj形式で保存する

obj形式で保存する

ZBrushで加工したいオブジェクトを用意し、obj形式で保存します。

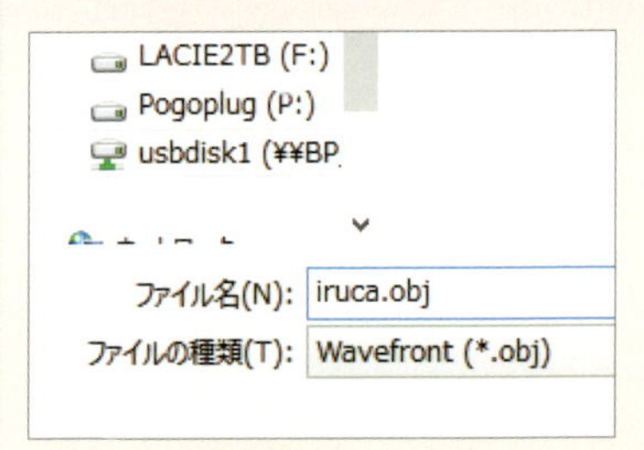

2

出力設定をする

［OBJ Export］パネルが表示されるので、サイズや座標軸を設定します。またUV展開しているのであれば、［UVマッピング］にチェックを入れてオンにします。

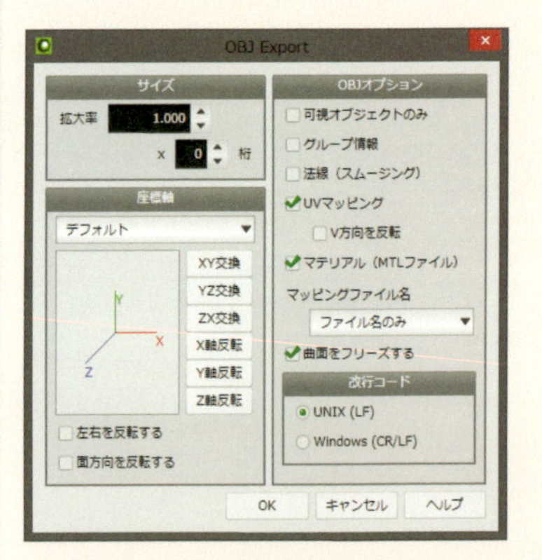

3

ZBrushに読み込む

メタセコイアからOBJ形式で出力したデータを、ZBrushのToolとして読み込むことができました。

TECHNIQUE

100 3Dプリンタ用に書き出す

メタセコイアでは家庭用3Dプリンタのデータとして使用されているSTL形式のデータも出力することができます。ここでは、STLデータの書き出しを解説します。

方法 STLに書き出す

1

出力するオブジェクトを用意する

3Dプリンタで出力するオブジェクトを用意します。

2

名前をつけて保存

メニューバーの［ファイル］メニューから［名前をつけて保存］を選択します。

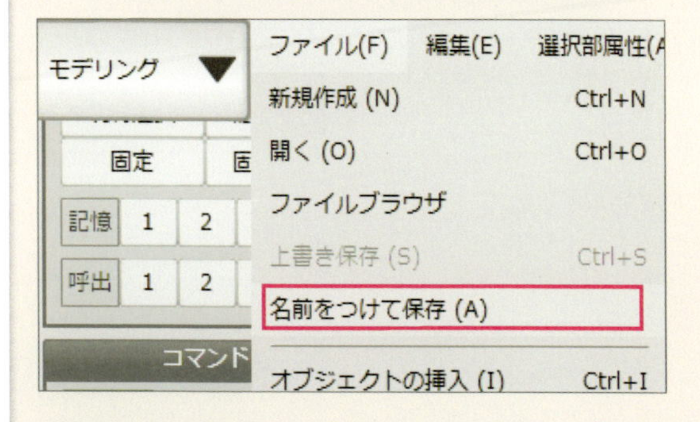

3

STL形式を選択

［保存］パネルが表示されるので、［ファイル名］にファイル名を入力し、［ファイルの種類］で「Stereolithography (*.stl)」を選択します。

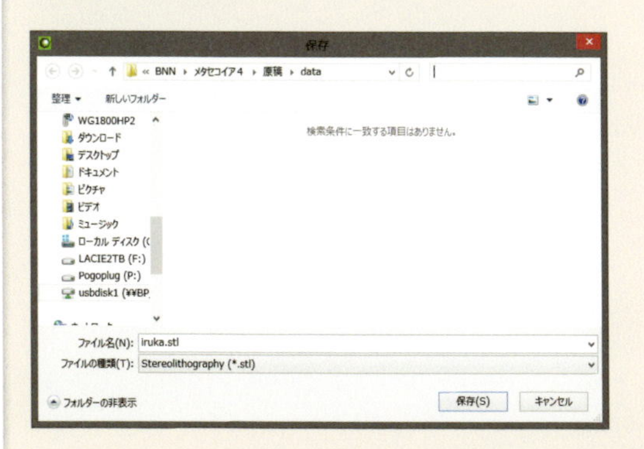

4 STL Exportを設定する

［STL Export］パネルが表示されるので、オプションを設定していきます。使用する3Dプリンタの仕様に合わせてサイズや座標を設定していきますが、大抵はデフォルトのままで大丈夫です。

5 STLファイルが保存された

指定した保存先にSTLファイルが保存されます。

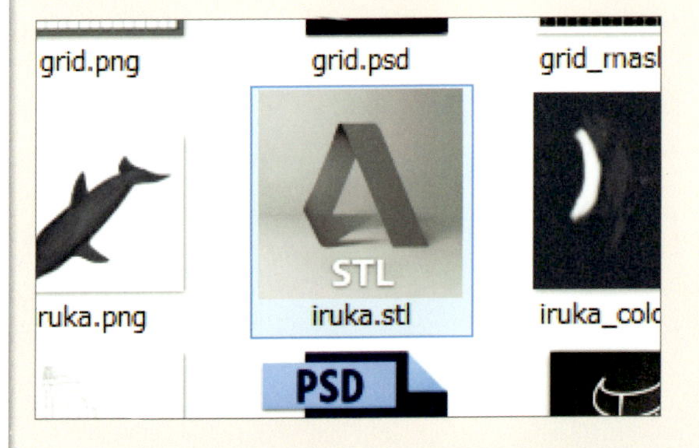

6 3Dプリンタ用のソフトで読み込む

図は、3DプリンタUP!用のプリンタ出力ソフトにSTLファイルを読み込んだところです。このまま3Dプリンタで出力することができます。

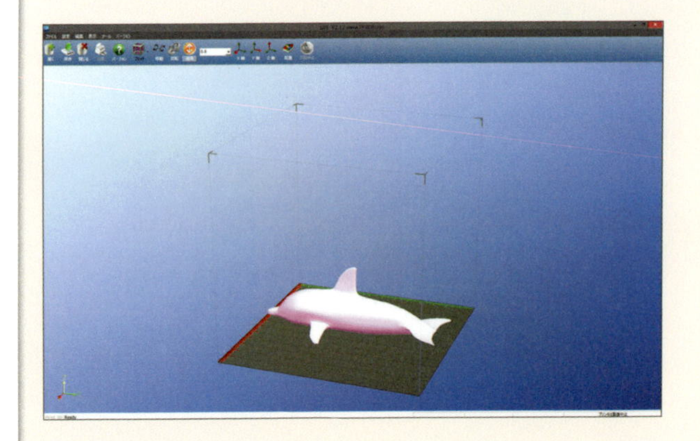

APPENDIX 01

ショートカット一覧

メタセコイアでは、ショートカットを自分の作業環境に合わせて変更することもできます。変更の手順は次のとおりです。

方法 ショートカットを変更する

1

[環境設定]を選択する

メニューバーの[ファイル]メニューから[環境設定]を選択します。

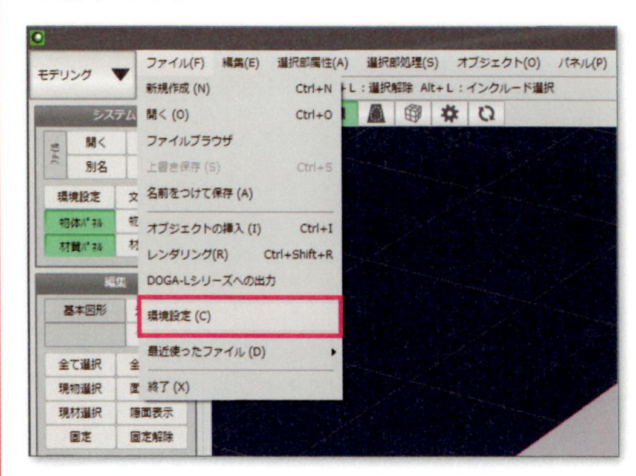

2

[ショートカットの設定]をクリックする

表示された[環境設定]パネルから[キーボード]を選択して、[ショートカットの設定]をクリックします。

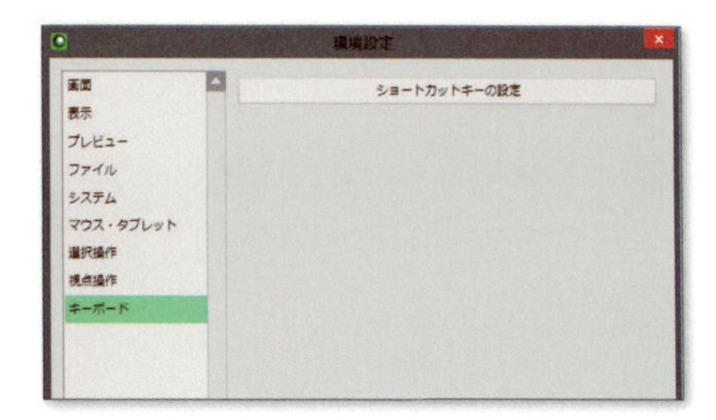

3

ショートカットに割り当てたい機能を選ぶ

[ショートカットの編集]パネルが表示されるので、[カテゴリー]からショートカットを割り当てたい機能のある分野を選択し、[項目]からショートカットを割り当てたい機能を選択します。

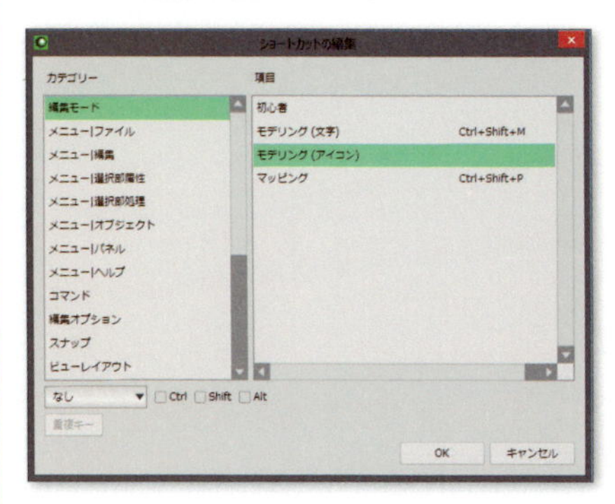

4

ショートカットに登録する

[ショートカットの編集]パネル下部にある、ショートカットの登録でキーの組み合わせを選択します。選択したキーの組み合わせが他のショートカットで使用されている場合は、[重複キー]がアクティブになるので、クリックしてどのキーと重複しているのか確認して変更します。キーの組み合わせを設定すると、[項目]で選択されている機能にショートカットが設定されます。

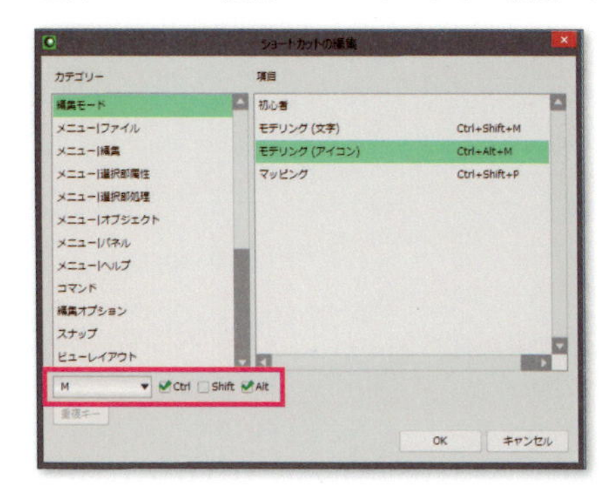

付表 ショートカットキー一覧

以下にメタセコイアにデフォルトで設定されているショートカットの一覧を掲載します。

機能	ショートカット
視点操作	
上面を表示	F1
下面を表示	Shift+F1
前面を表示	F2
後ろを表示	Shift+F2
左面を表示	F3
全画面と4画面表示切り替え	F4
視点の登録／呼び出し	Shift+F5～F8
レイアウトモードの切り替え	
モデリング（文字）	Ctrl+Shift+M
マッピング	Ctrl+Shift+P
ファイル操作	
新規作成	Ctrl+N
開く	Ctrl+O
上書き保存	Ctrl+S
オブジェクトの挿入	Ctrl+I
レンダリングの実行	Ctrl+Shift+R
編集操作	
元に戻す	Ctrl+Z
やり直し	Ctrl+Y
全て選択	Ctrl+A
全て非選択	Ctrl+D
現在のオブジェクトを選択	Ctrl+B
選択をロック／ロック解除	スペース
選択部属性の操作	
選択した面を一時的に隠す	Ctrl+H
非選択面を一時的に隠す	Ctrl+Shift+N
隠した面を表示する	Ctrl+G
選択部を視点回転の中心にする	Ctrl+W
選択部に視点をフィットさせる	Ctrl+F

機能	ショートカット
選択部処理	
切り取り	Ctrl+X
コピー	Ctrl+C
ペースト	Ctrl+V
頂点・辺・面を削除	Delete
面を押し出す	Ctrl+E
2頂点を対称にする	Ctrl+R
選択頂点をくっつける	Ctrl+J
パネル表示	
ペイントパネルを表示	Ctrl+P
オブジェクトパネルを表示	Ctrl+Q
材質パネルを表示	Ctrl+M
ヘルプパネルを表示	alt+H+C
コマンド関連	
選択	S
移動	V
回転	R
拡大	Q
ローカルモード	L
範囲選択	R
投げ縄選択	G
基本図形作成	P
面の作成	F
面を反転	I
面を削除	D
材質指定	M
押し出し	E
マグネット	B
面張り	H
ナイフ	K
エッジ	W
視点のズーム	Z
視点の移動	X
視点の回転	A

APPENDIX 02

本書で扱ったバージョンによる機能の違い

メタセコイアでは、無料版、Standard版、EX版があります。
それぞれの版による機能の違いは次のとおりです。

機能	無料版	Standard版	EX版
多角形面	×	○	○
スナップ機能	×	○	○
穴埋め	×	○	○
ブリッジ	×	○	○
ベベル	×	○	○
単位表示	×	×	○
アーマチャー	×	○	○
ボーン	×	○	○
パス複製	×	○	○
半透明表示	×	○	○
距離・角度・厚みの計測	×	×	○
テクスチャ立体化	×	×	○
レイトレーシングレンダリング	×	○	○
FBX入出力	×	×	○
STL入出力	×	○	○
PMD出力	×	○	○

索引

数字

1画面表示 014
3ds max 249
3D画面 011
3D画面のレイアウト 014
3Dプリンタ 255
4画面表示 014

アルファベット

B Blinnシェーダ 201
C Catmull-Clark 103
Classicシェーダ 200
Constantシェーダ 200
F FBX形式 249
L Lambertシェーダ 201
M MMD 251
O obj形式 254
OpenSubdiv 103
P Phongシェーダ 201
PMD形式 251
PMDシェーダ 201
S STL Export 256
U UI表示の大きさを変更する 020
UV展開 223
U方向 035
V V方向 035
Z ZBrush 254

かな

あ アーマチャー 184
厚みを計測する 169
厚みを付ける 119, 155
穴埋め 143
穴をあける 080
アプリケーションウインドウの色を変える 020
アルゴリズム 140
アルファチャンネル 218, 248
い 移動 042, 070, 245
色 022
色設定 238
色で厚みのちがいを計測する 170
え 影響範囲 113
エッジ 076, 100
円筒 211, 215, 223
お 押出 098
オブジェクト全体の大きさを計測する 170
オブジェクトの挿入 171
オブジェクトパネル 011
カーブの滑らかさ 118
か 外径 038
解除 041
階層 057
回転 045, 074, 245
回転軸の移動 047
回転体を適用 124
拡大 048, 072
拡大の中心を変更する 050
拡張 087
角度を計測する 168
角数 124
カラーライブラリ 199
間隔 127
き 記憶 068
基準位置 050, 073
基本色 199
逆光 237
球 035
球回転 045
鏡面反射 204, 208
曲面制御 102
曲面タイプ1 102
曲面タイプ2 103
近接する頂点をくっつける 137
く 屈折率 204
け 計測 167, 184, 188
言語の設定 019
現物選択 040
現物にフィット 213, 216
こ 交換 148
光源プリセットの登録 243

格子……150
格子変形……151
高速……141
光沢……202
コマンドパネル……009, 018
コマンドパネルの位置を変える……021
さ 差……132
材質……198
材質設定……198
材質パネル……011
サイズ……023, 050, 073
削除……056, 080
作成……032
作成位置……055
座標値を使って移動……043
左右対称に編集……108
左右を接続した鏡面……107
左右を分離した鏡面……107
三点照明……242
し シェーダ……200
色相環……199
システムパネル……009
下絵……173
質感……198
指定面のみ……081
視点……245
視点を拡大／縮小させる……026
視点を水平／垂直方向に移動する……025
重心……050
消去……079
照光……236
照光パネル……010
詳細設定……030
初心者モード……010
新規……053
新規オブジェクトに結果を格納……132
す ズーム……245
スキニング……180
スキャンライン……206
スキン設定……179
スクリーン……045
ステータスバー……010, 018
ステータスバーの位置を変える……021
スナップ……051
すべての面が四角形の球を作成する……037
せ 積……133
接続面……041, 082
絶対……044
選択……063
選択中心……050
選択頂点をくっつける……136
選択パネル……011
選択を解除する……041
全非選択……041
そ 相対……043
ち 地形生成……191
中心位置……075
彫刻……157
頂点数を指定……141
頂点数を減らす……140
頂点の位置を揃える……104
張力……147
直方体……034
て テクスチャ立体化……188
凸凹……215
凸凹地形……191
と トゥーン……220
透明マッピング……217
ドーナツ型……038
ドキュメント情報……139
ドラッグで範囲指定……114
ドリー……245
な 内径……038
ナイフ……077
投縄……066
斜めに移動……043
名前をつけて保存……249, 255
ぬ 縫い合わせ……226
ね ねじれ……115
は パースを変化させる……246

背景……022
背景色……206
倍率……050, 073
パスに沿って複製……129
パス複製……127
範囲……065
半径……036
反射光……202, 208
反射の強さ……204, 208
ハンドル……042
ひ 光を削除する……242
ビュー切り替え……016
ビューヘッダ……012, 024, 027
ビューを回転させる……024
表示……022
ふ ファイルに保存……248
ブーリアン……131
フォント名……117
複製……054
不透明度……203
プラグイン……171, 191, 194
ブラシ……231
ブラシ選択……093
ブリッジ……145
プレビュー……129
分割数……030, 036, 039, 146
分離……226
へ 平面……028, 218
ペイント……220, 230
ベース……132
ベベル……101, 109
ベルト……083
編集オプション……010, 153
編集パネル……009
編集モード……009, 012
ほ 法線方向へ……071
ボーン……176, 187
ボーンに転送……187
ポリゴン化……166
ま マグネット……112
曲げ……120
マッピング……210
丸め……111
み ミラーリング……106
ミルククラウン……164
む 向き……075
め 明度……239
メインウインドウ……018
メタボール……161
メニューバー……010
面……067
面に現在の材質を指定……222
面の種類……062
面の生成……095, 123
面の選択……067
面張り……134
面を新規オブジェクトへ……089
面を反転……130
も 文字列……118
文字列の作成……117
モデリング(アイコン)モード……013
モデリング(アイコン)モード画面……008, 013
モデリング(テキスト)モード……013
よ 呼出……069
ら ラインの掃引……128
り 立方体……033
リング形状……038
る ルート……091
れ レイアウト……018
レイアウトの登録……017
レイアウトボタン……015
レイトレーシング……206
連続辺……085
レンダリング……205
ろ ローカル……058
わ 和……133

初心者のための
メタセコイア4 クイック リファレンス

2015年5月19日　初版第1刷発行

著者　大河原浩一

装丁／デザイン　waonica

編集／DTP　ピーチプレス株式会社

編集　伊藤千紗(BNN,Inc.)

印刷／製本　シナノ印刷株式会社

発行人　籔内康一

発行所　株式会社ビー・エヌ・エヌ新社
〒150-0022 東京都渋谷区恵比寿南一丁目20番6号
FAX: 03-5725-1511　E-mail: info@bnn.co.jp　URL: www.bnn.co.jp

ISBN 978-4-86100-979-2